感谢我的孙女,索菲亚和艾伦·格林。

她们有着数不清的、精灵古怪的想法,让我从写作上分心。

感谢简对她们的细心照顾,让我能专注写作。

视觉说服力

创造深入人心的
视频和图像

Techniques of Visual Persuasion
Create powerful images that motivate

[美] Larry Jordan | 著
王佑 汪亮 | 译

电子工业出版社
Publishing House of Electronics Industry
北京·BEIJING

内容简介

这是一本关于视觉影像呈现的图书,更是一本指导读者提升视觉说服力的工具书。作者拉里·乔丹通过一个媒体制片人、导演、剪辑师、作家的视角,告诉读者如何让照片更加光彩夺目,如何让视频更加直指人心。全书分 3 个部分共 15 章,内容涵盖视觉影像的故事构思、拍摄构图、字体修饰、颜色选择、光线驾驭、后期加工、音频视频制作等,并通过视觉说服力的四个基本理论、六项优先法则,把专业的视觉影像说服技能浅显易懂、言简意赅地传递给读者,帮助读者专业、高效地制作出激动人心的视觉影像。

本书适合媒体人、影像制作人、广告人及 "UP 主" 们自学和案头收藏。让我们一起驾驭视觉影像的力量,让你的想法插上光影的翅膀,萦绕在观众的心田。

Authorized translation from the English language edition, entitled Techniques of Visual Persuasion: Create powerful images that motivate, 9780136766797 by Larry Jordan, published by Pearson Education, Inc, Copyright © 2021 by Pearson Education Inc.

All rights reserved. No part of this book may be reproduced or transmitted in any form or by any means, electronic or mechanical, including photocopying, recording or by any information storage retrieval system, without permission from Pearson Education, Inc.

CHINESE SIMPLIFIED language edition published by PUBLISHING HOUSE OF ELECTRONICS INDUSTRY CO.,LTD.,Copyright © 2022.

本书简体中文版专有出版权由 Pearson Education(培生教育出版集团)授予电子工业出版社有限公司,未经出版者书面许可,不得以任何方式复制或抄袭本书的任何部分。专有出版权受法律保护。本书简体中文版贴有 Pearson Education(培生教育出版集团)激光防伪标签,无标签者不得销售。

版权贸易合同登记号　图字:01-2021-0812

图书在版编目(CIP)数据

视觉说服力:创造深入人心的视频和图像 /(美)拉里·乔丹(Larry Jordan)著;王佑,汪亮译. —北京:电子工业出版社,2022.7
书名原文:Techniques of Visual Persuasion : Create powerful images that motivate
ISBN 978-7-121-43773-1

Ⅰ.①视… Ⅱ.①拉… ②王… ③汪… Ⅲ.①摄影技术②图像处理软件 Ⅳ.① J41 ② TP391.413

中国版本图书馆 CIP 数据核字(2022)第 101343 号

责任编辑:张慧敏
印　　刷:北京东方宝隆印刷有限公司
装　　订:北京东方宝隆印刷有限公司
出版发行:电子工业出版社
　　　　　北京市海淀区万寿路 173 信箱　邮编:100036
开　　本:720×1000　1/16　印张:25　字数:480 千字
版　　次:2022 年 7 月第 1 版
印　　次:2022 年 7 月第 1 次印刷
定　　价:149.00 元

凡所购买电子工业出版社图书有缺损问题,请向购买书店调换。若书店售缺,请与本社发行部联系,联系及邮购电话:(010)88254888,88258888。
质量投诉请发邮件至 zlts@phei.com.cn,盗版侵权举报请发邮件至 dbqq@phei.com.cn。
本书咨询联系方式:(010)51260888-819,faq@phei.com.cn。

作者序

当你留意观察时，首先映入你眼帘的是什么：是下面的图像还是这段文字？图像！对的，为什么你会先被图像吸引？这是因为我有意识将你的注意力引导到图像上。那么我是怎样做到的？让你按照我的意愿来聚焦你的目光，博取你的关注。而这就是这本书所要讲述的内容。

这是一本关于视觉说服力的书。更确切地说，是一本教你如何利用文字、图形、图像、声音、视频等跨越间隔的屏幕或者画面说服和影响他人的书。你也许会好奇，我是怎样做到的——通过远程的方式影响不在同一房间的人？特别是我们都知道说服别人是一个需要说服者与听众面对面沟通交流的过程。也许这本书会为你解疑释惑。在过去，当我们想要说服别人的时候，我们必须要当面交流沟通。而今天我们却可以通过不在现场的方式来传递我们的影响力，从而达到说服别人的目的。

早在2020年之前，我就开始准备本书。那时候我们都很关注美国的社会政治。而当我完成本书的时候，新冠病毒正深刻影响着我们的日常生活。团体活动被叫停，我们大部分人被迫在家工作和生活。

这也意味着，在这个病毒肆虐、世界经济遭到重创的时候，视觉说服比以往任何时候都更加重要。这是因为在过去，我们说服一个人只需要和他开会沟通就好。而现在几乎所有的交流沟通都是远程的、隔着屏幕的。因此更需要我们了解这些技能，从而让我们的说服和沟通更为有效。

现在利用AI换脸、假新闻，以及虚构的影像来传播虚假信息来达到某种目的的情况也同样非常普遍。我曾经为是否要写本书而犹豫了很久。毕竟，利用虚假图像进行宣传，恰恰是今天诸多社会问题的症结所在。

可现实是那些妄图利用虚假图像制造事端的人，往往都已经知道了这些技巧。而我撰写本书的目标与那些妄图利用虚假信息颠倒是非的人是完全不同的。通过分享这些说服技巧，我希望：你不但可以改善你的说服力，还能帮你对抗那些利用这些技巧以期达到不法目的的人。所以，既然我们改变不了这个现实，那么我们不如接受当前这些变化。不论这种变化是好还是坏，我们都需要掌握视觉说服的技能，帮助他人下决心改变，并从内心接受并改变。

我们都知道掌握知识是我们对抗被那些虚假信息操纵的最好手段。这也是我在本书中不断强调的。在任何说服技巧中，最为关键的要素就是永远呈现事情的真相。

本书中的很多想法来自近十年来我在南加州大学进行视觉说服力的课程实践。在年复一年的教学实践中，学生们帮我把这些想法加以完善。在本书的创作过程中也把这些完善的论点加以总结。

兵无常势，水无常形。说服他人的方式不是一成不变的，而是动态的、变化的。如果你想展现你的说服力，说服他人，那么本书是非常值得你深入研读的。同样，如果你想特立独行，不被他人的观点影响和左右，那么本书同样可以让你受益匪浅。因为本书可以让你马上发现别人的套路和使用的技巧。

没有类似的书籍对本书中这些主题进行讨论，你也许会从中有所收获！祝大家平安健康。

拉里·乔丹
加利福尼亚 洛杉矶
2020年4月

译者序

说服也能细无声

很高兴翻译了《视觉说服力：创造深入人心的视频和图像》这本书，并为这本书做译者序。

无论是"视觉"还是"说服力"，这两个概念都是非常古老的研究对象。

文艺复兴时代的科学和艺术巨匠达·芬奇认为所有事物都拥有释放其外在形态和内在能量的能力。只有通过更深入的观察，才能发现事物及其周围环境的真正交叉点。因此达·芬奇也最重视视觉研究。他认为视觉观察是所有研究工作的基础。视觉是高级的感觉，是所有感觉的首领，是洞察事物的基础。因为视觉能引发更多的联系，增加视角，进而引发科学的推理，这也是科学创造的基础。

而关于说服力的研究则可以追溯到更久之前。古希腊哲学家亚里士多德认为："说服"是意在影响听众选择的传播活动，也是影响公众、实现公众态度强化或改变的过程。

亚里士多德开创性地提出了说服力模型的三要素：人品诉求（ethos）、情感诉求（pathos）和逻辑诉求（logos）。人品诉求指演说人的道德品质、人格威信。亚里士多德称人品诉求是"最有效的说服手段"，演讲者必须具备聪慧、美德、善意等能够使听众觉得可信的品质。情感诉求是指通过对听众心理的了解来诉诸他们的感情，用言辞去打动听众。它是通过调动听众情感产生说服的效力的。逻辑诉求则是诉诸理性，基于因果关系，根据核心论点恰当地运用具有说服力的论证手段，分析获取用户信任的原因，证明论点的真实性与准确性。可以说，亚里士多德关于提升说服力的著作《修辞学》，也是人类历史上第一部说服力方面的著作。

尽管视觉和说服力这两个概念历史久远，但是把视觉和说服力两个概念结合起来进行研究和讨论却是新鲜的，而且方兴未艾。这是因为随着互联网和移动通信技术的发展，科技极大地改变了视觉信息在说服过程中的作用。

今天我们能切实地感受到，一个人对图片和视频的驾驭能力对他在工作、学习、生活上的帮助有多大。我们现在可以非常便捷地用手机记录身边发生的一切，然后剪辑、发布各种图片和视频。我们不断在抖音、快手、B站、小红书等互联网平台分享自己的观察和体验，让周围的人体会到我们的情感。我们期待他们对这些精心准备的图片和视频进行点赞和发表评论。同样，我们也会因为某一视频或者图像不经意间收获大量粉丝和关注。

所以，现在是一个影像制胜的时代。我们已经从文字社交时代跨入了影像交流的时代。但同样不可否认的是，现在也是一个影像泛滥的时代。

在当今的社交网络上，每天有超过30亿张图片被上传。在抖音、快手、YouTube这些视频网站每分钟上传的视频超过了500小时，相当于每天要上传72万小时，如果人们要浏览这些影像，相当于要耗费80年以上的时间。如何让你的视频或图片能够脱颖而出，让更多的人关注并不是一件容易的事情。

2021年5月，作为第十五届中法文化之春的重要组成部分，北京的红砖美术馆展出了一个名为"图像超市"的展览。"图像超市"是一个隐喻。展览从图像的"库存、原材料、劳作、价值、交换"五个角度出发，以敏锐的视角来审视图像经济的利益得失，呈现当下热点话题：泛滥的图片、无处不在的互联网巨头、个人信息保护、"微工作"和数字劳工、加密货币，这一切正建构着我们今天所处的世界，塑造和改变着我们的当代生活。

在这个展览中，有一幅作品是《自你出生》。艺术家伊万·罗斯将自己女儿出生以来的所有保存于网络中浏览的缓存图片都打印出来，而不进行任何筛选和分类。家庭照片、新闻图片、商标标识、截屏和网络广告等图片层层叠叠，吞没了周边的视觉空间，让参观者置身其中，产生了眩晕、茫然、压迫的感受，让人们更加直观地体验到日常接触的影像规模之巨，从而不得不追问——这些图像是必需的吗？谁创造了它们？谁又在消费它们？它们的存在是否有足够的意义和价值？

那么如何让自己制作的影像能够在大量、繁杂的信息中脱颖而出呢？如何让你选择的图片或者视频不被湮没，并给别人留下深刻的印象呢？也许《视觉说服力：创造深入人心的视频和图像》这本书可以对你所有帮助。通过本书，你会发现影像的存在价值就是让人产生深刻的印象并去说服别人去做出选择，去行动。我们通过影像了解和认识世界。我们对色彩、图形、人物这些影像元素的理解跨越了语言和文化，我们可以通过画面去思考和发现。

说服力是一个人的基本技能，因为它能帮助你吸引投资者、销售产品、打造品牌、激励团队、实现目标。然而说服力的构建却并不容易，需要你能驾驭文字、图像、语言、情感、逻辑等诸多方面。

相对于文字说服和语言说服，影像的说服力量更为强大。因为人们接收的外部信息大约70%来自视觉、听觉、嗅觉等，对视觉影像信息的高接收度是人类天性使然。对于较为陌生或者新鲜的概念而言，当面的语言表达或者是文字性的说服往往更具有强迫性，很容易引起听众的反感。而影像的说服则是依赖观众内心的发现和探索，让其自发地接受这些概念信息。因此，视觉说服本质上是用视觉语言对事物进行有意义的建构，并向听众传递信息。

在视觉说服过程中，说服的主角被呈现的图像和视频信息。影像的创作者往往隐身在影像之后，观众更聚焦于影像本身。那么这就要求创作者真实地还原事物本身，让观众相信影像所呈现的客观世界。然后利用这些客观的视觉元素，带有感情色彩地、有逻辑地把故事和观点呈现出来。这也正符合亚里士多德说服力模型：公正客观的素材（人品诉求）、富有情感的故事（情感诉求）、符合逻辑的观点（逻辑诉求）。

《视觉说服力：创造深入人心的视频和图像》的作者拉里·乔丹是美国导演协会和美国制片协会的会员，一位具有丰富工作经验的媒体制片人、导演。同时他也是一位剪辑师、作家，出版了大量的关于视觉呈现方面的专著。同时他也是一位勤勉的教师，在南加州大学为大学生开设视频编辑方面的课程。

作者拉里·乔丹从说服入手，介绍了视觉说服的创作基础，并提出了视觉说服的六项优先法则、三分法等。他在书中详细介绍了视觉说服方面的原色构图、色彩搭配、字体形状，也为读者介绍了影像的拍摄技巧，以及影像后期制作心得。

不论你是希望制作图文并茂的幻灯片，还是为家人和朋友制作一段妙趣横生的视频，还是拍摄一张有强大张力、充满隐喻、激发人们探索热情的照片，本书都是你非常值得去阅读的一本工具书。

事实上，达·芬奇也对自己观察和描述事物能力不满意，因此他如饥似渴地钻研数学、几何学、解剖学等，让自己可以更深刻地理解事物本身，理解他人和他们的行为。或许你也对自己的说服力不够满意，那么为什么不像达·芬奇一样，广泛涉猎，不断获得灵感呢？让我们一起开始视觉说服力的奇妙探索吧，一起洞察视觉说服的奥秘，让视觉说服无处不在！

译者：王佑

致谢

没有哪本书的编撰是独立完成的。我特别想要感谢培生教育集团的执行编辑劳拉·诺曼为这本书所做的持续贡献；玛格丽特·安德森是富有创造力的后期编辑；康纳德·查维斯帮我做了技术检查；吉姆·斯科特为本书的每一页做了精心设计的排版设计。谢谢他们为这本书做的极大贡献。

我也要感谢那些勇敢的早期读者：简、波尔乔丹、安娜贝拉·劳、麦卡雷·汉德瑞克、尼尔·王。他们阅读了本书的草稿，并给予了大量的建议，帮我更好地界定和解释了很多概念。我感谢他们提出的这些建议。同时，我也要感谢我在南加州大学授课时的学生们，这几年，他们一直在帮我明确如何更好地把视觉说服力的理念说清楚。

感谢塞勒公司的斯蒂芬·罗斯和佩奇·布尔津，他们对于我的培训给予了多年的鼓励和支持。

我也要感谢我的摄影团队：摄影师珍妮特·巴内特，演员金姆·阿奎纳、艾莉森·威廉姆斯，化妆师艾米·卡马乔。感谢珍妮特让我们使用她的Nabu酒吧。和这群充满激情的人一起工作令人非常兴奋，让我的生活充满了想象力。就像在书中所呈现的那些精彩纷呈的图像一样，你会觉得和他们一起工作充满惊喜和乐趣。

对于图像而言，大量充满激情和才华的摄影师在Pexels网站上传大量的影像资料，从而形成了一个多样的、高质量的图像宝库。本书的很多图像就取材于这个宝库。

最后，我要特别感谢史蒂夫·米勒（为我提供了Armpit Studios网站）和他的影像数据库：Image Chest。通过这个网站和数据库，我可以追踪本书中每张图像的版权和许可情况。更令人钦佩的是，他也非常乐于对数据库做一些修正和完善。现在这个网站和数据库已经有了一个全新版本。这些工作对于所有人来说都是无价的。

目录

第1部分 说服力的基础

第1章 说服的力量 / 003

本书是如何组织的 / 005

为什么说服是必备的技能 / 006

什么是说服 / 008

什么是视觉说服 / 010

定义你的听众 / 012

"为什么"是一个关键问题 / 013

行动倡议 / 015

本章要点 / 016

说服力练习 / 016

他山之石 / 017

第2章 具有说服力的影像 / 021

视觉素养 / 023

"六项优先法则"决定了观众最先看到哪里 / 025

什么让图像更有吸引力 / 029

视觉创作基础 / 031

 改变相机角度：广角或者聚焦 / 031

 改变相机拍照视角：更高、高低，或者与视线水平 / 033

布局：人群分布与相机位置 / 035

 180°法则 / 037

 面向摄像机走动 / 038

取景和三分法 / 039

 眼部交流是关键 / 041

 对称与平衡 / 042

 神奇的右手性 / 044

景深 / 044

异性吸引力重要吗 / 045

本章要点 / 048

说服力练习 / 048

他山之石 / 049

第3章　具有说服力的写作 / 053

给出正确的信息是第一步 / 054

让影像唤起故事 / 055

按照流程开展工作 / 057

说服的本质 / 059

从基础开始：电梯测试 / 060

聚焦才能展开 / 062

要言简意赅 / 063

　　像诗人一样思考 / 065

　　寻找词汇的力量 / 066

向前看 / 067

本章要点 / 068

说服力练习 / 069

他山之石 / 069

第4章　具有说服力的字体 / 071

字体简史 / 073

字体设计 / 074

衬线体：传统的声音 / 077

无衬线体：现代的声音 / 080

手写体：计算机展示的手写体 / 082

哥特黑体：极致的手写体 / 083

等宽字体：回到打字机时代 / 084

特殊字体：随性的创新 / 086

字体技术 / 087

　　避免全部使用大写字母 / 088

　　使用字体阴影 / 088

　　调整字符间距 / 089

　　调整行间距 / 090

　　避免勒索信样式的排版 / 091

选择正确的字体 / 091

本章要点 /092

说服力练习 /092

他山之石 /092

第5章 具有说服力的颜色 /095

颜色简史 /096

史前时代的颜色 /097

进入牛顿时代 /097

颜色也有温度 /099

颜色的意义 /100

一个简单的色彩模型 /103

数字化图像的相关术语 /103

灰度 /106

颜色与对比 /107

蜥蜴是什么颜色的 /109

皮肤颜色的特殊情况 /110

如何衡量颜色 /111

本章要点 /115

说服力练习 /115

他山之石 /115

第2部分 具有说服力的静态图像

第6章 具有说服力的演示 /123

做一个深呼吸 /124

规划你的演讲 /127

背景和字体 /128

图表 /132

图表让你的观点更加视觉化 /132

为你的数据选择正确的图表 /134

图表设计 /135

用好图像 /136

关于阴影 /137

一个很酷的设计技巧 /138

切换：少就是好 /138

使用多媒体最好优雅一些 /139

本章要点 / 140
　　说服力练习 / 141
　　他山之石 / 141

第7章　具有说服力的照片 / 143

　　从哪里开始 / 145
　　构思摄影创作 / 147
　　从光线开始 / 148
　　如何利用阳光 / 154
　　调整模特位置 / 156
　　取景与构图 / 158
　　本章要点 / 163
　　说服力练习 / 163
　　他山之石 / 163

第8章　编辑和修复静态图像 / 167

　　图像编辑的艺术 / 168
　　Photoshop 入门 / 169
　　　　位图基础 / 169
　　　　优化首选项 / 170
　　　　探索界面 / 171
　　开始编辑 / 172
　　　　拉直图像 / 172
　　　　图像缩放 / 173
　　　　图像裁剪 / 174
　　　　保存图像 / 176
　　修复图像 / 177
　　　　斑点修复刷 / 177
　　　　克隆工具 / 178
　　　　补丁工具 / 179
　　　　调整曝光度 / 180
　　　　调整色彩 / 182
　　　　色彩平衡 / 184
　　本章要点 / 185
　　说服力练习 / 185

他山之石 / 185

第9章 创建合成图像 / 189

创建一个新的Photoshop文档 / 190

增加文本和设置字体格式 / 190

图层与背景 / 193

缩放图像 / 194

使用自由变换处理图像 / 195

放置与打开图像 / 196

魔力创作 / 197

滤镜与效果 / 203

选择颜色 / 205

在图层后面添加背景 / 206

混合模式 / 207

最后一个效果 / 210

本章要点 / 211

说服力练习 / 212

他山之石 / 213

第3部分 具有说服力的动态图像

第10章 视频前期制作 / 219

两个重要理念 / 220

感知节奏 / 221

策划视频 / 222

故事板：思维工具 / 222

必不可少的工作流程 / 223

视频术语定义 / 224

媒体文件管理 / 227

高速大容量的存储设备必不可少 / 227

存储空间从来就不够用 / 230

定位媒体文件 / 231

文件夹的命名规范 / 232

本章要点 / 233

说服力练习 / 234

他山之石 / 234

第11章　创建引人入胜的访谈　/ 237

策划采访　/ 238

进行采访　/ 240

采访的结构　/ 242

成为一名优秀访谈嘉宾的10条法则　/ 244

本章要点　/ 246

说服力练习　/ 246

他山之石　/ 247

第12章　声音对图像的促进作用　/ 249

音频相关术语　/ 250

　　创意音频术语　/ 250

　　音频工作流程术语　/ 251

　　技术音频术语　/ 251

选择正确的装备　/ 253

　　麦克风类型　/ 254

　　正确挑选音频线缆　/ 257

　　模数转换器　/ 258

　　混音器和多声道录音设备　/ 259

　　数字化录音　/ 260

　　噗声滤除器可以让声音变干净　/ 263

音频编辑　/ 263

混音　/ 268

　　添加音效　/ 271

输出和压缩　/ 276

本章要点　/ 278

说服力练习　/ 279

他山之石　/ 279

第13章　视频制作　/ 283

视频制作策划　/ 285

　　求助！我要拍段视频　/ 285

　　墨菲定律　/ 286

摄像基础装备　/ 286

　　移动设备　/ 287

摄像机 /287
数码单反相机 /288
电影摄像机 /289
无人机摄像 /290
相机辅助设备 /291
三脚架 /291
云台 /291
滑轨 /292
万向节云台 /292
新方式：租而不买 /292
人物站位 /293
人物摆姿 /293
发现最佳的特写镜头 /294
带着影响力进场 /297
道具：拍摄对象的好帮手 /297
与经验不足的拍摄对象共事 /298
本章要点 /299
说服力练习 /300
他山之石 /300

第14章 视频后期制作 /303

什么是"合格"的剪辑 /304
找准节奏 /305
剪辑流程 /306
术语解释 /307
第1步：项目策划 /308
第2步：收集媒体文件 /308
第3步：整理媒体 /309
导入媒体文件 /309
配置浏览器 /313
个人收藏和关键词 /315
第4步：构建故事 /316
创建一个新项目 /317
剪辑 /318
调整音频电平 /321

第5步：在时间线上整理故事 / 322
第6步：修剪故事 / 323
  余量 / 323
  修剪 / 324
第7步：添加转场 / 325
第8步：添加文本和效果 / 326
  添加文本 / 327
  添加效果 / 329
第9步：创建最终的音频合成 / 336
第10步：完成画面调色和色彩校正 / 336
  简单的色彩校正 / 336
  色彩分级：画面调色 / 337
第11步：项目导出 / 338
第12步：项目存档 / 339
本章要点 / 340
说服力练习 / 340
他山之石 / 341

第15章 运动图形 / 343

创建一些简单的内容 / 345
  创建一个新项目 / 345
  添加文本 / 348
  播放头和迷你时间线 / 348
  动画文本 / 350
  小结 / 352
创建一个简单的动画合成 / 352
  仔细策划 / 353
  使用群组来组织一个项目 / 354
  创建背景 / 355
  创建中景 / 357
  添加文本 / 359
添加动画 / 360
  添加行为 / 360
  调整时间安排 / 361
  小结 / 362

添加媒体 / 362

  添加音频 / 363

  添加视频 / 364

最后一步：保存和输出项目 / 366

3D文本 / 367

本章要点 / 371

说服力练习 / 372

他山之石 / 372

结束语 / 375

参考文献 / 376

第1部分
说服力的基础

学习目标

为了进行有效的沟通和交流，我们不仅需要传递信息，还需要让别人充分理解信息。因此，在交流的时候，我们不仅要聚焦于信息内容，还要关注信息的传递形式。也就需要我们把图像和设计当作日常沟通的组成部分。但这并不意味着你非得要成为一名艺术家。因为在某种程度上讲，我也不是。我更希望的是，帮助你理解媒体设计和制作的一些基本原则，以及这些原则如何帮助我们，从而帮助我们的沟通更具说服力。

在本书的第1部分中，我将说明如何利用图像进行说服的基本概念。在学习这些理论之后，我们将讨论这些理论如何在实践中应用。

- 第1章：说服的力量。如何才能有说服力，这里介绍两个基本概念——界定听众和行动倡议。
- 第2章：具有说服力的影像。本章讲述了图像是如何制作的，听众是如何感知图像的，如何通过相机的位置和取景来引导观众的情绪的。
- 第3章：具有说服力的写作。本章讲述了什么是故事，如何让故事做到声情并茂，让故事更有冲击力。
- 第4章：具有说服力的字体。字体牵动情感。本章说明了如何用字体来强化故事。
- 第5章：具有说服力的颜色。颜色会默默地影响人。本章说明了情感蕴藏在颜色之中，以及如何利用颜色来强化影像。

四个基本理论

- 说服本质上是让听众做出一种选择。
- 传递消息，首先要吸引并保持听众的关注。
- 如果要产生强烈的效果，那么一个具有说服力的信息必须具备令人信服的故事、强烈的情感、特定的目标听众、有号召力的行动。
- 六项优先法则和三分法可以帮助我们更好地吸引和保持听众的注意力。

六项优先法则

这个法则说明了我们的视线被哪些要素所吸引。

1. 运动
2. 焦点
3. 不同
4. 明亮
5. 更大
6. 前面

说服不是施加影响力,不是给他人压力,更不是胁迫他人。

说服从本质上说是促使其他人做什么……

说服是理解,是发现,是激发,说服是让他人发自内心地做出选择。

——凯文·艾肯伯里
领导力专家和作者

第1章
说服的力量

> **本章目标**

本章主要说明说服的基本概念，包括有焦点的信息、听众、行动倡议。具体内容如下：

- 呈现本书的基本脉络。
- 界定"说服"和"视觉说服力"。
- 解释信息和情感在说服中的作用。
- 说明为什么要界定听众，并理解听众。
- 说明行动倡议的重要性。

说服是一个让别人做出选择的过程。在这个过程中,我们需要向听众传递信息,并让其接受我们的信息。我们传递的信息可能是一个产品,也可能是一个想法,或者是某种社会现象,或者让听众替我们做某些事情。尽管这种说服可能是面向很多人的演讲。但是从本质上说,说服是一个一对一沟通的过程。但现在的说服可能是通过远程的方式进行的。因为有时候我们可能无法与听众见面沟通。

说服不是强制听众接收信息。我们没有任何权力来支配听众,我们也不能要求听到信息的人应该如何做。我们能做的,只是通过不同的视角,诠释和呈现信息,让听众去相信这些信息所承载的价值和意义。

过去,人们彼此的交流方式主要靠文字。而现在我们可以通过网络便捷地分享表情和热帖。看看我们当今的交流方式:我们是多么愿意在文字中添加和使用各种表情,在邮件中插入图像,在Instagram、Facebook、YouTube中上传视频。可见,图像和视频的便捷性可以非常好地帮助我们进行彼此的沟通。

现在,我们可以从周边随手获得很多图像和视频,我们也愿意使用这些影像信息。这是因为我们发现,这些视觉影像更具说服力,也更具娱乐性。我们看这些视觉影像信息的时候,往往不需要太多思考。而且我们只要单击一下,就可以分享给朋友们,这也使得视觉影像的信息传播更加快捷。

此外,说服力不仅仅适用于与消费者的有效沟通。这种能力对于我们开展商业活动也同样非常有价值。当我们在管理上的职级越高的时候,就越需要强大的沟通能力。因为我们总是在不断地说服他人,这也就需要更有效地传递信息。而且要让这些信息被别人所接受,并唤起他们的行动。当然,我们在沟通过程中,也面临很多挑战,比如,我们彼此沟通的时间越来越短,或者沟通的计划和准备的时间不够。在很多情况下,我们甚至不知道我们应该做什么来改善我们的沟通。

Comparably公司的CEO 詹森·纳扎尔在书中曾说过:"说服是使得别人做他感兴趣的、同时对你也有利的事情。"

如果你想让他人相信一个新的主意,或者接受一个新的工作方式,或者了解其他技术性的问题。当然,包括其他你想说服的任何事情。本书下面涉及的说服技巧对你而言都是宝贵的。

猫头鹰艺术传媒的CEO杰弗里·查尔斯写道:"我相信,有效地影响别人是走向成功的最高技能……因为你可以依靠其他人来实现你的目标。所以在和别人打交道的时候,你必须能影响他们的决策和行动。"

因此说服需要我们控制所希望传递的故事情节和传递方式,让我们所

> 说服是我们向听众传递观点,让听众接受观点,并使得听众做出决策的一个过程。

广告——说服——推断

将下面这个19世纪80年代的以文字为主的广告与现在的广告进行对比，我们会发现这个广告很难阅读，因为很多消息都被隐藏在大量的文本里面。当然，这个广告的画面很可爱。

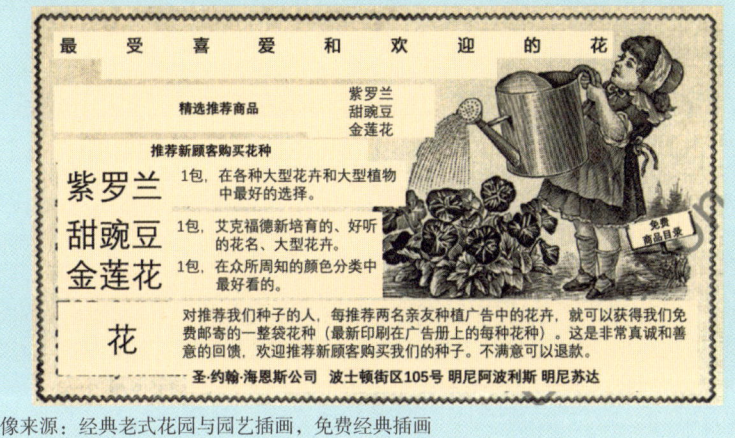

图像来源：经典老式花园与园艺插画，免费经典插画

传递的信息对我们的目标听众产生最大的影响效果。本书是讲解如何把握这几个方面的，从而让视觉影像所传递的信息更具说服力。

戴安娜·布赫曾经写了一本说服力主题的书《What More Can I Say》。我发现这本书可以帮助我们更好地理解说服他人的过程。说服这个词，背后的隐含意义是心灵控制、操纵。正如布赫在书中所说："说服不是一个贬义词，不是指操纵别人。说服是一个中性词汇，效果的好坏取决于传递信息的人是否明智，如何选择信息，以及说服的目的和效果。"

说服是一种选择。听众需要自行做出决策，是否接受这些观点。但是更为重要的是，我们也需要做出决策，选择哪种沟通工具让我们与其他人的沟通更有效。

而职业制片人很早就了解了上述这些技巧。因此他们每天把这些技巧应用于商业电影、电视节目。这也就是为什么我们看这些节目的时候，会被电视内容所传递出来的情绪所控制的原因。对于我们这些不从事影视工作的人而言，我们可以利用这些技能来避免一些尴尬。比如我们刚刚发了一个帖子，但是却根本无人理睬。

本书是如何组织的

本书的目标是帮助你利用图像和视频进行更有效的沟通。在本书中，

> 说服往往需要我们和听众进行一对一的沟通。

我会说明如何用不同的、更好的方式制作有冲击力的、让人印象深刻的图像或视频以此说服他人。

在很多情况下，我们说服的听众可能和我们不在一个空间。这样我们就需要使用恰当的工具去远程说服他们。我们需要在看不到他们的情况下，找到一种手段进行沟通说服。那么在这种情况下，最有效的工具是什么呢？答案是——图像。

本书分成3个部分：

- 说服力的基础。
- 具有说服力的静态图像。
- 具有说服力的动态图像。

第1部分，说服力的基础。阐述了帮助制作有效的、具有说服力的图像和视频的核心概念（这些概念对于图像和视频都适用）。这些基本知识也是本书其他章节——如何创造性使用说服技巧的基础。

第2部分，具有说服力的静态图像。了解制作有效的静态图像的过程，呈现的准备并拓展到摄影和图像编辑。

第3部分，具有说服力的动态图像。根据我们前面两部分所学的知识，利用工具来制作有冲击力的动态影像（运动部分增加了一个巨大的、新的复杂图层），这个部分包括了音频、视频、动态图表。

这里有很多东西可以去挖掘和实践。但在本质上，我们只是尝试吸引听众的注意力，使得我们可以分享信息并鼓励他们去行动。

> 本质上，我们只是尝试吸引听众的注意力，使得我们可以分享信息并鼓励他们去行动。

> 就技术方面而言，传媒、电影、视频或者其他移动影像可能有所不同。大多数情况下，我们不是使用价值9万美元的摄像机，而是使用手机来拍摄移动影像。我这里用媒体来表示静止图像和移动影像。影片和视频则可以相互转化，移动影像则介乎于图像（静止）和视频之间。

为什么说服是必备的技能

当大家被问到说服别人的场景时，大多数人会联想到"广告"和"市场活动"。这当然没错。不过这只是说服他人的场景的一部分。说服不仅仅在市场活动中被广泛采用，也包括其他方面。例如，为新的想法获取支持，或者解释一项新法律的好处，又或者向一个4岁的小朋友解释为什么需要洗澡。

过去，我们在说服的时候，能感知到面对面交流带来的改变。但是现在，差不多所有的说服都是隔空开展的。发布信息的人可能从来没有见到过那些他试图影响的人。尽管听众可能从来没有见过你，但是如果你获得了听众的信任，你就有机会来说服他们。当然这种信任关系不会马上建立起来。

视觉说服力就是利用图像（不论是静态还是动态的）传递信息的、

说服他人的活动。这种视觉说服不仅包括现代的电视、社交媒体,也包括贴在墙上的海报,以及我们身边到处可见的图像。随着我们的生活节奏越来越快,视觉影像传递信息的速度也越来越快,传播的力量也比其他媒体更强。

事实上,图像要比文字的说服力更强。我们能够非常清晰地感觉到,在这个日益影像化的、移动化的社会中,我们更需要掌握视觉说服力。视觉说服和叙事已经成为一种基本的商业和社会技能。因为影像可以把那些不重要的信息过滤掉,并让观众产生深刻的印象。制作有说服力的视觉影像不再是专业设计师的专长,它对我们也同样重要。

> 制作有说服力的影像不仅仅是专业设计师的专长,也是我们必备的沟通技能。

但我们需要明白的一点是,图像不等同于画。图像是信息和情感的视觉载体。你会发现,一幅生动的图像可以深入内心、扣人心扉。首先,我们需要确保视觉影像有足够的长度来容纳相关的信息。其次,如果要通过视觉影像有效地传递信息,让观众采取具体的行动,我们就需要在这些传递信息的影像之中,体现一种核心的情感并辅以相应的叙事结构。只有这样才能把我们的信息根植于观众的脑海之中。

当我们想创作一幅图像去说服他人时,有一些工具可以帮我们在不增加很多成本的情况下,强化视觉图像的影响力。当然,我们每个人可能都希望自己制作的影像在网络上一夜爆红。所以如果我们对图像进行更好的加工和编辑,那我们就更有机会让我们的影像传播更广,影响更大。但现实情况是,我们大多数人不知道如何去完善自己制作的影像。好比蹒跚学步的幼童拿着蜡笔,他们可以在报纸上画画和涂鸦。但是对我们大人而言,那些只是没有任何意义的乱写乱画而已。

本书的主要观点源自我在南加州大学(USC)开设多年的课程。在这个课程中,这些学生需要在一个学期内学习各种媒体制作软件。他们往往不是影视专业的学生。有一些只是希望提高沟通能力的计算机专业的学生,有一些是希望学习使用设计软件的工科专业学生,还有一些是过来扩展视野的商科专业的学生。

> 俳句是日本的一种诗歌形式。分别是5个音节、7个音节、5个音节的三行诗歌。同其他诗歌一样,俳句需要用更少的词来有效地传递情感。我们将在第3章"具有说服力的写作"中讲述。

我发现,现在学校里面的很多学生都成了论文写作机器。他们不断撰写各种论文、学期报告,还有其他学科报告。尽管这种通过大量撰写报告来提高研究能力的想法很美好,但现实是非常残酷的。现在社会早已不再崇尚撰写和阅读冗长的报告,而更希望采用简洁的沟通方式。因此学生在学校里面发展的这些写作技能在毕业后几乎用不到。

可以说,利用视觉影像进行说服,并不需要连篇累牍的书面报告,而更像撰写日本的俳句诗歌。不是堆积一整段的章节文字,而是简单地罗列要点。这对于我们很多人来说可能都是一个艰难的转变。因为在很多情况下,是我们写得太多了。我在课堂上经常要求同学们用最少的字数传递尽可能多的信息。

现在，有效沟通的障碍主要来自社会剧烈的变化。例如，三大电视网络经过30多年的发展，已经被数字媒体的爆炸式增长所取代。流媒体服务像蒲公英一样兴起，时而受到欢迎，时而遭到抵触。影像市场上充斥着各种内容。像奥斯卡奖、艾美奖、金球奖这些奖项往往会颁发给传统的电影公司和有线电视机构，但现在这些传统的影视机构，也面临着来自奈飞、苹果、亚马逊等其他非传统的分销商的激烈竞争。

正是有如此之多的影像内容可供选择，观众的注意力所能聚焦的时间也越来越短。几年前，大家可能还会耐心观看一个60秒钟、制作精良的商业广告，而现在大家觉得连15秒钟的广告都太长了。制片人为了留住观众，让观众保持注意力，不得不缩短广告的长度。

> 说服是一种在你和观众之间，建立在信任之上的、有活力的交流。

通常而言，这种广告可能只有6~7个情节可供选择。这就意味着，对于创作者而言，我们需要充分利用观众过去的经验，来做出对现在的判断。观众过去的经验，可以为我们建立一种沟通的捷径，可以让我们利用一些最简洁的信息来唤醒观众的记忆。例如只需要看几秒钟的电影预告片——在一个深夜里，月亮若隐若现地藏在云中。一个女人在深夜里紧张地沿着街道快走，而这时一辆轿车呼啸着急停下来——我们就知道，我们不是在观看《芝麻街》这种电视剧。

你可能正在构思为学校的烘焙比赛设计一张海报。但是你要知道，一个人观看你的海报并做出决定，往往依据的是他们过去曾经看过的其他海报。就像我的朋友，电影编辑诺曼·霍林所阐述的那样："我们所感知的事情会受到我们曾经看到的和将要看到的事情的影响。"

这是一个贯穿本书的基本概念。研究表明：如果有一些事物看起来很"美好"，那么人们就会假定它真的很美好。如果一个影像看起来很"美好"，那么这幅图像一定比其他的不太"美好"的图像更有说服力。尽管这两幅图像所包含的信息可能都一样。你会发现当要和别人沟通时，应该让别人看到更多的图像内容，而不是让别人阅读大量文字。

这就好比我们在阅读一个精心设计、便于阅读的任务说明书。我们会感觉这个任务很容易完成。而产生这种印象的原因，可能仅仅是字体让我们更容易阅读（我们会在第3章讲解这些内容）。

什么是说服

说服是一种需要精心构思和准备的、让听众做出相应改变的行动。这种改变包括思想、行为、法律等。说服不是通过暴力，更不是通过命令实现的。说服是给别人一种遵从建议的选择权。可以说，在今天的社会中，说服无处不在。

对我而言,一个高效的说服论证包括5个特点:

1. 明确清晰的、有逻辑的信息。
2. 蕴含强烈的情感焦点。
3. 面向明确特定的观众。
4. 以明确的行动倡议来结束。
5. 所有的内容都需要提前构思。

说服的目的是让听众产生一种强烈的意愿去按照你给出的建议来行动,这也就意味着,听众听懂了什么和我们说了什么同等重要。因此,理解听众是至关重要的。

正如戴安娜·布赫所说:"如果你想影响别人的行动,那么你就需要站在对方的角度,而不是仅仅从自己的角度来考虑问题。这也就意味着,你想表达什么远远不如听众想听什么更为重要。我们将在本章的后面继续讨论这一点。所以我们在说服过程中,必须充分考虑听众的诉求。因为一个好的说服过程不是一个人的独白,而是两个人的互动。"

布赫认为:"推销会的形式会让人们避而远之,不论是正式的销售推销,还是在电梯里面偶遇的快速推销,或者是一个精心设计的广告宣传。但是对话方式的交流沟通却不会这样。这是因为对话可以让听众参与其中,彼此交流信息。如果你想说服别人,那么就不要用推销的方式,而要用对话的方式交流。"

同样,说服意味着影响别人。但是我们怎么做到这一点呢?提高彼此沟通的音量可能会有一些作用。但是人们不会因为其他人的音量变化而改变想法。说服别人不能单纯依靠提高音量,而要靠连接对方的心灵,加以倾听。说服是双向的。

正如我们在书中不断提到的:"说服他人,实际上是听众自己做出了选择。这意味着在说服过程中,需要努力确保听众对我们传递的信息感兴趣,并且能以他们希望的方式去认可和接受这些信息,并在行动上做出改变。因此,最有效的、最有力的,同样也是最可行的调动听众注意力的办法是既能影响听众的情绪,又能引发他们的思考。"

利用这种激发听众的情绪来进行有效沟通,这种说法在今天非常流行。唐纳德·诺兰在他的《情绪设计》一书中写道:"我们所做的、所思考的事情都蕴藏在我们的情绪之中,而且都会受到潜意识的影响。反过来,我们的情绪也在影响我们的思考方式,并对我们做出的行为反应产生持续影响……"

> 说服别人不能单纯依靠提高音量,而要靠连接对方的心灵,加以倾听,说服是双向的。

> **情绪驱动购买**
>
> "品牌传播是基于情绪的,而情绪又影响了人们的判断。可以说品牌是我们感情的映射符号,因此品牌在商业社会中非常重要。"
>
> 戴安娜·布赫写道:"研究表明,我们的购买行为受情绪影响,并对产生的情绪给予相应的逻辑支持。在商业环境中,逻辑道理是被期许的,但是不要寄希望光凭逻辑道理就能赢得别人的信任……真正让人变化的是能找到一种影响他人的情绪的方法,让人看到问题或者解决方案,而不仅仅是告诉他们问题的原因。"

由于说服别人是需要听众自发地做出行动的选择。所以我们需要在说服过程中找到尽可能多的方式,从而鼓励他们自行做出选择。而其中最好的方式,就是从头脑和内心方面共同产生吸引力。这也是本书后面讲解文字内容、图像、字体和颜色中所蕴藏不同情感的原因。

佐伊·阿黛姆是伦敦大学玛丽皇后学院博士,她对于消费者心理和公共健康的关系做了研究。研究表明:我们对一则信息的相信程度,主要依据3个要素:信息的可行性、信息的相似性和信息中的力量。

> 我们相信一则信息的程度主要依据3个要素:可信性、相似性和信息的力量。
>
> ——佐伊·阿黛姆

她写道:"可信性包含了值得信赖、专业中肯的意见,常常是指从信息的出处上是可信的。相似性是指听众觉得接收到这些的想法与其他人很相似,那么也更愿意接收信息。信息的力量是听众能够从信息中感知到什么。如果听众从信息中感知的力量越强,那么人们也更愿意相信。这也说明了为什么推荐证明信越来越普遍,因为我们倾向于信任那些所谓的名人或者专家的观点和意见。"

如果听众在交流过程中保持全神贯注,那么说服工作也许会更容易一些。但是实际情况却不是这样的。很多情况下,听众常常会走神,他们可能在想一些与当前沟通无关的事情。比如中午的午餐吃什么。这也就意味着,在他们被说服之前,他们需要留意到我们传递的信息。明白我们想让他们做什么,并下定决心改变什么。

在沟通过程中,保持别人注意力的最好的一种方式就是使用影像信息。这也是本书为什么聚焦于那些使得影像信息更有吸引力的技巧的原因。这些技巧可以让听众在尽可能长的时间里面专注于我们的信息。

什么是视觉说服

所谓"视觉说服"是指利用图像和视频,当然也包括其他方法和工具,对他人进行说服的过程。一般情况下,这种说服过程都是以远程方式进行的。传递信息的人和接收信息的人不会立即进行交流。

传统的视觉说服包括电视和杂志广告、印刷海报、挂图等。与视觉说服相对应的是白皮书，也就是仅仅依靠文字进行信息传递和交流。

当我们谈到媒体的时候，经常会提到一个非常好的经验，就是"呈现而非说教"。也就是不要用文字去过多解释而要用图像去呈现。在本书中我们将花费较大篇幅来讨论如何做到这一点，其中很多技巧可以让你的说服效果立竿见影。

当然，现代视觉说服既包括传统的广告部分，也包括社交媒体、商业演讲、邮件和短信等。我们常常会觉得收到的电子邮件是个性化的，充斥大量文字的，但是实际上我们会发现，在邮件列表中每天收到的邮件都是以图像为中心来传递信息的。为什么会这样呢？因为图像比文字更有说服力。

什么样的信息会更具吸引力？如果信息里面充满了表情符号、动画、图像，以及各种有趣的图示，那么也会引人入胜。如果表情包不能有效表达某种感情，我们可能就会老套地使用文字。所以，我们几乎都不愿意采用文字，而是让图像来说明一切。

> "视觉说服"是指利用图像和视频，当然也包括其他工具，通过远程的方式来说服别人。

你看见了什么……

现在，图像可能正处于我们交流的中心位置。比如，你会经常说"你看过……""你发现……"。可见，我们的大脑在天性上就愿意优先识别图像……

比如，下面哪个更能快速地调动和强化你的情绪反应，是通过文字来描述"婴儿的脸颊上流着泪"，还是通过图像来展示？如图1.1所示。

当然，你首先会注意到这张图像中的婴儿，而不是本页中的其他文字。这张图像的视觉冲击力要远远大于文字。

你可能会仅仅认为这是一张普通的哭泣的婴儿的图像，但实际上摄影师使用了专门的技巧尽可能地强化这张图像的感情。我们将会在第2章"具有说服力的影像"和第7章"具有说服力的照片"中对这些技巧加以详细说明。

图1.1 当然你会最先注意这里。任何视觉图像都强于文字（图像来源：pexels网站）

> 我们每个人都生活在一个巨大的气泡中,需要花大力气去刺穿气泡,吸引别人的注意力。

在视觉说服定义中,非常重要的一点是,信息传递者和接收者并不直接进行身体接触和交流。如果我们紧挨着别人站立,那么会有一些更有效的说服方法来传递信息,比如拍拍对方的身体、说两句悄悄话,对方对你的情绪能够进行感知并给予反馈。当我们在一个共处的空间内我们是能够感知到这些线索的,但是在我们使用社交媒体的时候,往往无法感知这些。

在今天,我们习惯于使用技术手段去与别人沟通交流。而且如果我们没有被别人更多地关注,我们也会感到越来越孤立。我们每个人就像生活在一个巨大的气泡中。我们需要花很大力气来刺穿气泡,才能吸引别人的注意力。在很多案例中,文字表达往往并不具有特殊的优势。当我们需要与别人进一步交流的时候,我们发现现实情况是我们彼此隔着屏幕,我们完全无法感知对方的情感。而刺破这个包裹大家的气泡的办法是利用图像的力量。

让我们想办法让那些令人乏味的文字增加感情因素吧。我的一个南加州大学的助教麦克雷·亨德里克斯告诉我:"在我的经验中,当安排作业的时候,99%的学生只会花最少的时间来阅读这样一个以文字为主的章节。甚至一个同学在最后一个学期告诉我,她只阅读每个段落的第一句和最后一句话,这样她就感觉已经阅读过了整个章节了。"

而专业的市场营销人员就是因为充分了解图像的巨大作用,所以今天大多数的市场宣传都是视觉影像形式的。

定义你的听众

在我的南加州大学课程中,第一份作业是让学生们选择一个信息或者主题在这个学期来研究。他们需要在一周内写一份一页纸的报告来详细说明。在这个作业中最关键的一点是:他们要明确定义他们研究主题的面向对象。绝大部分学生会写"所有人",为什么会这样呢?因为他们想让尽可能多的人对他们的研究感兴趣。

但是你能设想自己像《芝麻街》电视剧中那样的方式,来宣传健康饮食吗?你会用这种方式和你的朋友谈话吗?同样,如果你想向你的父母介绍音乐,你会采用和朋友互动的方式来和父母沟通吗?

一种信息往往只对一类特定的听众更有效。不同类型的听众需要不同方式的信息表达。比如,你想给一年级的小学生讲一个故事,然后你再把这个故事讲述给高中生,最后你还希望在商业演讲中再讲述同样的故事。尽管故事核心内容是一致的,但是如果你想获得好的效果,你讲述的故事必须针对不同的受众有所变化。因为你的听众不一样。

这里面有一个关键点：你讲的故事不应该是凭空捏造的。故事必须要让听众铭记于心。如果你不知道听众是谁，你也就没有必要准备这个故事了。

我年轻的时候曾经希望通过学习，成为一名戴尔·卡耐基课程的教练。在1936年出版的并至今仍然畅销的戴尔·卡耐基的《如何赢得朋友和影响别人》书中，他的核心观点是"在没有任何制约的情况下，让别人去做一件事情的唯一方式，就是让他自己愿意去做这个事情。"

> 让别人去做一件事情的唯一方式，就是让他自己愿意去做这件事情。

我们每个人的生活都离不开健康、食物、睡眠、住所、金钱这些必需品，但是除了这些，我们也有自尊的需求。但是每个人希望获得的自尊也是不同的。作为一个沟通者，我们必须要定义自己的听众，定义这些听众的需求。

在卡耐基课程训练中，我所学到的最重要的一个内容就是WII-FM（What's in it for me，这能给我带来什么）。我们所听到的很多事情似乎都被我们过滤了，我们需要学会评估哪些内容可能给我们带来好处。

亨利·福特说过："如果成功真有一个秘诀的话，那就是你从别人的视角看事情，而且站在别人的的角度思考问题的能力需要和你自己看事物和思考的能力一样强。"

这一点对于我们说服别人而言非常重要。我们如何想可能并不重要。虽然我们一直想完善自己，但是除了自己还有谁关心这些呢？没有任何人。每个人都太忙了，以至于大家只关心和自己有关的事情。

这就需要我们往想让听众做什么的角度转变。让听众获得更强烈的、有效的信息并让听众保持持续关注才最重要。

1925年，亨利·安·奥弗斯特里特在他的心理学硕士论文《人类行为影响》中写道："我们的行动来自我们深层的渴望……而给那些希望说服别人的人一个最好的建议是：不论是在商务上、在家里、在学校，还是在政治上，首先要激发他的渴望……关于说服别人的真正秘密是让他们自己来说服自己。"

"为什么"是一个关键问题

试想一下你的反应，当一个人突然想让你买什么东西，你会停下手头上正在做的事情，仔细倾听，然后说："好的，你再给我多讲讲！"我怀疑可能永远也没有这种情况。我们每个人都太忙了，哪里会有心思听这些突如其来的推销，我们肯定会迅速屏蔽这些信息。

> 我们需要从我们想告诉别人什么转变到听众想关注什么。

现在越来越多的人不看网站上的各种广告，甚至我们会直接通过浏览器来屏蔽大部分广告。

但如果你是一名推销员，那么你会怎么办？你要推销一个想法，比如改进的流程或者其他东西。你也得面对同样的问题：如何获得别人的关注？

那么，最重要的一件事情就是要确保你的信息是否有足够的吸引力。在这个信息里面不但有文字，还需要有图像。这样才能吸引别人的注意力，接下来，你才可能给他们一个采取行动的理由。

任何一件产生行动的信息，都需要回答一个问题——"为什么我要关注它"或者"为什么对我重要"。记得我们前面提到的卡耐基的名言"WII-FM"吗？但是你可能并没有很多时间来详尽地讲解和传递你的信息。你不妨用一段15秒的视频来替代30字左右的文字描述。而如果你仅仅是向听众说30个字的内容，那么对方可能一点感觉也没有。

你能从本书中学到的是，如何把有力的描述和有冲击力的图像结合起来，让信息穿越障碍，直达人心。我们不仅要说服别人，还要向听众讲好故事，引导他们的情绪，帮他们确定行动的路线图。

尽管在过去的传播中，我们可能做得相对含蓄。那是因为人们可以自行将点滴的细节关联起来。比如先展示一张狗的图像，然后再展示一张关于狗粮的图像。大部分人会觉得"哦，我应该为我的爱犬买狗粮了！"

但是今天却不这样了。

太多信息分散了我们的注意力，以至于产生了一个新的缩写词"FOMO"（Fear of Missing Out）——害怕错过什么。就像一旦你在过去的五分钟内没有看手机的话，你就会焦虑，担心错过了什么。其他人会不会也这样呢？他们恐怕比你的焦虑症更严重。我发现，对于我课程中的学生而言，他们几乎都对自己的手机上瘾了。

在课堂上，学生们常常会偷看自己的手机。之所以这样就是为了确保他们时刻保持在线状态。尽管我不断强调要把手机收起来，不过也就见效一两分钟而已。

另一个例子是一心多用。当一个人同一时间做几件事情的时候，我发现他们可能仅仅是"做"那些事情而已。他们的大脑并没有真正思考任何事情。他们只是表面上关注着。这种对任何活动都缺乏深度投入的情况，意味着你和他们说的事情，可能很快就会被下一件事情所干扰。

行动倡议

尽管有很多分散听众注意力的事情,但是我们仍然要聚焦于行动倡议(Call To Action)。这是一个在市场营销领域广为人知而在圈外并不知名的词汇。行动倡议是你需要明确告诉大家,希望大家在阅读图像或者观看视频后所采取的行动。

行动倡议明确告诉听众"你希望他们做什么,并且在哪里做这些事情"。行动倡议不是模糊不清的,而是清晰的、直接的,蕴含着你所传递的力量。你的图像刺穿了包裹着他们的气泡,告诉他们应该关注什么。而行动倡议则告诉他们接下来做什么。

记住,你的听众的注意力是非常分散的。他们不愿意去做任何不同以往的事情,而且他们需要强烈的动机去克服原来的惯性。

如果他们的注意力没有被充分调动起来,再怎么强调清晰的、直接的行动倡议的重要性,也不能使对方做出改变。行动倡议只是增加了对方改变的可能。

行动倡议经常被用在市场营销的很多方面。撰写一个好的行动倡议很关键,否则去改变对方则会更艰难。自由商业撰稿人和作家安娜·哥特对行动倡议给出了5条建议:

- 聚焦一个目标。这点的重要性就不赘述了,每个广告宣传都需要聚焦一个目标。

- 使用行动性的词语。最好是动词或者专门的、可以激发行动的词语。比如赶快买、签单、发现、尝试、观看、开始等这样的词汇。这些词汇可以直接说明你希望消费者接下来要做什么。

- 选择适当的格式。确切地告诉听众会给他们带来什么价值。尽可能让行动倡议简短一些,但是不管怎么样都不要超过 5~6 个字。太长了会降低听众的视觉印象。

- 确定是褒义词,还是贬义词。这也是行动倡议中非常重要的一部分,而很多人往往忽略这一点。你可以确定你的行动倡议使用褒义词还是贬义词。两者都很有效。

- 简短有力。最佳的行动倡议都是简短有力的。你没有必要增加多余的补充,你的行动倡议和其他说明文字只要能说清楚,越短越好。

我特别推崇最后一点,我们不是在撰写"小说",我们是在编写"俳句诗歌"。

> 行动倡议是明确说明你希望听众阅读图像或者观看视频后所采取的行动,告诉听众"你希望他们做什么,并且在哪里做这些事情"。

> 要抓住每一个让听众记住信息的机会。当在行动建议中包括网址的时候,不妨将网址中的词语大写。因为计算机的反应是一样的,但是对于消费者而言,阅读 "This Is A Truly Great Website.com" 肯定比 "this is a truly great website.com" 更容易阅读和记忆。

本章要点

以下是我希望大家能记住的要点：

- 说服是听众自己做出的一种选择，并不是你发出的命令。
- 说服是一个积极的对话过程，需要在你和听众之间建立信任。
- 尽管现在每个人都只关注自己面前的屏幕，但是说服仍然是一对一的交流或沟通。
- 听众一直被大量的信息所干扰，让听众聚焦于你希望传递给他的信息。
- 你传递给听众的信息必须要说明为什么要按照你期望的方式去行动。
- 清晰的行动倡议必须让听众明白你希望他们做什么。

说服力练习

假设你要就某个关心的议题做一份说服性的海报或者视频。

按照以下步骤明确问题，定义听众，创作信息。

- 你希望呈现的议题是什么？
- 你的目标听众是谁？为什么？
- 说服是为了改变。你希望听众做出什么改变，接下来做什么？
- 为什么你的听众会对你的议题感兴趣，换句话说，为什么他们会关注？
- 如果你的传播媒介改变了，你的信息会变成什么样？
- 你的行动倡议是什么？

把这些内容写在一页纸上面，不要超过一页，然后放到你能找到的地方，我们会在接下来的几章中回顾这些内容。

他山之石

那些对你的工作很尊重的人,会买你的东西吗?

乔·托里纳
制片人/导演
托里纳媒体公司

在我的经验中,文字描述以及图像的效果是可以从大家观看海报和电视广告的反应中看出来的。图像只是这些元素中的一个。每个创意元素——情景、声音、脚本等,存在的唯一目的是深入观众的内心,打动他们。这就是销售成交的真正秘密。

20世纪80年代中期的家庭电视购物网络是我看到的最荒谬的事情——充满了做作。尽管如此,我从里面学到的最主要经验是它所蕴藏的惊人的销售能力。在全国广播公司,我一直关注电视购物网络收视率、收看家庭数量、ADIs等这些指标。但是直到我偶然发现,对于终端电视而言,这些数据并不准确。这也激发了我去分析商业广告的本质。

家庭电视购物网络的特点是销售能力强。比如它可以通过销售200美元~300美元的收藏玩偶,来实现每分钟8万美元~9.4万美元的销售业绩。这真是让人大开眼界。这些销售是通过家庭电视购物网络的两个频道在3个小时内实现的。这种销售能力非常强大,类似现在的亚马逊平台。

我曾经为理财产品做过电视广告,包括推荐投资商机、不动产,以及股票交易软件等。这些广告非常需要与观众建立信任关系,并且只能吸引那些负担得起并希望对未来进行财务投资的人。但是这些人非常挑剔,除非有坚实的、有背书的销售支持,否则他们根本不会接受。

对我而言,行动倡议是整个广告的关键。在这些案例中,我希望观众能够在看过广告的几天之后,激发他们进一步行动。这就需要电视广告有冲击力。顾客可能会花费几天的时间出差,来参加我们的产品推介会。

广告的作用看起来很显著。在一个5年销售周期内,我们的5种产品通过电视广告和随后的邮件销售累计销售3.235亿美元——平均6470万美元一年。为什么广告销售的效果这么好呢?因为观众可以观看、感受、体会到诚实和信任。我在全国广播公司的经历同样影响了全新风格的杂志广告,也同样很有效果。

那么如何通过电视广告传递信任和可靠性呢?这只能来自于产品本身,而并不在于天花乱坠的描述、花里胡哨的技巧、口若悬河的推销。电视广告的优点在于充分利用声音、图像、音乐、对话、描述、画外音、动画和图表达到传播效果。电视广告只是用了一种直接的、易懂的、明智的方式讲述了一个诚实的故事。听起来很老套吧,但确实是这样的。

在电视广告中，产品是主角。没有其他任何事物可以取代它的位置。广告中其他所有的要素都是来配套支撑广告内容的：演员、音乐、动画、图表、描述等。我们讨论产品、展示产品，我们会不断地提到产品的名字。我曾经数过在一个电视广告中会提到过多少次产品的名字，而我最终发现这个17秒的广告中，差不多提到了将近100次。

产品的背书和证明必须让人足够信赖。这就意味着尽量不要使用专业演员，也不要去特意排练彩排。但是主题必须是关于完全真实的日常人物。这种方式也就意味着你需要做更多的幕后工作，但这种方式的确有效。

如果仅仅是按照写好的剧本去访谈，这可不是我的方案。观众也会通过屏幕感受到不真实。尽管有很多产品广告这样做了，但是这样做的结果让产品的信任度很低。尽管我的做法会有很多额外的编辑和剪辑工作，但是我所录制的内容，包括画外音说明，都确实是即兴的创作。在广告中，配音仅仅是根据要点进行提示的。而产品的背书证明、片花、影片分段，以及路人访谈都是没有刻意准备的。

人们可能会偶然看到这个电视广告。但他们一旦看过了，就会深深被吸引。你必须让他们看下去。

以下是电视广告的几个基本要素：

- 问题和答案。这是电视广告片的基本配置，特别是在引言和导入部分。"你是不是正在为退休后的家庭支出而拼搏，未来你将如何支付孩子的教育费用，并为他们铺垫一个光明的未来？现在，你有机会可以做得更好！"

- 要点和好处。广告推广的内容要点和好处必须一目了然。例如"包括一系列课程可以帮助你做好准备并跑得更快。"

- 背书和证明。这是整个广告的关键。表明了推广的内容如何运作开展。例如"这很有趣、很快速，也非常容易！"

- 克服异议。克服观众心里可能的反对意见是必要的步骤，不论这种反对意见是明确的，还是潜意识里面的，都要提出来并把这些反对意见打倒。

- 行动倡议。必须清晰而且一遍一遍地告诉观众，你希望他们做什么。

就电视广告的制作而言，我也有以下几点个人建议：

- 节奏非常关键。很多商业电视广告是以剧集中插播的方式播放的。因此，如何把握好广告整体的节奏很关键。只有保持轻松欢快的气氛，人们才会一直关注下去。

- 配音是灵魂。有人曾说，好的电视节目就是好的广播内容加上画面。要使配音也保持相应的节奏。除非有好的理由，配音不要太沉闷。
- 产品是核心。不妨随身带一个记事本。因为好的点子往往是在不经意间灵光乍现的。用行动性的词汇，比如动词作为广告的引导。要在有限的时间内让观众产生最强烈的印象。
- 及时地推进电视广告情节。要保持电视广告的节奏，当然也没有必要弄得过于急躁，不能四平八稳，也不能不着边际。
- 画外音最好提前编辑准备。
- 尽管很多人曾经认为音乐在电视广告中是无关紧要的。但是这种想法完全不正确。音乐也是电视广告中不可或缺的角色，拥有自己的角色定位。
- 广告中的访谈最好以对话的方式进行，而不是做提前准备的书面访谈。

我的电视广告曾经获得的最好评价是来自于全美广播公司的一个节目经理。他拒绝在安排好的时间内播出我的广告。因为他认为"这个广告太像真的电视剧了"。

作为制片人，我们必须关注那些观众没有注意到的细节。

——诺曼·霍林
电影编辑
南加州大学电影艺术学院 教授

第2章 具有说服力的影像

本章目标

本章的主要内容是讲解视觉认知能力方面的知识，主要包括：

- 定义"视觉素养"以及其他重要的视觉元素。
- 说明如何捕捉和控制观众的视线。
- 说明如何利用相机替代观众的眼睛展现事物。
- 说明决定观众第一视线点的六项优先法则。
- 说明让图形更加有吸引力的构图技巧。
- 说明取景的三分法的重要性。
- 说明摄影的位置、布局、取景、角度不同的图像对于听众情绪的影响。
- 讨论拍照对象的性别对观众的影响。

图像不是凭空而来的。我们要理解图像包含很多要素：可以看到图像中的内容、环境、构图，还有图像的放置位置。换句话说，图像只是它自身和我们周遭的一部分而已。图像本身不是简单的图像，而是在叙述一个故事，如图2.1所示。

图2.1 每个图像都在叙述一个故事。你越被图像吸引，你也就越被这个故事所吸引（图像来源：pexels网站）

像任何故事一样，当你多考虑下面的问题时，你就可以让图像更好一些。

- 你想说一个什么样的故事？
- 你准备对谁说这个故事？
- 你准备让他们听了你的故事之后做什么事情？

制订好计划才能拍摄好的图像。

> 要为图像的摄制做一个好计划。

如果你要讲述一个有趣的故事，那么这个故事的讲法肯定和讲鬼怪故事是不同的。同样，讲给小孩子的故事在叙事的节奏上也会与讲给成人的不同。如果这个故事还涉及一系列的技术方面的问题，那么讲给那些懂得相关主题的人的方式，也肯定与那些不熟悉这个主题的人讲述方式有所不同。

虽然我们每个人不是天生就擅长讲故事，但是我们可以不断实践并加以改进。了解视觉说服的基本原则，可以更好地帮助我们讲好图像背后的故事。但是不可否认的是，规则也同样是用来打破的。但是你在打破之前，你必须了解这些规则。

没有遵守这些规则会怎么样呢？嗯，很可能没有人会对你怒吼，也没有人受到伤害。你也没有打破这些规则。但是你所传递的信息却不会给听众留下什么印象，也不会引起听众心中的一丝涟漪。假设你拍摄的影片非常重要，而你耗费了大量的时间和精力，那么你真的会忽略任何完善你的影片效果的事情吗？

我的核心观点是：作为图像信息的创作者，我们必须控制观众观察图像的位置、图像所承载的信息，以及图像所能引起的情绪。通过有效地运作这些规则，可以让观众对图像产生更强烈的印象。在本章中，我将会说明一些重要的视觉要素的概念。

视觉素养

当你准备拍摄影片、设计动画或者制作演讲幻灯片的时候，你创作的这些图像是会被观众看到的。换句话说，这些图像会向观众传递观点。

当然，你可能很难会察觉到：当你改变位置、变化取景或者改变相机前面的内容的时候，你给观众呈现的东西以及观众所获得的感知也发生了变化。当你移动相机，你也将同时牵引观众视线。

本章前面诺曼·霍林说的那句话是我最为喜爱的。诺曼是一个非常有才华的电影编辑，也是南加州大学电影艺术学院的教授。他和我花费了4年时间共同制作和主持了32集网络课程"两个制片人"，这也被我们称作"为那些没有读过正规影视专业的影视工作者而开发的影视课程"。我和诺曼一起编写了脚本，并且共同主持了这个节目。在这个节目中我们深入影视制作的基本原则。我的优势在于媒体制作和技术应用部分，他的优势在于故事创作和编辑。我从诺曼那里学到的重要一点是，最好的视觉图像即使是静态的，也仍然可以叙述一个故事。作为一个沟通者，我们的任务是指出这个故事是什么，然后用最好的方式去讲述它。

作为观众而言，可能没有人会注意到我们使用了什么样的视觉呈现技巧，也不需要明白为什么我们采用了这种呈现方式。而对于影视工作者或者图像设计人员而言，他们对于本章的内容不会感到陌生，因为很多概念已经流行了很多年了。但是对于上述两类人之外的读者而言，就有必要了解这些技巧了。

让我们来展开讨论一些关键的概念：

- 视觉素养。
- 控制观众视线。
- 构图。
- 取景。

> 作为视觉信息的创作者，我们要让观众看到我们呈现的影像、传递的信息，体会到影像中内在的情感。

视觉素养。"视觉素养"一词是1969年由约翰·戴伯斯最早提出的。他创立了国际视觉素养协会。视觉素养的意思是"一种阅读、写作和创作图像的能力,这是一个涉及艺术与设计的专业词汇,但是也被广泛应用在语言教育、沟通、交互设计领域。视觉媒体也是我们进行交流、传递观点,以及探索我们复杂世界的一种语言工具。"

控制观众视线。因为每幅图像都是在叙述一个故事。因此作为沟通者,我们需要确认观众所感知到的故事就是我们所叙述的。诺曼把这个过程称为"复制故事给观众"。我称之为"引导观众视线"。不管哪种表述,我们都需要控制观众的视线和内心想法,以便让我们的信息产生最强烈的效果。永远不要放弃信息对观众施加的影响。在本书中,你将学习一系列技巧来控制你的信息。

构图。这是一个设计图像内容和思考技术应用的过程。这个过程可能很简单,只需要按一些快门。但是也可能很复杂,要制作一个动画电影的主要场景。构图决定了创作图像过程中元素的选择和安排。有时候更为重要的是决定不使用什么元素,而不是使用什么元素。

取景。在现实生活中,我们环顾四周,可以一眼看到所有的东西:上、下、左、右,近处和远处。但是当我们看任何的数字图像的时候,不论是视频还是静态图像,我们都是通过取景框去观察世界的。这个约束性的取景框决定了图像的边缘。

> 不像现实生活中,每张静态画面或者视频都是在取景框中框定的画面,这让我们对每幅图像有了边界错觉。

非常重要的一点是,我们的大脑假定取景框是把真实发生的事情限定在里面的。我们的大脑也会立刻得出结论,取景框所框定的内容是图像信息的全貌。尽管这是明显错误的。而且这个错误的结论显然经不住推敲。演员站在场景当中,可以非常容易地从场景里面看到外面。比如,前面的摄像机、摄像机后面的剧组、场景,以及场景上面的灯光、废弃的道具和服装,甚至其他表演者——比如吸血鬼,尽管这些没有出现在场景之中。但是在我们的眼里,我们看到的就是取景框内所呈现的。

正是因为取景框,我们的大脑对画面进行了虚假处理。作为沟通者,大脑施加的这些限制可以帮助我们利用图像控制内容、情感、构图,并最终通过每幅图像把故事传递出去。实际上,女主角并没有被恶魔所攻击,但是我们却不能告诉观众的大脑这些。可见,取景框是一种非常有力的说服工具。

"六项优先法则"决定了观众最先看到哪里

在图像中我们会感觉所有的内容元素都是均势的。但是如果图像中有人脸的话,我们会第一眼看到脸部。但是实际上不论是有意还是无意的,图像中的内容原则是不均势的。如果在图像中有很多张面孔,而只有一张模糊不清的面孔,或者这张面孔在图像中非常小,那观众又会看哪里呢?因此图像中的元素的优先级的概念可以帮我们引导观众第一眼看哪里。

我非常感激诺曼·霍林教授第一次把视觉层次这个概念介绍给我,尽管我后来修改了他的定义和顺序。我们的大脑天生就会把图像放到一个特别的顺序中。我们可以参考这个顺序来创作和设计图像。这样你可以让观众按照你希望的次序来关注图像中的元素。实际上,你可以参考的一个简单例子就是,本书的每个章节的设计就参考了这样的顺序。

图2.2 为什么我们的视线会第一眼看到黑色的拼图
(图像来源:pexels网站)

当我们观看静止或移动的图像的时候,比如图2.2,我们的视线好比一个会按顺序的检查表,第一眼看哪里,然后第二眼看哪里,以此类推。我把这个检查表称为"决定视线顺序的优先法则"。这听起来有一些拗口,我将其简化一些称之为"六项优先法则"。我们的视线在观察图像中元素的先后顺序如下:

1. 运动。
2. 焦点。
3. 不同。
4. 明亮。
5. 更大。
6. 前面。

如果图像中有运动的元素,那么我们的视线就会先关注这里。如果没有运动的元素,那么我们会看看图像的聚焦部分。而如果画面中每个元素都在焦点上,那么我们就会看到图像上有不同的地方。比如,相比于图像中较低位置的内容元素,我们更容易发现高位置的内容元素。这个顺序法则,不仅仅可以用于我们观察图像和视频,也同样适用于我们观察身边的真实世界。

> 六项优先法则引导了观众的视线，按照我们期望的顺序看到图像中的内容。

让我们解释其他几条法则。

我们强调运动元素的重要性也很正常。这是因为我们在会书写文字之前，我们还在狩猎或者被当作猎物的时代，我们的大脑天生就会对任何移动的物体非常关注。我们的第一个想法就是，那是食物吗？我们能捕获吗？移动的事物总是能获得我们的关注。

显然在静态的图像中，里面的内容元素不会像视频那样移动。但是我们仍然可以在静态图像中隐含运动的内容元素。这种隐含的运动元素也会使得图像变得更有吸引力。当我们制作视频的时候，移动也是一个非常重要的吸引观众视线的工具，我们将在第3部分"具有说服力的动态图像"中进行讨论。

运动元素在平面中是比较难以展现的。比如，如果图2.3是影片的话，那么你的视线会一下子聚焦到领头的马匹身上，因为这匹马正在移动，而且显得很大。但是在书中，这张图像包含了运动元素。大量的商业摄影照片，特别是时尚照片，经常运用运动元素吸引观众的视线。

接下来，我们的目光会寻找焦点。如果我们使用手机进行摄影，并且把所有的元素都拍摄到了照片里面，那么我们的视线会迅速跳过那些较低优先级的元素。如果图像中焦点非常明显，对比其他不在焦点上的元素，我们的视线会先被吸引到这里。这就是为什么很多广告和影视的图像只把取景框的一小部分聚焦。这实际上也是引导我们第一眼应该看哪里。

图2.4说明了这一点。取景框中有很多人，但是我们第一眼看到的是开怀大笑的女人，因为这里是图像唯一的聚焦点。

图2.3 运动。视线被吸引到运动物体上，这虽然是一个静态图像但是让我们产生了移动的错觉

图2.4 焦点。为什么我们会第一眼看到大笑的女人。因为焦点的优先级比明亮和位置的优先级更高

接下来，我们的视线会关注不同之处。这就是为什么图2.2中的黑色拼图会一下子吸引我们的视线的原因。因为整个图像的拼图颜色都是白色的，但是只有这一块是黑色的。差别可能是性别不同、颜色不同，或者形状不同等，也可以是任何不同的元素。我们的视线会一下子被那些与周边不相称、不一样的地方所吸引。

在图2.5中，你会首先看到矩形的调色盘，因为图像中的其他元素都是曲线形状的，并且是色彩明亮的。换句话说，哪怕是调色盘与周边的这一点点不同都会使我们的视线聚焦于此。

回到我们的优先级列表。如果图像中没有运动元素，每个元素都处在焦点位置，各个元素也没有明显的不同，那么我们的视线会关注那些更明亮的颜色。这也解释了为什么很多数字图像的标题是白色的。在图2.6中，你会看到白色更加吸引目光。同样的道理，黑色元素在白色背景下会更吸引眼球。就像在图2.2中，因为背景是白色的，所以黑色的拼图是与众不同的，不同也表示了更高的关注优先级。

在优先级列表中，第5项是更大。我们的视线更容易关注取景框中那些更大的元素。在图2.7中，女孩正在回望镜头，她是取景框中最大的元素。同样，她也处于焦点位置，这一点也同样更容易吸引观众视线。我们会首先看到女孩，然后视线穿过她的肩膀，看到屋内的正在召开的会议。

图2.5 不同。你的第一眼会关注到中间的调色盘。这是因为这些方块的形状、颜色和大小，与画面中的其他元素不同（图像来源：pexels网站）

图2.6 明亮。你的视线会最先关注左边的女人，因为她在取景框中比其他元素更加明亮

图2.7 更大。你的视线会最先关注左边的女孩，因为她在取景框中比其他元素更大（图像来源：艾里·休斯/pexels网站）

图2.8 前面。你的眼球会被站在前面的人所吸引。如果没有其他的优先级或者优先级相差不多,你的视线会关注前面的事物

在一张图像中应用多种优先法则很正常,这样才能充分确保观众的视线能被吸引到你希望的位置。很少有图像只应用一种优先法则。

如果到最后,在优先级列表中的元素都是平等的,那么我们的视线会关注那些靠在前面的事物。在图2.8中,几乎所有的人都是差不多的高度和大小,他们穿着的衣服颜色也差不多。那么我们的视线会最先关注哪里呢?答案就是站在更前面的人。

六项优先法则可以帮助我们捕捉和控制观众的视线。观众的视线不会一直停留在第一次关注的地方,而是继续按照六项优先法则观察其他要素。因此,我们在创作和设计图像和文字的时候,需要把六项优先法则牢记于心,这样就可以让观众按照我们设计的顺序依次看到我们希望他们看到的元素。

在少数情况下会出现这样的情况:一张图像上可能同时使用多个优先法则。但是即使这样,也要让观众知道应该优先关注哪里。我们经常使用V形位置安排(布局)戏剧和舞蹈演员在海报中的位置。如图2.9所示。你会发现主演或者主唱会站在V形队伍的最前面。结合一些其他的细微不同——经常是更加明亮的服装、稍微增加一些灯光亮度,就可以引导观众关注到在这张图像,导演希望我们能关注到的主唱歌手。

图2.9 结合这些优先法则一起使用。你的视线一下子就会关注到站在前面的女人,同时也因为她处于更明亮的位置,看起来也比镜头中的其他人占据更大的版面(图像来源:肯特布罗/pexels网站)

我们呈现图像的首要目标是捕捉观众的视线,并让他们尽可能地停留在我们想让他们关注的地方。这样我们就可以向观众传递我们想传达的信息。应用六项优先法则可以让我们很好地控制观众的第一视线点、第二视线点、第三视线点,以此类推,就像在按照检查表上的顺序逐一检查。

照相机镜头中的视野

与我们的肉眼不同,相机中的视野就像下面图示的那样,是以V形或者圆锥形的方式观察的。安排一组人以V形的方式进行拍照,很重要的一个原因是没有足够的空间来让每个人都站在前面。

下图中,1号演员站在队伍的前面和中央位置,观众可以从1号演员的肩膀后看到2号和3号演员。尽管4号演员也站在很靠近相机的位置。但是由于镜头没有足够的广度,观众也很难看到他。影视剧组利用这个特点来在这个位置放置录音设备、台词提示卡、道具。这样既能离演员很近,也不用担心出现在镜头中。

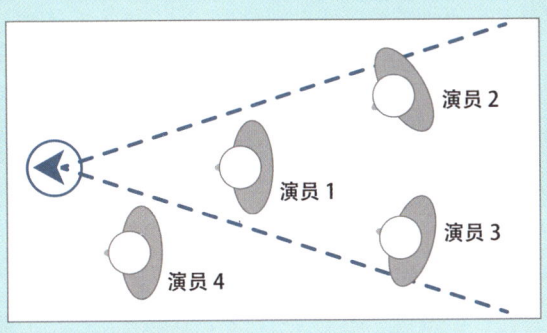

什么让图像更有吸引力

1991年,获奖的儿童插画作家莫利·邦出版了一部开拓性的著作《图像是如何说话的》,讲解了图像的结构如何激发观众的情绪,以及插画如何帮助更好地讲述故事。如果你能在图书馆中找到这本书,那么你值得花几个小时好好读一下,因为你会在之后很长时间里都会常常想起里面的观点。

在她的书中,她研究了如何通过改变形状、位置、颜色这些元素来演绎"红色小赖丁·霍德"的故事。在图2.10中,我们可以看到表示赖丁·霍德的图形,将会在森林中遇到狼的故事。当我们看到小红帽独自留在了森林里面,我们不会感到害怕吗?她是怎么通过改变图形上元素的构成,讲述这个小红帽遇到狼的故事的呢?

在她的书中,莫利·邦总结了12条原则来说明图形的结构是如何影响它的呈现效果的。前面4条重点说明了重力是如何影响我们

图2.10 通过在图纸上使用非常简单的图形,莫利·邦尝试用最佳的方式给我们讲述了红色小赖丁·霍德的故事(图像来源于图书,@2000莫利·邦,经Chronical出版社许可)

> 不要担心画面是否好看，而更应该关注效果。
> ——莫利·邦

感知图像的，后面8条说明了图像自身对我们感知上的影响。

1. 平滑的、扁的、水平的形状给我们带来稳定和平静的感觉。实际上，图像中的水平线或者水平方向的形状能让我们感觉到孤独的平静。

2. 垂直方向的图形能让我们感到兴奋或积极。垂直方向的形状对抗重力。它们隐含了能量并达到更高的高度。但是如果水平方向的长条形被放置到垂直图形的顶端，那么我们又会感到强烈的稳定性。

3. 倾斜的形状让我们感到活力。因为它们隐含了紧张的情绪。我们通常用从左向右的方式阅读图形。这与西方人的阅读习惯是一致的。

4. 在图像的上半部分放置图形则暗含自由、幸福和力量。元素被放置在图像中的上半部分也会让人感觉到"高尚和崇高"。在图像的下半部分放置元素，通常代表了威胁、沉重、悲伤和约束。元素被放置在图像的底部让人感觉到理智。

5. 图像的中心位置更能产生关注效果。这个点也是最容易受到关注的并让人保持注意力的位置。同样，把元素从中心位置挪开，则表明了更多的活力。因为边缘和角落是图像的边缘位置，我们的视线会停留在边界上。

6. 总体上说，白色或者明亮背景让我们比暗色的背景更能感到安全。毕竟我们在白天可以看得更清楚，而夜里则差很多。

7. 我们对于突出的图形会感到更加害怕，而我们看圆形和曲线则感到更加安全和舒适。

8. 图像中的元素越大，我们感知到的力量就越强烈。

9. 与相同的或者类似的形状相比，我们对相同颜色或者类似颜色的关联能力更强。

10. 规则的元素排列和不规则的元素排列，或者两者的组合都会让我们感觉到力量。精心的排列或者故意的混乱都会让我们产生威胁的感觉。

11. 我们会注意到反差。换句话说，反差让我们更容易看到。

12. 图形之间的间距和图形的形状决定了我们的视线运动和图像阅读焦点。

莫利·邦最后总结说："当我们看一幅图画，我们很清楚这是一幅画，而不是真实的现实。但是我们可能会停止怀疑。因为这个时候，画面又是真实存在的。我们开始思考（设计），我们经常会约束我们的画面……我们希望所有的元素在画面中大小类似，我们愿意使用画面的中央位置而避免边缘位置，我们愿意把画面区分成规则的部分；我们愿意把握表象的内容而不是实质……我们经常为画面的'漂亮'而忽略了对观众的

图2.11 尽管采用的图形很简单,但是画面却给人带来鲜活的、扣人心弦的、危险的感觉。莫利·邦的原则很好地解释了为什么会这样
(图像来源:《绘画》,@2000莫利·邦,经长期出版公司许可)

情感影响。不要担心画面是否好看,而更应该关注效果。"

莫利·邦在图2.11中展示了上述原则的巨大力量。对比图2.10,我们可以从这张图像中更加明显地感知剧情。就像我们刚刚说到的,她的理论丰富了我们的六项优先法则。我们将在介绍专门的图像构图技巧之后再来探讨。

相机镜头里面的东西就是观众看到的东西。

视觉创作基础

图像中包含的元素远远不止是内容。元素组合、布局,以及取景对于图像的展示与构图也会产生重要的作用。

改变相机角度:广角或者聚焦

让我们从一些简单的开始:镜头的视角。当人物和物体放置在取景框中时,广角镜头适合呈现地貌风光。我们利用广角镜头来设置场景。当镜头拉近——记住,当你移动相机的时候,你也在调整观众的视线。我们会看到更多细节。但是重要的是,镜头拉近也放大了画面蕴含的情绪。镜头拉得越近,镜头中蕴含的情绪就越多。

显然,最明显的情感产生在脸上,但是特写镜头放大了最小的细节,一个手指抽搐了一下,一只鞋偷偷迈向地毯,或者一滴水落在表面,所有的一切都蕴含了强烈的情绪,关键在于我们如何讲述这个故事。

图2.12 可以看到在广角情况下拍摄的图像所引起的情绪反应是不同的（图像来源：罗伯特·斯托克/pexels网站）

图2.13 这是拉近了的效果。广角画面更好地展现了她摇摆的动作。而近景画面则刻画了她的表情和更多细节（图像来源：罗伯特·斯托克/pexels网站）

图像2.14 左面的广角画面强调了她的孤独的感觉。而右侧的近景画面说明了为什么（图像来源：左 pexels网站 右 阿克尤尔特/pexels网站）

　　图2.12呈现了舞者的周边环境，她摇摆的舞姿，以及后面舞者的配合。而图2.13中的近景画面则呈现了她服饰的细节，也让我们在她的脸上看到了专注和优雅。

　　此外，相机本身的视角也能传递感情。在图2.14中，我们以广角画面和窄幅画面来展示。广角画面的场景对比反映了她的孤独，而近景解释了为什么。这些照片其实也可以拍摄得更好，但是我们可以通过这几张照片来理解视角的差异性，也可以通过视角的选择，让我们的故事更好。

　　如果一个故事需要变换节奏，同样图像也需要如此。通常我们会以广角画面来展开故事，告诉观众我们在哪里，然后逐渐地拉近镜头，放大细节和情绪来推进故事。就好比近景镜头是一个"情绪放大器"。如果你不想看到一直是全景或者全是细节的画面，那么你需要不断地变换位置来推进故事。

同样也得指出，如果特写镜头非常接近人物的脸反而不会增加画面中人物的吸引力。如果你想表现一个人失去了控制、无法接触，或者不让人喜欢，那么就可以极度放大人物的脸部细节。这种极度放大通常会用在黑白色的图像中，以创作更加明显的效果，我们将在第5章"具有说服力的颜色"中加以讨论。

改变相机拍照视角：更高、高低，或者与视线水平

让我们说说相机的移动。除了把镜头进行拉伸得更近和更远之外，我们还可以垂直移动相机。改变相机的高度，同样会影响我们在画面的第一视线点，以及我们的情绪。

相机的垂直高度可以帮助我们第一眼落在画面某处。比如在图2.15中，相机拍照的高度使得我们第一眼就看到了图片的背景。降低相机的拍摄高度，如图2.16所示，也使得观众的第一眼看到了地面。制片人通常会利用这个小技巧，在影片开始的时候使用较低的角度来明确物体，然后逐渐提高相机拍摄角度，展现他们移动时候的外部环境。

这里对于相机的高度还有一个影响情绪的元素。试想，如果我们还是孩童，我们会发现周边的事物看上去都比较大。从根本上说，我们无力改变和影响周围的环境和事物。但是伴随着年龄和力气的增长，那些过去对我们而言高高在上的东西已经变小了。而且我们也变得更加有力量去照顾自己。同样，当我们与朋友交流时，我们会和他们在彼此互相平等的视线高度进行交流。

> 除了把相机向拍摄对象移动之外，还可以通过变换镜头焦距来实现同样的效果，这也被称为"景深"。两者所表达的感情是一致的。我们将会后面的章节中专门讨论景深问题。

高视角拍摄 相机被升起主要是用来突出背景的。起重机和其他高的建筑经常被用来提高相机的拍摄高度。

低视角拍摄 相机被降低主要是用来突出前景的。相机被放置在距离地面一米来高的高度上以突出前景。

图2.15 高视角拍摄主要是强调背景中的元素。你会第一眼就看到图像中的背景，而且山后明亮的太阳也把你的视线吸引过来（图像来源：南希·哈德逊/pexels网站）

图2.16 低视角拍摄是用来强调图像中的前景元素的。我们的目光会先聚焦到前景上。这张照片在拍摄的时候，相机距离地面只有0.6米（图像来源：pexels网站）

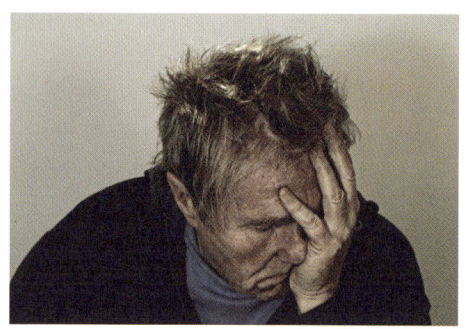

图2.17 从上向下拍摄,把男人拍小了(图像来源:格尔德·奥尔特曼/pexels网站)

图2.18 英雄视角。相机在拍照的时候比两个人的眼睛更低,使得他们两个人看起来比实际更大。观众感觉是在仰视他们(图像来源:香农·费根/123RF网站)

我们经历的这些情感随着年龄增长,也影响着我们对图像的感知:

- 当相机在高处,从上向下拍摄的时候,如图 2.17 所示,会缩小拍摄对象,使得拍摄对象看上去变小、变弱。
- 当相机在低处,从下向上拍摄的时候,如图 2.18 所示,会使得拍摄对象比实际看起来更大、更显英雄气概。
- 当相机在我们的视线高度水平拍摄的时候,会显得拍摄的对象就像我们身边的同伴一样,如图 2.19 所示。

你会发现在商业照片中经常会采用这几种拍摄视角来引导我们的情绪。因为这也是长久以来我们感知世界的方式。

从下向上拍摄的低视角(图2.18)非常流行,甚至有自己的专有名词:英雄视角。本质上,几乎每张商业或者公共照片都采用了这个拍摄视角。因为这可以让我们摄影对象产生高大和英雄般的感觉。这时候如果有旁白,是会这样的——"对的,你只要花费几美元就可以尊享同样的荣光"。

尽管这可能有一些夸张,但是这样的拍摄视角的确非常有力量,而且每次都有效、可靠。仔细看看,你就会发现身边到处都能找到这样的案例。

我们可以从很多英雄人物的雕塑中看到这种英雄般的视角,就像图2.20中的尤里乌斯·凯撒雕像。它被放到一个底座上,让我们仰视。实际上,雕像雕刻得比真实人物大一些,不过对雕塑和我们的情感都没有什么影响,只不过使他看起来更大。

你应该如何把握视角来影响观众

很多时候,我们在拍照的时候都会把相机放置在我们自己很舒适的位置进行拍照。但是这样也会在无意之间掺杂了其他感情因素。特别是有可能使得拍摄的效果和本身的主题之间有非常大的差异。记住,相机就是观众的眼睛。当你在拍照的时候,你必须要思考观众会怎么看,有什么感觉。你能时刻想起相机是观众的眼睛,你的照片也会越好。

图2.19 这张照片是在拍摄对象的视线高度进行拍摄的。注意，虽然她是一个CEO，但是拍摄对象让观众感觉她就好像是身边的一员（图像来源：重塑城市/pexels网站）

图2.20 尤里乌斯·凯撒的雕塑（图像来源：西特尔图像/pexels网站）

将相机放置在和视线持平的位置进行拍摄的时候（图2.19），会让观众觉得是拍摄对象的同伴。新闻播音员一直会采用这个视角，是因为这样看起来让我们产生"播音员也是我们中间的一员"这种感觉。你也可以看到政治人物和商业公司CEO都会采用这种视角。这仿佛是在说"虽然我可能有很多权力，但是，我和你一样。"

布局：人群分布与相机位置

对演员和相机的位置设置也被称为"布局"。这就像舞蹈编排一样，需要把取景框内的元素分布好才能创作一幅图像。我们除了调整演员的站位，也会调整摄像机的位置、移动、取景内容，以及焦距等。

这里面会涉及布局中使用的三个名词：前景、背景和中景。前景，是指靠近相机的位置；背景，是指远离相机的位置；而中景是指在前景和近景之间的空间。

> "布局"是一个关于戏剧、舞蹈、影视方面的词汇。指对演员、舞者、剧组成员、摄像人员和摄像机进行位置安排的一系列过程。

第2章 具有说服力的影像　035

图2.21 在这张图像中,两名女士所占的画面差不多,大小一致,各自占到画面的一半。因为相机的拍摄位置在他们两个之间(图像来源:福赛勒斯/pexels网站)

图2.22 通过移动相机到一侧,我们可以更全面地看到其中一位女士,这也让我们的实现聚焦。同时,我们的目光也会随着他们的视线从他们的脸上移动到手机上(图像来源:阿纳斯塔西娅/pexels网站)

> 从一个角度拍摄要比从中间角度拍摄更能引起别人的兴趣。但是如果你希望拍摄对象都能保持相同的大小,那么中间角度拍摄是最佳选择。

> **视线引导:** 画面中人物的视线所关注的方向。

> 在影视剧中一般的规律是,在一个场景中,演员获得的第一个特写就是该场景的主题。

在图2.21中,两名女士正在聊天。相机的拍摄位置大致在他们两个之间,我们也把这个拍摄角度称为居中拍摄。这样观众可以同时关注到他们两个人。实际上,我们很难分辨谁是这张照片的主角。面孔大小接近,身体的轮廓也大致相当。很难断定观众的第一眼注视哪里。

在图2.22中,说明了另外一个概念"视线引导"。两位女士都把目光聚焦到手机上。我们的视线也会随着他们的目光转移到手机上——就像有一条线连接着他们的眼睛和关注的物体,同样也会引导我们去特别关注画面上的特殊的东西。

对比图2.21和图2.22,我们看到如何将摄像机挪动到侧面。从其中一位女士的肩膀旁边拍摄。虽然两个人仍在谈话,也完全投入交流过程中,但是观众却非常清晰地得到提示谁才是主角。观众会把目光集中到画面中的脸部。在图2.21中,虽然画面中的两个人都呈现了,但是我们获得的情感却是中性的。伴随着相机移动到边上,观众的情绪也发生了变化。距离拍摄对象更近、更清晰的拍摄——也称为"收紧"。

第四堵墙

上面两名女士在聊天交流的这两张照片上,很好地诠释了"第四堵墙"的概念。这个概念描述了相机就像是一堵墙挡在镜头拍摄的内容和观众之间。换句话说,观众就好比站在一堵墙后面偷看和偷听这个场景和对话。我们可以打破这堵墙,我将在本章的眼部交流部分做进一步解释。但是现在你必须了解到,观众正在注视场上的对话,但是并未参加对话。

180°法则

相机与拍摄演员的位置关系,也就是被拍摄的人物或者其他物体是图像中非常重要的元素,甚至有专有名词来说明:180°法则。

180°法则(图2.23)说明了如何放置摄像机来进行最佳的广角和特写镜头的拍摄。例如,如果你要拍摄凑在一起的、面对面交流的两个人,获得近景的最佳方式是把摄像机贴近这条线,从正对着说话的人的肩膀方向去拍摄。如果拍摄视频,对这个法则我们还要进一步说明,为了避免观众误解,所有的摄影位置都应在这条线的一侧。

当我们将摄像机移动到边上,我们可以更好地看到拍摄对象的脸部细节。这样的拍摄效果非常显著,也更吸引人。这是一个非常好的例子。所以当你在拍摄的时候,从中间向边缘移动,这样你的摄影效果会大幅改进。

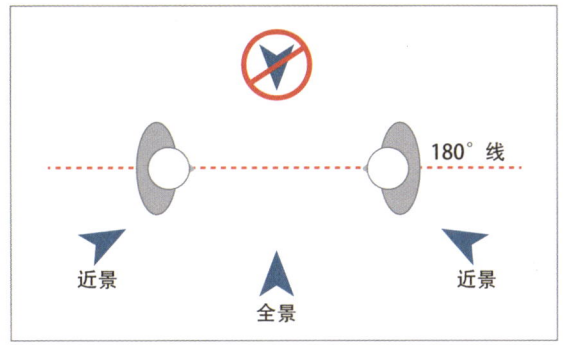

图2.23 180°法则的说明

图2.24呈现了这个法则。从左侧拍摄的女士的效果在图像的右侧。而从右侧拍摄的效果在图像的左侧。中间位置拍摄的全景图中可以看到每个人的位置。

图2.24 在视频中采用180°法则的示例(图像来源:2ReelGuys)

图2.25 这张中心位置拍摄的全景图看起来令人乏味（图像来源：福克斯/pexels网站）

当我们进行静态图像拍摄的时候，180°法则的关键点是从哪个角度进行近景拍摄。而当我们拍摄视频的时候，这个法则同样非常重要，我们将在后续章节中详细说明。

在图2.25中，每个人都是相同的大小。距离摄像机的远近也相差不多。观众的第一视线点不确定应该落在哪里。而最有可能的是看桌面上的电脑，因为它是画面中最大的物体。这张照片看起来很乏味。

面向摄像机走动

这是摄影布局的另一个方面。当一个物体走向摄影机或者从摄像机的方向走开，肯定要比从摄影镜头中一边走向另外一边更能吸引人。就像你能从图2.26中看到的这两种情况。

如果拍摄对象走向摄像机，并且越走越近，则拍摄的内容会对观众产生强烈的情感。而如果拍摄对象要从画面中心离开，则可以采用广角拍摄的方式，虽然这样会使摄影对象越来越小，但是也会强化我们对周边环境的理解。

同样，在图2.26中我们第一眼看到的是穿着黑色夹克的女孩，因为她和环境是不同的，也更大，而且她也处于画面的中心位置。但是请注意，你很快会感到乏味，并开始去留意画面上的其他地方。我们将在后面涉及对称与平衡的时候再来讨论这个问题。

图2.26 面向摄像机走动（左）要比从摄像机的一侧走向另外一侧更吸引人（右）（图像来源：pexels网站，克莱姆·奥涅加霍/pexels网站）

取景和三分法

相机的取景是指如何将诸多画面元素放在一个画面之中。通常我们也用这个名词来说明画面中的元素与画框的相对位置关系。前面我已经从莫利·邦那里了解到，将摄影对象放置在画面的中心位置更有力量。但是摄影对象在画面的边缘会更有趣。但是我发现，如果摄影对象被放置在画面的正中心，那么也同样会让我们感到疲倦。我们很快就会将注意力转移到画面的其他部分。但是如果元素被放置在画面边缘并且能保持活力，就可以吸引目光。

我不是唯一发现这一点的人。16世纪的荷兰绘画大师就发现了这一点，并在他们的画面布局中广泛采用这一点。就如同180°法则，元素在摄影框中的位置布局也有自己的名词"三分法"。这是另外一个非常重要的法则，我们将在本书中反复提到。

三分法指将画面按照行和列进行三等分。图2.27中重要的元素被放置在其中的一个交叉点或者沿着其中的一条线来形成画面的美感与动感的视觉平衡。

观察图2.27时你会发现，那位女士并不是居中站立在画面中间的。她的视线正从画面中跳出，她的身体在画面的一侧，与她的视线方向相对。她的眼睛与画面左侧的空间也被称为画面的"眺望空间"。

当我第一次提到取景框这个概念的时候，我说过我们的大脑会被画面所欺骗，会认为只有我们看到的这部分画面才是真实的，而眺望空间加强了这种欺骗性。

三分法 这是指将画面在水平和垂直方向三等分，然后将画面中的重要元素放置在四个交叉点上，以实现画面的动态平衡。

眺望空间 这是指摄影对象眼睛与画框边缘的距离。减少眺望空间会增加画面的限制感或者让人产生幽闭恐惧的感觉。

图2.27 图像完全符合"三分法"。另外请注意她的视线方向有很多"眺望空间"（图像来源：曼塔吉特/pexels网站）

图2.28 当减少眺望空间时，给人以局促、压迫和受困的感觉（图像来源：吉尔赫姆·罗西/pexels网站）

图2.27、图2.28给人的感觉完全不同。尽管在实际生活中，两者拍摄的环境类似——他们都是在向窗外眺望。但是因为女士在向外眺望的时候有很多"眺望空间"，让人觉得很正常。而男人在公共汽车的照片由于减少了"眺望空间"则给人一种走投无路的感觉。这两张照片由于取景的不同，极大地改变了我们在看照片之后的情感感知。

除了"眺望空间"，画面边缘与摄影对象水平方向的垂直距离也被称为"头部空间"。也就是摄影对象的顶部距离画面顶端的距离。这个距离也要遵循"三分法"。

头部空间 摄影对象的顶端距离画面顶端的距离

总体上说，你需要将重点关注的拍摄元素放置在三等分的上面的一条线上。如果采用近景拍摄人物的脸，那么这就意味着把眼睛放在这条线上。

图2.29说明了很多业余摄影师在拍照时的一个常见问题，给头部空间太多或者太少。如果照片中的主角是这位背对着大楼站着的男士，那么他的眼睛就需要在三等分线的上面这条线上。

在后面的两个案例中（图2.29和图2.30）你会发现每一个拍摄对象都有相应的瞭望空间。当把摄影对象微微向画面的左侧移动（也称为"平移"），这样他们的视线会眺望着画面的宽幅部分。这种将拍摄对象的视线面向画面的宽幅部分的构图是一种非常常见的构图形式。

图2.30说明了另外一个问题，就是把拍照对象的脸放置于画面中间。在两幅照片中，男士的帽子的大小都差不多。但是你会发现右侧的图像给人的感觉是更加坚定、有力的。两幅图像唯一的变化是将男士的眼睛从中心移动到了三等分线上面的一条线上。

图2.29 三种头部空间的实例。左侧的太大了,右侧的太局促了,中间的正好。白线表示了在垂直方向的三等分(图像来源:棉花兄弟/pexels网站)

图2.30 图像中脸的大小尺寸是相同的,唯一的变化是将脸部从中间位置(左侧图像)向上平移到三等分线的上面一条线(右侧)(图像来源:马尔科姆·加雷特/pexels网站)

眼部交流是关键

在本章的开头部分,我们讨论了"第四堵墙"的概念。这是假设我们的观众看不到画面的拍摄对象,因为他们躲在墙的后面。

图2.31非常清晰地说明了这一点。在左侧的图像中,我们是看客。而在右侧的图像中,我们是画中人。在左侧的图像中,是看不到观众的,只是看到一个小朋友在摆弄照相机和玩足球。这种照片会博得家长的一笑,因为小朋友非常专注他自己的事情,他们已经忘记了周边的其他事物。

而在右面的图像中,小朋友的目光正对着照相机,这就意味着外界的观众不再是无关的,我们正被裹挟到画面正在发生的事情之中。

图2.31 注意图像带来的情感差异。注视着画面里面,还是从画面看过来(图像来源:团基/pexels网站)

第2章 具有说服力的影像 041

图2.32 你会注意到，如果不在身体的连接处裁剪图像，图像看起来会更好（图像来源：伊塔洛·梅洛/pexels网站）

你很难让演员一会儿看着相机，一会儿又不看着相机。

这是另外一个重要的概念。你不能让演员这张照片看着镜头，而另外一张却不看。这也会令观众混淆。我们没有弄清楚我们的角色：我们是看客，还是参与者？不论哪种，你需要选择一种并加以坚持。虽然视线交流的方式很流行，但是并不好把握。观众在有视线交流和无视线交流的情况的图像之间来回切换也会降低观众对图像的印象。

裁剪是去除图像冗余部分的过程，既包括直接在拍照的时候去除无关的元素，也包括后期对画框进行调整。但是当你裁剪图像的时候，不要在身体的连接位置进行裁剪，包括脖子、肩肘、手腕和腰部。通过图2.32中的对比可以看到如何裁剪图像看起来更好。

对称与平衡

对称与平衡有很大的不同。对称是指画面的每一侧都大致相同，如图2.33所示。平衡是指画面一侧的元素与另外一侧的元素在重量上互相平衡。这一点出自我们在前面所提到的莫利·邦。对称可以使画面可爱，而平衡可以使画面更有吸引力。

在图2.33中，每一侧的画面都是对称的。画面非常好看。但是我们的视线会很快游移到其他地方。这幅图像太强调画面的中心位置了。

你会发现你的目光很快就会从这张建筑物的照片转移到边上岩石的照片上。

在图2.26中也同样存在对称性的问题。身着黑色夹克的女孩走在沙滩上，她处于画面的中心位置，但是我们很快就对中心位置的元素感到厌倦了。

图2.33 图像中的对称效果让画面看起来更加震撼，但是观众很快会感到疲倦，视线也会转移到其他位置（图像来源：pexels网站）

图2.34 图像中岩石偏离画面中心（但是仍然遵循三分法），让画面看起来更吸引人（图像来源：pexels网站）

在图2.34中，平衡与三分法相结合使得画面非常有吸引力。我们先看到岩石，因为岩石在画面上比较大。接下来，我们开始关注画面的其他部分。但是我们会把视线重新放在这一叠岩石上。这就是平衡的力量——可以让画面更加有活力，吸引观众的视线去探索画面的更多细节。

另外一个平衡的例子是图2.35，这棵树比背景鲜明许多，而且比周边的其他树更大，构图也遵循了三分法，这棵树与背景不同，有很多种颜色的叶子。我们的目光会自然而然地被吸引过来。当然树后斑驳的阳光充当了背景光也有很大作用。

图2.35 平衡的另一个例子。处在明亮的位置的树与左侧茂密的、灰暗的树木相互对称（图像来源：瑞·比尔克里夫/pexels网站）

第2章 具有说服力的影像　043

图2.36 这两张照片是一样的。但是翻转的图像也改变了画面的含义（图像来源：马里乌斯·文特尔/pexels网站）

神奇的右手性

从心理学上看，大部分人都有一个非常有意思的癖好：右手性。习惯阅读西方语言的人，往往在看图像的时候是从左向右看的——就好比我们阅读本书。这意味着我们的视线会在我们结束的位置停留下来，也就是说，我们对世界的结束点（右侧图像）比视线的开始点（左侧图像）的关注要更多一些。这也影响了我们如何感知图像。

在图2.36中，图像被水平翻转过来。当你看这两幅图像的时候，你感知的内容也是不一样的。在左侧的图像中，我们第一眼会关注洞口处；而在右侧图像中，我们会先关注到坐在洞口的人。为什么？因为在两幅图像中，我们的眼睛都会更关注右侧的元素。我们也倾向于用图像的右侧部分元素来感受画面的整体内容。

景深

我想在本章介绍的最后一个重要概念是景深。景深决定了画面上的哪些元素更加聚焦和清晰。在画面上，聚焦比运动之外的元素更重要，决定了我们第一视线点的位置。

在本章的开始，我们罗列了六项优先法则。聚焦是第二点。我们的视线会关注那些被聚焦的元素，而不会在意这些元素在画面中的位置。如果你能控制焦距，这是一种非常好控制观众视线的办法。

景深可以分为深度和浅度。较大的深度可以让大部分元素都在焦点范围内。而较浅的景深意味着只有一小部分画面被聚焦了。

> 景深基本上是由相机的镜头和光圈决定的。广角镜头都有比较大的景深，而近景，特别是变焦镜头，对应的景深则比较小。

图2.37 这张图采用了较大的景深。画面上的所有元素都处于焦点之中。大多数手机都可以拍摄这样的画面（图像来源：pexels网站）

图2.38 这张图像中采用了较浅的景深，只有她的脸处于焦点中。而火花和背景都虚化了（图像来源：雷纳多·阿巴提/pexels网站）

图2.37和图2.38说明了较大景深和较浅景深的照片的不同。我们利用景深突出画面上的重要元素。在图2.38中，拍摄者把焦点放在了她的脸上。当然也能把火花进行聚焦，而其他元素做虚化处理。但是拍摄者选择把她的微笑作为焦点，而不是使她微笑的其他元素。

异性吸引力重要吗

在我们结束本章讨论前，我们需要讨论一个市场营销方面的最热门主题：异性的吸引力。配上动感的音乐，一起来看看图2.39。

把产品与性暗示关联在一起已经有很长时间了。从珍珠烟草（1871年）到现在的伍德波里的洗脸香皂、祖梵的精油、贝纳通、卡乐星、维多利亚的秘密、卡文克莱牛仔裤都在广告方面做了很多性暗示。这些公司在从小到大的发展过程中，都把他们的产品与性暗示进行了直接的关联。

那么性暗示有效吗？一句话说，可能有用。现在性暗示的广告到处都是，但是很难说在实际效果上如何。

图2.39 从浪漫的小说到实用的洗衣液，性暗示几乎无处不在，但是这有效吗？（图像来源：曼丹/Shutterstock）

第2章　具有说服力的影像　045

马特·弗劳尔斯是思潮出版社的CEO，在他的博客中讨论了异性元素这个话题，"记住，观众只需要单击一下就能看到你的内容。所以你必须问自己，为什么要和网上无处不在的用异性元素推销产品的现象作对。"

马格达·凯在《今日心理学》中说道："如果你对是否利用性暗示进行广告促销而举棋不定，那么答案是广告肯定有效。实际上，性暗示是最有力的，也是最有效的销售工具之一。性暗示与市场推广对于任何一种生意而言都是完美的结合。但是如果你不知道怎么来利用这种性暗示，你可能就会把潜在的消费者拒之门外了。"

在《今日心理学》书中，维尔茨、斯帕克斯和齐姆布莱斯在2017年进行了一个关于性暗示广告效果的调研。他们就几个方面评估了广告的效果：

- 能否对广告的内容产生记忆。
- 是否对观众产生积极或者消极的作用。
- 对比那些没有性元素的类似广告，具有性元素的广告效果如何。
- 观众对于这个品牌怎么看。
- 广告是否会让观众产生实际的购买行为。

调研的结论很有意思，简单说：

- 就吸引力而言，带有异性元素的广告的确很吸引人。但是观众对广告的印象要大于对品牌的印象。"具有异性元素的广告可能会吸引眼球，但是对于人们记住那些销售的产品而言作用不大。"
- 人们对于带有异性元素的广告的大多印象是：男性给出了偏正面的印象，而女性则给出了偏负面的印象。换句话说，这基本上是废话。
- 令人没有想到的是，所有男性和女性在整体上都对利用性元素进行销售推广的品牌都产生了偏负面的印象。
- 当谈到产生购买意向的时候，看起来异性元素并没有真正起到作用，同样也没有什么副作用。

可见，性元素可能对你的广告获得关注有所帮助。性元素不能保证人们看了一眼就会关注或者喜欢这个品牌。在这一点上，性元素就像其他广告工具，如果有效果，让观众产生关注并进行购买，那就需要被选择性使用，在适当的语境中，面向正确的观众。

性元素广告的起源

这个广告是伍德波里的洗脸香皂在1916年的广告,也是性元素第一次在主流产品的广告中采用。一点也不奇怪,最早采用性元素的广告是酒吧、时装、滋补用品和烟草产品。我们知道最早的性元素广告是1871年珍珠香烟将半裸的女性图片放在商标上。

在一份2015年的研究中,俄亥俄州立大学的罗伯特·本·劳尔和布莱德·杰·布什曼写道:"利用异性元素制作广告的品牌与那些没有使用异性元素的品牌相差不多。对于品牌宣传和最终购买也没有明显的效果……实际上,广告中的性暗示越多,观众对于品牌的印象、态度,以及最终的购买意向越低。"

我想对这些研究最好的总结是:虽然具有异性元素的广告可能能够吸引观众,但是不一定能使得观众真正去购买。同时必须要注意的是,异性元素的广告很容易产生对号入座的错觉。即使在今天,由于性别平等意识,类似"MeToo"运动的不断升温,广告中衣着暴露的女性的画面要比男性多5倍以上。同样,包含异性元素的广告更加剧了这一现象。根据2017年吉娜·戴维斯性别研究所的报告,妇女比他们的男性伴侣高出48%的概率出现在厨房中,而男性比女性高出89%的概率被表现得更聪明。

马特·弗劳尔斯继续指出:"包括异性元素的内容与那些原来的内容一样,在数字营销方面是有帮助的。但是没有必要每次都采用这种方式。如果这种暗示很有趣,推广的内容也很时尚,性元素就可以帮助销售。因此市场人员需要对观众的感知进行仔细拿捏,既不冒犯到潜在的顾客,又不使广告宣传过界。"

"在广告中使用异性元素对于销售业绩达成而言,是一个非常有效的工具,但是这也可能对品牌的声望和文化带来潜在的负面影响。因此,必须明确你的品牌内涵,品牌的追求是什么,你的受众在哪里。"

异性元素同画面中的其他元素一样,只有明确目标,并在清晰理解你的受众和所传递的信息后才会有效果。如果只是为了简单地吸引眼球,没

> 异性元素产生吸引力,但是不一定能让人去购买。

有把产品或信息与异性元素相关联,那么这些图像就只是每天在我们眼前一晃而过的众多的图像之一而已。

本章要点

我们在本章讲解了很多基本知识。而且我们将在本书后面再对这些概念加以详细说明和讲解。这里我想让大家记住以下几点:

- 相机的取景框代表了观众能看到的内容。
- 图像,即使是静态图像,也会对观众呈现故事,并唤起观众的情感反应。
- 在观看和探究一幅图像的时候,视线会遵循六项优先法则来决定我们的第一眼落在哪里。
- 当我们看一幅画,大脑会假定画面之外没有其他物体。
- 布局是通过设置元素和相机位置来创作图像的,可以让图像更好地传递你希望讲述的信息。
- 取景是决定在哪个位置对图像进行取景的过程。
- 很多技巧可以帮助我们在创作影像时更好地传递信息,并唤起观众的情感反应。

说服力练习

利用手机或者相机拍摄你的朋友或者家庭成员。根据本章所讲解的内容,改变相机的位置和取景并进行拍摄。

仔细研究你拍摄的照片,看看是否传递了不同的情感因素和信息。将这些照片展示给他人,看看别人是不是和你有一样的反应。

另外需要提醒的是,不要让你的拍摄对象来评价你拍摄的照片。他们更在意的是他们的样子是否好看,而不是关心你的摄影技巧。因此,大多数演员都不是他们主演节目的最佳评判者。

他山之石

思维历程图

丹尼斯·斯达克维奇
思维历程图公司

在1979年，我30岁的时候，我一边作为咨询顾问开展工作，一边开发了一种个性化的分析图表。我专注于利用网络分析计划，以对各种类型、大小不一、复杂度不同的项目计划、开发和实施提供支持服务。我意识到这种网络分析计划也同样可以用于我们的个人生活。

这是我开发和创作"思维历程图"的最初原因。思维历程图主要是利用计划评审、关键路径图等项目管理的方法和工具来检验、整理书面材料，提取核心观点，并将想法可视化和图表化的创作过程。

我个人认为思维历程图可以将创意灵感与艺术相互结合。思维历程图（我自己这样命名）是一种独特的、不断完善的方式。利用可视化图表分析和传递书面材料，以及交流过程中的真实想法、内容和思想。我们可能听说过思维导图，思维导图首要的功能是用来作为头脑风暴的工具。而作为思维导图的互补工具，思维历程图更适合的是用有条理的、递进的、深入浅出的方式来分析和呈现观点。

思维历程图最为独特的方面是利用流程图表，对交流和讨论过程中的核心观点进行排序、理清逻辑，并对观点进行提取和呈现。

思维历程图的魔力在于，可以让我们集中精力关注那些对大家理解分析有帮助的论点和信息。这种关注需要从大量书面材料中加以提炼。很多时候这种提炼比较困难，但是思维历程图提供了一个非常好的开展工具。

思维历程图的艺术性在于，这是一个非常好的、向听众呈现想法的工具。对于准备方案的人，可以清晰地展示自己的思考过程，而听众也可以更好地理解绘制思维历程图人的想法，也可以明白从书面材料中提取的观点和想法。

谁可以使用思维历程图？答案是每一个人。因为它既可以用来进行不断的创新，也可以进行专业的讨论呈现，还可以用于新知识的学习、自我改善、制订计划、管理时间，或者接受教育培训，等等。思维历程图提供了一个新的工具，帮我们完成任何项目、目标或者增进彼此对问题的理解。

我非常愿意分享思维历程图，其作为一种梳理逻辑的分析工具，帮助大家进行批判性分析、聚焦核心观点，通过图表展现分析、论证信息的过程。

下面这张图是思维历程图的示例。通过这个图表大家可以看到思维历程图是如何使用的。

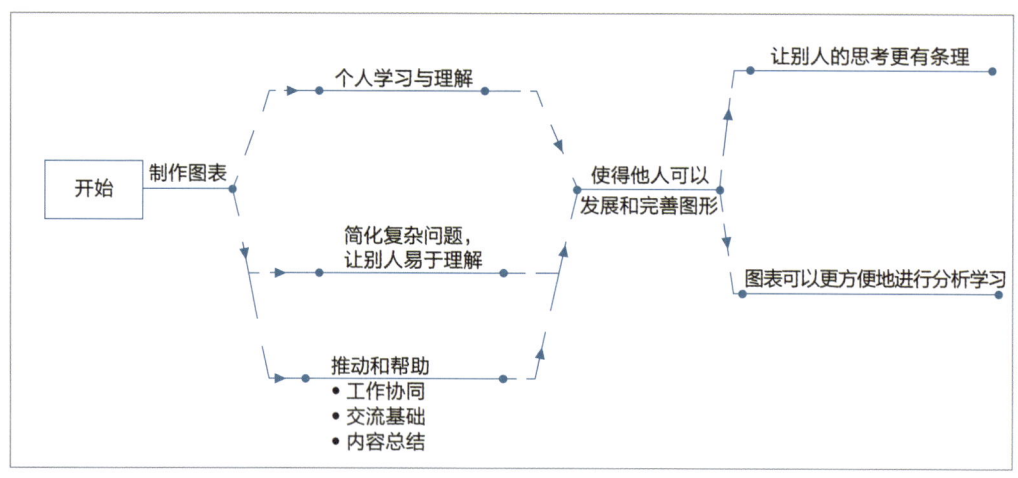

下面我来说明如何确定每个步骤：

- 个人学习与理解。这些图表工具已经经历了 40 多年的发展。当初开发思维历程图是为了找到一个工具将一些复杂的观点尽可能简化，并用图表的方式呈现出来。有时候，这种动力来源于如何把一本书里面的观点浓缩成一张简单的表格。

- 简化复杂问题，让别人易于理解。这始于我小时候，在观察、体验并获得知识的过程中，一旦发现非常有意思的概念，同时我认为其他人也感兴趣，我就会把这些知识分类，并且用类似思维历程图的方式把他们呈现出来。

- 工作协同。思维历程图好比交流讨论的平台，通过扩展关键词，让别人更容易分享他们的创意和观点。思维导图也能起到类似的作用。但是在我看来，思维导图不太容易读懂（比如需要从左到右，或者从上到下，逻辑非常清晰并且要分类明确地呈现出来）。

- 交流基础。思维历程图可以以数字化的方式存储，也可以通过图形化的方式呈现。

- 内容总结。通过丰富的说明材料，让各个年龄段的人都能更容易理解、体验，并且创作出类似的文献，拓展对其他议题的理解。

- 让别人的思考更有条理。我认为学习制作思维历程图是可以帮助训练和提升逻辑能力的。因此,通过绘制思维历程图可以把批判性的思考和对核心观点的提炼在图形中呈现出来,也可以通过图形把那些众多的分析过程或者诸多书面材料反映出来。
- 把图形转化为易懂的学习工具。一图抵万言,思维历程图的特殊之处在于通过一个历程图的方式将内在想法表达出来。通过广泛地讨论这个概念,我们可以发现这个过程的发展和完善对大家的意识、理解和耐心都非常有帮助。这样我们就可以更好地理解这个工具对他人在学习、探究和协同过程中所带来的益处。

在我编著的《视觉说服力》一书中,我很愿意将这些技巧分享给大家。我将乐此不疲地阅读、学习、思考、绘图,并应用思维历程图,让我的个人知识的积累更丰富、理解更透彻,让个人发展更加完善。我邀请你也加入这个过程。

如果圣·保罗与教室内最有前途的作家交谈，他可能会发出这样的告诫。必须具备坚定的信心和满怀希望。一个作家必须对自己的创作构思有信心，他还得对自己的文字被大家接受而满怀希望。但是除了信心和希望之外，就是条理。没有清晰的条理，那些文字不过都是刺耳的噪声和废话。要有条理，要有条理，要有条理！你的想法和图像可能是充满隐喻的，但是不能弄成雾里看花的样子，要逻辑清晰！

——詹姆士·杰·基尔帕特里克
新闻工作者，作家，语言学家

第3章 具有说服力的写作

本章目标

本章的主要内容包括：

- 说明发现和撰写正确信息的重要性。
- 说明故事性描述的角色。
- 界定有创造性的工作流程。
- 说明工作流程是如何改善说服的效果的。
- 说明如何利用"电梯法则"构思故事。
- 让文字更有力量的小技巧。

在准备这章内容的时候,我回顾了1972年的一本读者文摘中的文章《写得正确,说得正确》。尽管那时候还没有社交媒体,没有电子邮件,也没有个人电脑,但是文章的主题却是永恒的。

让我们仔细看看真诚地说服别人这件事情。使别人改变想法的确是一件很不容易的事情,不要试图用事实、数字,以及辩论者喜欢称其为结论性证据的方式让听众被迫接受你的观点。记住,听众接受你的观点的唯一理由是他开始想接受这些观点。

> 说服意味着向正确的听众,用充满感情色彩的方式,通过讲故事抛出核心论点,让听众做出自己的选择。

给出正确的信息是第一步

在图3.1中,两个女孩带着美好的意愿,提出了一个强大的议题,也给出了有力的论点。她们也找到了正确的听众。但是她们没有和听众在一个频道上。为什么?因为她们假设她们的听众也对这个议题感兴趣。这两个女孩子过于关注自己感觉重要的议题。在这种情况下,没有去洞察对于听众而言什么是重要的。直到最后,她们退后一步,从听众的视线中发现了问题。做出调整后,才重新与听众建立连接。

说服意味着我们给听众提出了一个选择。50年前是这样的,同样在今天也还是这样的。那么我们怎么设置这种选择呢?只有面向正确的听众,给出核心的结论,以说故事的方式带有感情地把信息传递出去,才能让听众去选择。

这看起来可能很奇怪。这明明是一本关于视觉影像方面的书籍,却耗费一个章节来讨论故事论述。这是因为只有故事才能深入人心。故事很早就对我们的心智产生作用了。人们围在火堆旁边听故事的历史非常久远。故事把我们的内心和大脑紧密地连接起来。

图3.1 正确的听众,错误的初始信息。应该好好关注听众的需求

即使在当前这个影像为王的时代里，文字也是相当重要的。如果需证明的话，没有什么比"模因"更能说明这一点了。

例如，图3.2中的模因，把有力的文字和震撼的图像结合起来。这种文字与影像的结合要比单纯的图像或文字更为有力。

关于故事的基本定义是"一个英雄不断斗争，克服困难，并实现自己的奋斗目标"。就像我在课堂上对学生讲的："一个故事是带领观众经历一段旅程。面对困难和挑战，自始至终不断奋斗。"

图3.2 模因把有力的文字和震撼的图像结合起来（图像来源：阿里·帕萨尼/pexels网站）

故事不仅仅是简单的叙述，罗伊·彼得·克拉克在他的《如何简短写作》一书中写道："叙述仅仅能说明你在那里，但是故事让你身临其境。"我非常喜欢他的这个说法。故事的魅力在于引人入胜，激发观众的想象力。好的故事能触动你的心弦，让你感同身受。因此毫不夸张地讲，对于好的图像道理也是一样的。

著名导演阿尔弗莱德·希区柯克曾经说过："制作一部伟大的影片需要三个要素：剧本、剧本、剧本。"

这也引发了一个重要问题：怎样才算是好故事。但是这个问题就好比在问"什么车最好"。不论是校车、皮卡，还是跑车都是好车，这取决于你的任务。但是如果你的任务变了，那么这些车也可能是最差的车。就像一辆跑车上装满了木板的形象，一下子就能让你记住。

怎样才算一个好故事的标准在于你需要故事做什么。

> 故事不仅仅是简单的叙述，而是需要让人身临其境的。故事能触动你的心弦，并让你感同身受。

让影像唤起故事

如果没有合适的故事来说明图像，我们的大脑也会自动产生联想。我们不会简单地看着图像说："这是一张图像。"相反，我们看着图像会好奇地问："这里发生了什么，那是什么，为什么这张图像这么重要？"不需要太费劲，我们就会想象出一个故事。

因为不论我们是否对观众进行引导，观众都会在脑海中对画面背后的故事进行创作。因此，尽可能让我们对观众脑海中的故事给予建议，而不是让他们自己联想。

图3.3 当我们注视图像的时候,我们的大脑会对照片的故事情节进行脑补(图像来源:pexels网站)

> 如果我们不能对图像辅以故事情节,那么观众就会自己联想和创作故事。因此我们要来主导图像背后的故事情节,而不是让观众自行想象,这样才能控制交流的过程。

例如,在图3.3中我们的目光会首先聚焦于消防员身上。因为根据六项优先法则,他是最大的元素,同时也与其他元素不同,而且更为聚焦在布局上,他也处在三等分线上。当我们注视这张动作感非常强烈的画面的时候,我们往往想知道更多的细节:这是什么火灾救援现场,为什么他在呼喊,他在对谁呼喊。实际上,我们的脑海里面已经脑补了很多故事情节。

我们看到的每张图像都需要我们创作一个故事来丰富它。我们想知道接下来发生了什么。我的意思并不是我们应该避免使用图像,而是相反。和那些静态图像相比,我们在讲解故事的时候,我们的眼睛和大脑会被那些生动的、感人的、有变化的图像所吸引。

这里面的关键点是,如果我们不能对图像辅以故事情节,那么观众就会自己联想和创作故事。因此我们要来主导图像背后的故事情节,而不是让观众自行想象,这样才能控制交流的过程。

故事中必须包括转折,这对于任何类型的故事都一样。为了说明这一点,我在课堂上邀请一名学生走到教室的前面,并在一张桌子旁坐下。其他学生看着他走过来并坐下。几秒钟之后,这名学生还坐在这里。班上其他学生转过来看着我,好奇下一步会如何。但是我什么都没有说,又过了几秒钟,每个人都开始焦躁起来。

这个时候，我告诉坐在前面的学生站起来走到墙边来，然后转身走回去，在桌子旁再坐下来。这时候每个人重新把目光聚集过来，看着这个学生做这些。接下来我对学生们说："这说明了故事中需要有变化的力量。如果没有变化，就没有人会关注你。但是只要有变化发生，不论这种变化是好是坏，观众都会重新关注你。"

> 在任何故事中，变化都是必要的环节。

既然我们想尝试说服别人，那么就要通过视觉影像创造不同的变化。把变化与故事这两个要素结合起来，可以帮助我们实现说服的目的。

按照流程开展工作

既然我们需要准备相关的故事，那么我首先来定义一下在故事准备中涉及的几个关键词。

- 主题。这个场景也被称为"电梯演讲"。这是一种简要的说明，仅仅包括两三句话，包括你想传递什么信息，你想让你的听众做什么。
- 目标。包括用可衡量的指标来表示你的信息可以产生什么效果。例如，把路上的垃圾降低10%。
- 观众。也就是信息传递的受众。故事是与信息的传递受众密切相关的。比如，小学生、中学生、商务人士，等等。不同的人群受众，故事情节也应该不同。
- 信息。你想让观众获得具体内容。比如，把你自己的垃圾收好带走。
- 故事。把信息传递给每个观众的形式。一般而言，一条信息可能有多个故事进行讲述。比如，面向小学生讲故事可能是关于在哪里可以扔掉垃圾。而面向高中生可能是关于如何成为志愿者捡拾垃圾的故事。而面向商务人士可能是关于让他们提供更多的垃圾回收的机会。
- 行动倡议。你希望听众在听了你的故事之后，所要采取的行动。

我发现我经常会把故事和信息交替使用。但是其实它们是不同的。信息是我们要传递的具体内容，而故事是关于如何让信息更好的传递。例如，我们说的信息是"不要污染环境"。而我们的故事可能是关于垃圾回收，或者捡拾垃圾，或者被污染的大陆的影像。换句话说，有多个故事可以帮我们传递同样的信息。

> **工作流**，一系列清晰的、被明确写出来的步骤来提高任务完成的效率。

效率是贯穿本书并被不断涉及的主题。一个提高效率的好方法是制订工作流程。一系列清晰的、被明确写出来的步骤（也被称为"流程"）可以提升完成任务的效率，并为视觉说服创作故事。这类似建筑施工过程中的预制构件。二者都需要提前完成，并且需要不断重复使用。

在现今的社会里，我们往往没有足够的时间让我们的工作精益求精。但是我经常对学生说："尽可能在既定的时间内把工作做好。"威尔士电视台高级媒体经理简·费德林曾经分享过他的经验：尽量好已经足够了。我们需要的是效率——真正的效率，也就是在既定的时间里面完成工作。

我发现对于提升重复性工作效率的最好办法是制订一个工作流程。按照这个流程，我们可以聚焦于把手头的工作做好，这样也避免了我们浪费时间去重新发明一个轮子。

> 创造性的工作往往难以复制。因此你在创作的时候会得益于使用上述工作流程。不仅如此，你会因为投入大量时间制订工作计划而受益更多。关于创作计划这个部分，我们将会在本书的后面给大家介绍。

最早有过类似说法的是诗人保尔·瓦雷里，他说任何创造性工作都是没有尽头的——时间差不多了，也该停止了。因此，虽然我们希望自己的创造性工作能尽善尽美，但是往往我们没有那么多时间进行完善。这说明效率非常重要。

例如，我们可以用下面的工作流程创作故事情节。

1. 设定一个主题，说明你希望实现什么。
2. 为这个主题设定可衡量的、具体的指标。
3. 明确界定你的听众。
4. 根据你的听众完善你的信息和内容。
5. 根据你传递的信息内容设计有吸引力的故事。
6. 设定故事之后的行动倡议。

> 不要为那些你计划后期改变的内容浪费时间。

如果你没有确定观众，那么围绕影像创作故事是没有任何意义的。当你知道你后面可能要调整和修改时，没有必要做那些无用功。比如，根据流程，你可以集中精力开展故事创作的每个步骤并加以完成。然后开展下一步的工作，而不用担心返工。工作流程为我们提供了一个必要的行动地图来完成每项工作。这样你可以把自己的精力投入故事创作的过程中。

正如我们在第2章"具有说服力的影像"里面提到的，一个故事有很多种呈现方式。例如，在大灰狼与小红帽的故事中，莫利·邦利用剪纸的形式来叙述故事。而迈克尔·贝则利用电影来讲故事，而毕加索用画笔来叙述。

说服的本质

根据亚里士多德的论述，他创立了整个说服的专业领域，在修辞学方面，有效的说服包括3个元素。

- 演说者的精神气质（气质）。
- 听众的情绪状态（感染力）。
- 说服论证过程（论述逻辑）。

换而言之，演说者是值得信赖的，而听众处在一个可以接收信息的状态，同时信息本身也是引人入胜的。

正如我们在第1章"说服的力量"中提到的成功说服的关键不是聪明，而是诚实。让观众信任你。信任不仅是所有形式的沟通交流不可替代的基础，还是人类彼此连接的一个重要渠道。但问题是在当今社会里面，信任只是很短暂的。你的听众会默认为你没有说真话。

菲利普·卡恩·帕尼说明了信任建立的4个支柱，分别是可靠、才能、诚实和同理心。对事实的描述不要过于随意——哪怕你是在开玩笑。在今天万物互联的时代里，真相很容易被发现。如果大家发现你的说法与真相有出入，那么结果也不会太好。在本书中，你将学会如何创作、修改、发布图像。但是就像是蜘蛛侠电影中，蜘蛛侠的叔叔说的那句名言"能力越大，责任越大"。一旦你失去观众对你的信任，你将很难再重新赢得信任。

关于真相方面的例子有很多。我在开始写作本书的时候，正是美国2020选举季最激烈的时候。在加州正处于新冠肺炎封城的时候，我完成了本书的写作。这个时候，人们彼此缺乏信任，而且虚假信息到处可见。这些都让人倍感沮丧。很多政治广告利用截取和修改的影像达到自己的目的，这已经成为一种常见的宣传形式。政治人物应该在很久之前就知道图像要比那些泛泛而谈的政治性陈述更具力量。但是这种对图像的过度修改或夸张处理，也破坏了我们政治体制中应有的信任关系。这种破坏可能很容易，但是如果想要重建这种信任关系，则需要很久很久。这个教训充分说明，对于我们和我们所传递的信息而言，任何时候都不要偏离基本的事实。

> 信任建立的4个支柱，分别是可靠、才能、诚实和同理心。

"说服他人必须非常真诚"。如果能使用简单的词汇，就尽量避免使用那些花哨的词汇。乔治·奥威尔在他的《政治与英语》中写道："清晰表达的最大敌人是不诚实的。当一个人真实的想法和他声称的说法之间有差距的时候，他就会不自觉地使用较长的表达方式，或者引用冗长的俗语，就好像墨斗鱼猛地喷出了一团墨……"所以如果能使用短的词汇，就不要用长的句式。

一个吸引人的故事必须是主题鲜明、充满智慧的，也同样是应该精心设计的。就像一首好诗，没有任何一个词是多余的。每个词汇都起着重要作用。你可以通过3个问题判断你的故事是否足够聚焦。

- 为什么这个故事对观众重要？
- 为什么这个故事要让听众知道？
- 这个故事中的观点是什么？

从基础开始：电梯测试

制订计划最简单的方式是从小处着手。我建议可以采用"电梯测试"，这也被称为"电梯演讲"。泰瑞·卡琳是卡琳公关公司的创办者和负责人，也是一位演说家、销售培训师和咨询顾问。她在《小信息，大影响》一书中介绍了如何进行电梯演讲。

在第1章中我们提到了，说服需要传递清晰的信息。而信息是否清晰、明确则是电梯测试的关键。泰瑞·卡琳写道："电梯测试是一种用来推广产品、服务、价值观和创意的微演讲。"顾名思义，电梯测试就是利用乘坐电梯这段时间来传递信息，最多也就3分钟左右。主要的目的是激发听众的兴趣，让听众可以在后面安排时间对这个议题做详细了解。

"电梯测试"的故事传说

根据维基百科的描述，至少有3种可能的起源。我喜欢的一个故事讲是大约在1960年左右，国际电报电话公司（ITT）的质量工程师菲利普·克罗斯比想出了一个对公司的变革方案。他一直在公司总部的电梯门口等候公司的CEO。当他看到公司的CEO进入电梯的时候，他也跟了进去，并向CEO推销他的方案。当公司的CEO走出电梯的时候，他要求克罗斯比就这个议题向公司的管理层做一个更加详细的汇报。那次演讲之后，他得到了晋升，并写了他的第一本书《成就自己的艺术》。最后他成立了自己的咨询公司。

当我被邀请进行演讲或者到公司做内部培训时，我经常问组织者的第一个问题就是，如果找一个词形容，你希望我给听众带来什么。我总是对他们的回答感到惊讶。大多数情况下，组织者不需要太多的复杂的产出。反而是一些相对简单的，但是却对听众产生混淆的事情。正如一个医疗方面的谚语所说的"如果你听到了蹄声，更有可能是过来一匹马而不是长颈鹿"。

换而言之，说服就是要从最基本的地方入手，之后再来构建框架体系，并且需要让听众的注意力能紧紧跟上你。我的妻子曾经和我说过她参加的医疗研讨会的一种常见现象，大部分的演讲者曾经说过："主办方仅仅给了15分钟时间，但是我至少要花90分钟才能说清楚这个议题。所以我把这些幻灯片材料发给大家，让大家可以看看其他部分的内容。"这样的话。

这种演讲是非常失败的演讲。主要原因在于以下几个方面：举办方没有足够的时间对演讲者的内容进行审核。同样，演讲者也没有对他们的听众足够重视。更不好的是，他浪费了一个难得的培训机会培训听众，激发听众对演讲主题的兴趣，并在研讨会后对这个技术主题做进一步的研究。

电梯测试可以让你的演讲更聚焦主题。电梯测试可以帮助你把要传递的信息去粗取精，把我们最想让听众知道的信息留下来。但是很多时候，我们可不是这样准备的，我们不断地增加要点，直到我们的材料列表上充满了"绝对的、积极的、最为重要的"这些词汇。看看这些情况……这实际上是对任何人来说都是无法完成的任务。

"如果听众不知道你希望他们完成的转变，他们就不可能去做什么。"商业顾问戴安娜·布赫这样写道。我们曾经在本书的第1章中提到过她。"如果听众不能理解你的信息或者你的说明，那么你不会有太多机会在这个问题上改变他们的想法。但是如果你解释得过于复杂，听众就有可能彻底放弃改变或可能无法完成任务。"

说服的4个步骤

当我们谈到说服的时候，我们把这个过程用一个缩写词AIDA进行表示，即4个步骤：

- 聚焦（Attention）让听众关注这个议题。
- 兴趣（Interest）激发他们的兴趣。
- 愿景（Desire）让听众对收益产生愿景。
- 行动（Action）明确地告诉听众下一步做什么事情。

> 广告的使命就是吸引关注、激发兴趣、让人信服。
> ——伊莱亚斯·圣·埃尔莫·刘易斯

根据泰瑞·卡琳的观点，电梯测试有以下几个关键特征：

- 有着明确目的性的、清晰的、简短的信息。
- 唯一的作用是引起听众的兴趣来了解更多。
- 有清晰的结构。
- 有明确的结尾。
- 能帮助你获得后续讲解的机会。

在准备电梯测试的时候，你需要把主要内容浓缩成2~3句话。这样就可以帮助你明确最重要的是什么。当你需要传递信息的时候，你需要确认哪个是要点。不要向听众传递太多的观点，这样会分散他们的注意力。俗话说"刀要有锋利的刃才能切得好"。

聚焦才能展开

伊莱亚斯·圣·埃尔莫·刘易斯是美国广告界的先驱，去世后被列入广告名人堂。他在1903年预言今天媒体发展的愿景的时候写道："广告的使命是吸引读者的注意。当读者先注意到广告时，然后他才会开始认真阅读，并对此感兴趣。这样他才有可能继续看下去，然后被说服。因此当他开始认真看广告的时候，他也就开始选择相信广告了。如果广告包含了这3个成功的要素，那么这就是一个成功的广告。"如果把这里面的"读者"换成"观众"，他的建议即使过了一个世纪也仍然有效。

我们不要给观众留下这样的印象：我们知道很多，或者我们是多么聪明，而应该让观众记住他们迫切要去做的事情。

但是，很多时候一旦有机会，我们很容易把这个"关键点"的清单变得繁多和冗长。实际上没有任何观众会愿意看一连串的清单。他只会对他感兴趣的内容感兴趣。戴尔·卡内基的至理名言"这关我什么事情"（WII-FM，What's In It For Me？）是观众脑海中一直所想的。

为了帮助你发现哪些是与你的内容最相关的要点，你可以这样做。首先可以把所有的要点都罗列出来，包括所有的论点、所有的价值点，以及观众需要关注的原因。然后在纸的中间画一条横线。在横线的一侧写下对你论点有利的方面，然后再在另一侧写下不利的方面。这个图（销售人员把这个图称为"本·富兰克林总结图"）可以让你确定可能来自观众的反对声音，你可以找到积极的因素说服他们。接下来，归纳、总结并把你的观点浓缩成3点。为什么是3点呢？

3点可以很容易地被观众所记住。历史上有很多这样的带有强烈韵律的口号。

- 信仰、希望、仁爱。
- 民有、民治、民享。
- 开始、中间、结尾。
- 更快、更高、更强。
- 停下、注意、听。
- 各就各位、预备、开始。

因为你的观众往往只有限的关注度,所以如果给他们呈现太多的要点,那么可能就会让他们失去兴趣。给他们呈现带有韵律节奏的3个要点,可以帮我们极大地强化呈现的效果。只要你稍稍留意,你就会发现带有韵律节奏的3个要点的传播方式在广告中无处不在。

> "民有、民治、民享"这样的组合使我着迷。它不仅是带有强大节奏感的3个词组,而且每个词组在英文上本身也是3个。这种重复使它如此令人难忘。

用多少个价值点来吸引观众?

很多时候,我们都在困扰到底应该罗列多少价值点,才能吸引更多数量的观众对我们的推荐感兴趣。2011年我们进行了一项称作"演讲者的困境"的开创性的市场研究:在做推广的时候是否需要提供更多的价值点才会有更多的人被说服?通过研究,作者发现"当做推广的时候,介绍人往往认为提供的附加价值越多,才会越吸引人。但是观众可能不这样看:他们在听的时候,会均等地听每一个方面的价值点。但是他们离开的时候,只会对其中一项产生深刻的印象……所以我们需要做的不是增加价值点,而是要减少价值点。否则我们可能会让原来的价值点也会失去观众的关注。"换而言之,控制推销中的价值点数量,才能让你的推广更强而有力。研究发现,成功的推广往往需要具备的价值点不超过3个。

> 当准备你要发布的信息的时候,要谨记观众一直在问:"这些和我有什么关系?"(WII-FM)

要言简意赅

在我的研究过程中,我特别喜欢阅读罗伊·彼得·克拉克写的《如何言简意赅》这本书。之所以谈到这本书,是因为里面的内容也同样适用于我们讨论的内容。例如,在数字化日益影响我们的时代,往往是写得越短越高效。我们需要的是短小精悍的描写,类似于停下来、看一看、想一想这种短促的表达。在这个急速的时代,到处充斥着各种信息。人们渴望获得那些简洁的、清晰的、易懂的和直接的信息。正是这种简短书写的要求,使得我们的那些长篇故事看起来冗长乏味,而且很多时候,哪怕是简短的故事讲解也会让大家觉得太长了。

卡尔·豪斯曼分享了关于良好写作的3条经验：

- 让句子更简短。
- 用对话的语气书写。
- 让短句子更有分量。

3条经验中的最后一条是非常有效的技巧而且也很简单。当你希望让他人产生深刻的印象，并且把握住关键点时，那么就使用短句子。

我们现在经常使用推特这样的社交工具。因此，"简短"也有了新的含义。但是简短不意味着故事短了就没有吸引力。很多年前，我看过欧内斯特·海明威的一篇文章，他接受别人的挑战，被要求用不多于10个字写一篇文章。最后他只用了6个字：甩卖，童鞋，没穿。作为拥有两个孩子的父亲和3个小孩的祖父，这样的故事给我带来了强烈的情感冲击。

小威廉·斯特伦克曾经在1918年写过《风格的元素》一书。斯特伦克博士在写作风格方面提出的诸多写作规则非常有名。比如，他在规则13中提到"省略不必要的词汇"。当斯特伦克博士写这个"省略不必要的词汇"规则时，他增加了下面这段话——"有力的作品应是简洁的。一句话不应包含没必要的词语，一段话也不应包含没有意义的句子。就如同绘画不需要多余的线条，机器不需要多余的部件。尽量使句子简短，只需要勾勒轮廓，尽量避免全部细节，让每个词语都发挥作用。"

这段英文原文包括65个单词，386个字符。这已经很好了，但是我们处在社交媒体的时代。如果我们在推特上用有效的字符重新编写这段话会如何呢？罗伊·彼得·克拉克做了尝试：文章要紧凑。就像绘画不需要额外的线条，文章也不需要多余的词汇。描写细节可以用长句，但是每个词必须发挥作用。

> 推特修改了规则，允许使用280个字符来发布内容。可能未来会允许使用更多字符。但是在最初推特是限制使用在140字符内来发布内容的。所以你的内容要聚焦，尽可能简短，而且还要足够清晰。

所以，你是想先全面地写作，然后再裁剪，还是从开始就写得简短呢？克拉克这样说道："这里没有正确的答案。一个好的短文作者必须是一个纪律严格的裁剪师。不仅仅是把冗余的文字去除，但是如果有充足的表达空间，他也要让文字有价值。至于要怎么样裁剪、裁剪哪些内容、什么时候裁剪，就要依据短文作者的内心的情趣。从而让文章简短、聚焦和精准。"

对我而言，为图像撰写短文的最有效的方式是，将演讲的韵律节奏与原有书面内容结合起来，避免使用句子，而仅仅使用短语。

像诗人一样思考

在诗歌中,词汇是珍贵和稀缺的。正是因为如此,我不是说每句话都需要严格遵循韵律,但是诗歌中的每个词语都非常重要,并且恰如其分。

比较好的例子是日本的俳句。传统的俳句使用3段话,分别是5个音节、7个音节和5个音节来反映自然。源于日本16世纪中叶的,伟大的4句俳句诗人是松尾芭蕉、小林一茶、正冈子规与谢芜村。他们的作品使用了4个世纪前的特定的格式。这些诗句在今天仍然是俳句的诗歌范本。下面是3个大师的作品:

> 古池清冷寂,
> 忽闻绿蛙池中落,
> 扑通一声重归静。
> ——松尾芭蕉
>
> 露水的世界,
> 虽是短暂的世界,
> 虽然是如此。
> ——小林一茶
>
> 烛光渐微弱,
> 却点亮新的蜡烛,
> 春天的傍晚。
> ——与谢芜村[21]

每个诗篇只包含14个词,却仍然能带给我们强烈的意境、节奏和情感。就如同俳句,影像也不需要很多词语就能唤起我们强烈的情感。

理智与情感的争夺

杰里米·迪恩在他的个人博客里发布了一篇文章《说服过程中理智与情感的争夺》。他写道:

"今天人们倾向于交替使用'我认为'和'我觉得'。对一些人而言,这可能只是语言的瑕疵,但是在心理学上又代表什么呢?'我认为'和'我觉得'两个不同的词会带来什么差异呢?"

"……一项最新出版的、发表在个人与社会心理学期刊的研究报告表明,这二者对于说服信息的影响力还是有细微差异的。"

"这说明如果你要说服某些人,就需要了解他们是理性为主导的人,还是感性为主导的人,这样你才能根据你的交流对象传递你的信息。如果你不知道他们是哪种人,那么最简单的办法就是仔细倾听他们对周边的描述是理性居多,还是感性居多。"

文章的作者发现女性对看过的新电影的广告,更愿意用"我觉得"来引用里面的评论,而男性对同样的广告,更多采用"我认为"来引用里面的评论。

寻找词汇的力量

我曾经提到过，要写得简洁。就好比我们在创作诗歌而不是散文。我们需要聚焦，然后才能重重击打发力。那么是否能在写作中使用"有力量的词汇"呢？

当然能，小说家乔治·欧文在他的《动物农场》中说："所有的词汇是平等的，但是有一些词汇要比其他更重要。"

首先，要使用动词和短语。避免使用"是""曾经""曾是"这种词语。而且很多时候类似"那些"这种词语也是没有必要的。约瑟夫·M·威廉姆斯在他的《风格》一书中提出了5个要点：

- 把意义不大，或者没有什么用处的词语删掉，比如"种种"、"真的"、"实际上"，以及"为了"。
- 把语意重复的词语删除，比如"各种各样的"和"品类繁多的"。
- 把修饰其他词汇的词语删除，比如"令人恐怖的灾难"。
- 把短语换成一个词，比如"在那种情况下"改成"如果"。
- 把否定词改成肯定的词汇，比如"不包括"改成"省略掉"。

玛丽·恩布里在她的《作者工具箱》中给出了其他几条建议：

- 发自内心地写作。
- 如果你想写作，先自己阅读——特别是能触动你的情感的内容。
- 尽量写得简洁，不要说教。
- 尽量少用形容词、副词和后置定语。
- 如果你对写的内容不确定，那么就把这部分拿出来。
- 用积极正面的态度写作。
- 少用比喻、暗喻和类比。
- 避免陈腐的、阴暗的词汇。
- 除非你面向特定的听众，避免使用粗俗的俚语。同样也不要过多地使用行业术语。

在另外一场由格雷戈里·乔蒂开展的关于"词语的力量"的研究中他总结了5个词，可以帮助我们在说服听众的时候更加简洁、高效、有力。

- 姓名。我们希望看到我们的名字在海报上。

- 免费。这非常有效,人们愿意来了解更多,尽管很多时候这可能只是一个噱头。
- 原因。寻求帮助是好的,但是在某种原因下寻求帮助往往更为有效。
- 立即。"立即"和"快速"密切相关,可以更有效地激发听众的后续行动。
- 全新。这可能是一个噱头。大多数人希望从知名品牌处购买产品。"全新"意味着冒险,人们会尽可能降低购买风险,所以要强调你的公司的可靠性。

格雷戈里·乔蒂在他的博客中最后提醒道:"我必须强调,就像是写作过程的标题,你必须理解为什么这些词语是有说服力的。你必须从上下文好好把握这些词汇,从而使这些词语适用你的听众和你的业务。如果你只是仅仅把这些文字堆积起来,而不考虑使用这些词语的原因,那么你很快就会发现这些词语毫无用处。"

每个故事都是不同的,而且面向不同的叙事对象,故事的形式也不一样。因此,没有必要让自己陷入错误表达的境地中。

为了强调每个词语的重要性,表3.1展示了用在不同演示场景中典型词语的数量。

表3.1 不同场景下典型词语的数量

呈现类型	平均词语数量
模因	少于10个
幻灯片(理想情况下)	少于20个
15秒视频	少于30个
印刷海报	少于50个
30秒视频	少于75个

向前看

设计好你的信息并编写好你的故事情节之后,还有一项艰巨的任务:提前审阅你的文案。对于我的课堂上的学生而言,最大的挑战是观众最后在屏幕上看到了什么。而我们希望观众只看到我们希望他们看到的东西。

图3.4 一名学生提交了这个游泳眼镜的广告作业，但是这上面有一些文字错误。你发现了吗

提前审阅并不是一件容易的事情。例如，在图3.4中乍看上去很完美，但是其实应该是"GOGGLE"而不是"GOOGLE"。

我不能教你如何去审阅。但亲自检查往往可以避免那些不应该发生的错误。我发现对我自己而言，虽然很多时候最终呈现的内容和当初的构思方案是一样的，但是最终呈现在屏幕上和呈现在纸上的内容却是两种形式。在电脑屏幕上，可能是用了两种不同的设计软件，对应的图层也会发生变化，显示的内容也可能不同。

尽管最初的时候你可能认为已经很完美了。但是实际上你会发现电脑上显示的和纸面上显示的字体还是不同的。你可能会惊讶到底还有多少错误没有被发现。

本章要点

以下是我希望你在本章中能记住的要点：

- 故事可以引发我们的思考，唤起我们的情感。
- 除非有特定的引导，我们的大脑会根据图像自动联想故事。
- 在任何故事中，变化都是必要的元素。
- 工作流程可以让我们工作更有效率。
- 信息是我们要传递的内容，而故事告诉我们这些内容如何传递。
- 对传递的信息内容进行聚焦，然后考虑你的听众并做出修改。
- 写作要简洁，使用积极的词汇，要像诗人一样，你不是在写随笔。
- 提前审阅你的文案。

说服力练习

对下面的段落进行重新编写,特别是:

- 准备 30 秒的电影预告片。
- 准备 140 个字的推特。
- 准备 15 个字的动画视频。

双城记(查尔斯·狄更斯)

那是最好的时代,也是最差的时代。那是充满智慧的时代,也是愚昧无知的时代。那是信仰的新纪元,也是怀疑的新纪元,那是光明的季节,也是黑暗的季节,那是希望的春天,更是绝望的冬天,我们将拥有一切,我们将一无所有,我们直接上天堂,我们直接下地狱。简而言之,那个时代跟现代十分相似,甚至当年有些大发议论的权威人士都坚持认为,无论说那一时代好也罢,坏也罢,只有用最高比较级,才能接受。

他山之石

新鲜的鱼

当讨论如何写得简洁的时候,让我想起来《说服的艺术》中的一个故事"新鲜的鱼"。

卖鱼的克罗尼克弄到了一块很好的木头做店面的招牌。但是他不确定这个木头是否够大,因为他想在招牌上写"这里每天有新鲜的鱼卖"。这时候,他的朋友鲁宾斯坦走过来。克罗尼克征询他对招牌的建议。"很好!"鲁宾斯坦说,"其实不需要写'新鲜',这样会让别人怀疑你的鱼可能不够新鲜。卖这个字也不需要,难道你会把鱼都送掉吗?'这里'也是一个错误,难道你会在其他地方卖鱼吗?而且'每天'也不需要,因为只要商店开门了,你就在售卖了。你想想,人们从窗子里面就能看到鱼,那么为什么还要写'鱼'字呢?"

就像时装一样，字体也有自己的时尚。字体的样式就如同给字母表中字母套上各式的衣着。如果把文字放到现实世界，"他们"或者是紧跟时尚的，也可能看起来是停留在80年代，夸张的发型、老式的花呢夹克，肘部打着皮革补丁，又或者是一个时尚的牺牲品。

——西蒙·洛克利
英国平面设计师和作家

第4章
具有说服力的字体

本章目标

本章的主要目标：

- 说明什么是字体和字体样式。
- 区分不同字体和样式所蕴含的情感。
- 给你的项目提供字体使用的建议。
- 说明如何为你的信息选择字体。

> 字体使你的想法更加清晰，也更加鲜活，并增加文案的视觉冲击力。

1989年，我正在位于马萨诸塞剑桥市的数码流公司担任市场经理。数码流公司是一家数字字体设计公司，主要从事字体设计和数字化方面的工作。我们当时的主要工作是为苹果电脑设计一套新的字体。

这家公司是由传奇字体设计师马修·卡特在1981年创办的。当时，我们主要和奥多比公司、莱诺字体、URW，以及其他一些字体设计公司竞争。

当时正处于由低分辨率屏幕和针式打印机向激光打印和类似由海德堡公司提供的数字化印刷转变时期。当我入职数码流公司的时候，我虽然对市场营销方面有了解，但是对字体则一窍不通。

当我进入数码流公司本部的3层砖式建筑时，我感觉就像进入了另外一个世界。在一个巨大的、昏暗的场地中，耸立着一排排的计算机，每一个都差不多有一人多高，被深蓝色的金属外壳包裹着，报纸大小的屏幕不断地闪烁着。这里面的每个系统都是一位艺术家，都可以绘制漂亮的、高质量的字体格式。设计师借助这些电脑完成字体的设计工作。

我坐在会议室里面，一起参加苹果字体的讨论工作，听马修和其他设计师讨论不同字体的效果——这真是一场难忘的培训。我也喜欢上了字体，不是作为设计师，而是作为消费者。

大约在差不多的时间，凯尔西·赛兰德作为分管营销工作的副总裁加入公司。她充满了激情和动力，同样把自己看作字体的消费者。在我看来她非常有远见，她认为字体应该被注册成商标，不仅仅是用来区分字体，更重要的是通过字体唤醒观众的情绪。

"正确的字体选择可以帮你的信息更易于阅读和记忆。字体使你的想法更加清晰，也更加鲜活，并增加你的文案的视觉冲击力。"凯尔西把这句话写在了1989年的数码流公司的营销手册上。

设计师总是知道字体所代表的情绪反应，如图4.1所示。凯尔西的洞察力在于她更关注字体的最终使用者，也就是字体的消费者。她总是不断地问："这种字体让你产生什么情感？"她知道越多的人了解字体，越多的字体就会被用到，同样也就更需要这些字体设计专家。

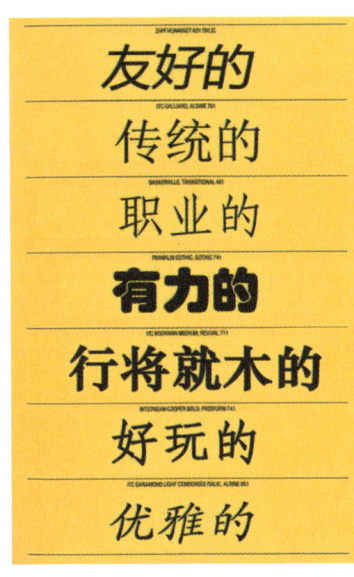

图4.1 不同的字体格式传递不同的情感（图像来源：数码流公司市场营销手册，1989）

图4.2 文艺复兴时期英格兰的图书印刷分类的字模在左边，排版在中间，印刷则在右边

"印刷就是理想化的书写。"诗人和印刷师罗伯特·布林赫斯特写道，"在印刷低劣的手册上，字符好像被切削过一样，像饥饿的马匹站在那里。而印刷质量好的书籍，不论是设计师、编辑，还是印刷师都做好了他们分内的工作……字符看起来是鲜活的，在各自的位置上翩翩起舞。"

字体简史

很多人知道约翰尼斯·古登堡，他在西方世界最早发明了印刷机。在图4.2中展现了约翰尼斯·古登堡印刷的工艺流程。他花了20年左右的时间发展印刷设备，并最终在1439年完成。

英国的图形设计师和作家西蒙·洛克利描述了这个发明过程。"当人们谈到印刷术在欧洲的诞生，大家实际指的是字体的诞生。活字印刷将每个字母重新排列、编辑，并放入模具内印刷，而后拆卸和重新组装，再次印刷其他内容。这真是一个突破。英国的星星之火带动了轰轰烈烈的印刷革命，在这个世纪的余下的时间里席卷了整个欧洲。"

图4.3 古登堡的伟大发明是可移动的字模 （图像来源：加布·帕尔默/ 阿拉米 提供图像）

古登堡对印刷术做了很多贡献，包括：

- 使用自动的活字印刷机器，如图 4.3 所示。
- 发明了大量生产活动字模的方法。
- 调整磨具铸造不同的字模。
- 使用永久油墨印刷书籍。
- 借鉴当时农业压榨的方法，利用木板印刷机进行印刷。

印刷机的发展，也伴随着大规模造纸的开展。此外，革命性的图书编目，使得书籍得以广泛传播，这也极大地改变了社会结构。文字不再是属于教堂的特权。不仅仅是神职人员，所有的人都渴望学习阅读。这也催生了教育的需求。思想从此穿越了国家的边界，并且威胁到了已经建立的权力结构。与此同时，伟大的教育还创造出了中产阶级。不断壮大的中产阶级反过来又促进了文艺复兴的发展。毫无疑问，当今高度信息化的社会经济恰恰是古登堡发展的直接结果。

字体设计师马修·卡特曾经说过："印刷是让一组字体看起来更漂亮，而不是把一组漂亮的字体堆在一起。不同样式的字体的有效组合对于书籍的可读性是非常关键的。"

字体设计

对字体的设计和创作过程也被称为"字体设计"，图4.4表现了这项工作的复杂性。字体设计工作是在"字体铸造车间"开展的。之所以称为"字体铸造车间"，是因为最初的活字印刷是通过将铅加以熔化来浇筑字模的。到了数字时代，设计人员往往被称为"字体设计师"或者"字体开发师"。

现在，"字体"和"字样"差不多都是同义词，但是他们也有一些不同，以下是关于印刷方面的术语。

- 印刷：与字体字样和字体设计密不可分。
- 样式：具有相似设计特点的字体家族，比如赫维提卡体字体家族。
- 字体：字体家族里面一种专门设计的字体。赫维提卡体·斜体就是一种斜体字。
- 粗细：字体的粗细包括字体的压缩、粗体、倾斜，通常也被称为字体形状的胖瘦。

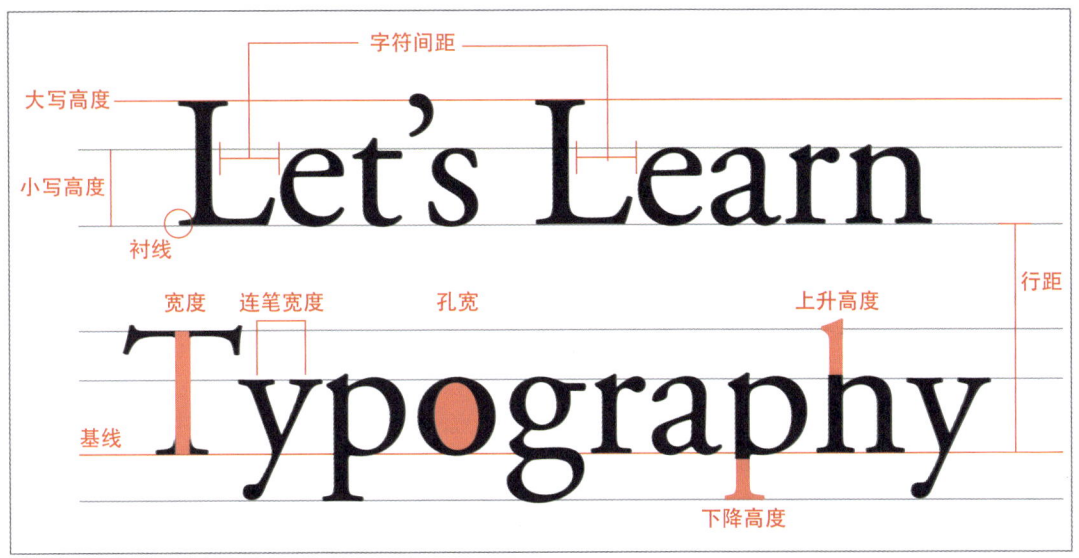

图4.4 字体设计并不像我们想象得那样简单，需要设计师全面考虑设计的复杂性

- 字形。字体的外在形状。"3"本身是一个数字，但是3的样式也是字形。字符样式往往是字形的同义词。
- 排版。把各种字体组织起来，不但让文字更容易阅读，还能保留字体内在的情感因素。
- 行距。每行文字的垂直间距。
- 间距。字符之间的水平距离，也被称为字符间距。
- 字距。人为对选定部分的文字进行间距调整。

尽管有上述定义，但是人们常常在生活中把字样和字体交替使用。本书亦是如此。

> 一个有意思的小知识是，一般而言，字体的设计样式在美国通常难以获得版权。但是字体样式的名称却能获得版权。这也是为什么同样的字体样式，例如，赫维提卡体有这么多不同的名称。赫维提卡体、瑞典字体、通用字体、Arial、Triumvirate、Pragmatics和Nimbus Sans都是一种字样的不同名称。这是因为这是由不同的设计公司设计的。

世界上差不多有10万种字体。其中拉丁字母表就有600多种，每天都有更多的字体和字符被创作出来。幸运的是，我们不需要单独学习每个字体。与中文、阿拉伯语和希伯来语不同，实际上拉丁字母主要有6个字体家族。

- 衬线体
- 手写体
- 等宽体
- 无衬线体
- 黑体
- 特殊体

每个字体家族中都有很多字体，但是每种字体都能让读者从信息中体会到不同的情绪。

与印刷形式相比，视频和网络往往需要较低的分辨率。一张半页纸大小的广告图像大概有2000万像素。而高解析度视频（HD）只有210万像素（旧标准的高解析度视频（SD）只有30万像素）。即使4K视频也不会超过900万像素。在数字媒体方面，并没有很多高像素解决方案。

此外，视频中的文字需要快速阅读。典型的电视广告中的文字只会出现2秒到4秒。方便阅读是至关重要的，这就意味着字体必须足够清晰，这样肉眼才能很快识别。

当我们用字体传递信息时，同样也承载了感情。因此，如果我们不注意，那么就会使得传递的信息与我们选择的字体之间有冲突。

图4.5很好地说明了这点。字体所引起的情感可能会对信息产生矛盾，也可能是对信息内容很好的补充。对比下面的爱德华手写体和强壮的吉萨字体。你会感觉利用吉萨字体传递的管道更加坚固可靠。

> 如果你对字体样式和字体设计感兴趣，可以进一步阅读罗伯特·布林赫斯特写的《排版样式的元素》。布林赫斯特具有设计师的敏锐和诗人的情怀。赫尔曼·查普夫把这本书视为"排版界的圣经"。这本书读起来非常有趣。

图4.5 细长的和装饰性的外形让爱德华手写体（上面）与信息的内容完全背离。而粗衬线体样式的、强壮的吉萨字体（下面）告诉读者这些管道永远不会泄露

我们在为图像选择字体的时候需要兼顾两个目标。第一，最重要的是要让字体清晰，易于阅读。第二，要让字体从情感上加强我们的信息。就像我们在图4.5里面所看到的管道公司的口号。

没有错误的字体，只有错误的选择。你会发现有一些字体比其他更适合你的信息。还记得我们前面说的6个字体家族吗？从里面可以选择恰当的字体来实现你的目标。

衬线体：传统的声音

衬线体来源于荷兰语，表示"直线或者用钢笔勾画"。我认为衬线体就是在图形边缘带有"小脚丫"的字体。看图4.6里面的字母图形，你会发现字母A的下面，还有字母C和字母E开口处的收尾线都带有小脚丫。这就是衬线体的样式。当然设计师不会称呼它们为小脚丫或者开口，但是它们的确很像。

衬线体模仿自古罗马时期在泥土中刻画的字体。大多数情况下，字母的边缘有一根衬线，这是刻字的工具留下的。

衬线体的样式从古罗马的字体传承下来有上千年的历史了。在古罗马时期有一个雕像，是皇帝图拉真塑像，他坐在高耸的大理石柱子上。圆柱的基座上刻画着他的丰功伟绩。这些字体是手工雕刻的，非常清晰、便于阅读，而且非常漂亮。这些字体样式被研究和传承了几个世纪。图拉真字体，就是从这些雕刻文字中抽象出来的，如图4.7所示。

> 只有读起来很简单，才能做起来很容易。

图4.6 典型的衬线体字体，ITC Galliard 公司制作的字体

图4.7 图拉真字体，基于古罗马时期的石刻雕像设计的字体

> 你会注意到，我没有提到新罗马字体。抛开这种字体到处都是的情况，这种字形比较小，而且在屏幕上难以阅读。如果想在电子设备上有很好的阅读效果，其实你有很多种衬线体可以选择。

拥有较长的历史过程是衬线体的一个特征。这种字体可以让人联想起传统的、历史的、可靠的、职业化的感觉。这种字体可以用于金融领域，因为这种字体让人联想起银行这种传统的金融机构。

看一下图4.8中的5种字体。你会发现其中前面3种字体差不多在每本书中都见过。注意，巴斯克维尔字体和帕拉提诺字体看起来很厚重，这两种字体在低分辨率的屏幕上有更好的显示效果，但是帕拉提诺字体要比巴斯克维尔字体在水平方向占用更多空间。没有帕拉提诺字体和巴斯克维尔字体厚重，加拉蒙字体是一种可爱、文雅的字体。

博多尼字体和奥妮克希亚字体看起来更时尚。这两种字体都更高和更瘦，而且有精美的线条和横线。但是这些过细的线条也需要注意。由于这两种字体的线条都很细，它们在小尺寸的、低分辨率的显示器上会看不清楚。

图4.8 流行的衬线体示例。这些字体都使用了相同的字号，但是为了看清楚每个字母，我增加了字符间距。

AbCdeFg
巴斯克维尔字体

AbCdeFg
加拉蒙字体

AbCdeFg
帕拉提诺字体

AbCdeFg
博多尼字体

AbCdeFg
奥妮克希亚字体

导致人们常把"e"看成"c"或者是把"o"看成"u"。所以要谨记不是所有的衬线体都适合在电子设备上显示的。

当我们审视一种字体的时候,最好从小写的"e"和"g"开始研究。从图4.8可以看到巴斯克维尔字体和加拉蒙字体的字母e的上半部分空间要比帕拉提诺字体小很多。而对比奥妮克希亚字体和加拉蒙字体中的字母g,你就会发现字体设计是一门艺术。

衬线体表达的感情含义包括:

- 传统的
- 受人尊敬的
- 可靠的
- 舒适的

衬线体中的斜体字是一种有趣的字体。不像是其他字体家族,衬线体中的斜体字与正常格式的衬线体有很大差别。当我在数码流公司第一次看到加利亚德字体时,就被深深吸引了。加拉蒙的斜体字充满了优雅,而巴斯克维尔的斜体字则具有任由发展的自然特性。

我们通过字体传递信息,并且体现我们的情感。

图4.9 不像其他字体家族,衬线体中的斜体字看起来与正常格式的衬线体有很大不同

第4章 具有说服力的字体　　079

将字体的字号放大到400后再研究各种字体,就像欣赏艺术一样。衬线体中的斜体字表达的情感包括:

- 有型的
- 时尚的
- 优美的
- 典雅的

如果衬线体代表了传统的价值观,那么什么样的字体代表未来呢?答案是无衬线体。

无衬线体:现代的声音

"无衬线体"在法语里面的意思就是没有衬线,这种字体的设计不拘泥于细节,看不到衬线体中的那种"小脚丫"。

无衬线体的设计非常适合数字化媒体,如图4.10所示。这种大小一致的字体在宽度上没有太多的变化。在字体设计的过程中,首先要求可读性,其次才要求艺术性。

在无衬线体家族中,未来字体是最常见的主力字体,而世纪哥特字体也很常用(尽管这种字体更加优雅,好像字体外面套上了商务套装)。未来字体不适合在正文中使用,我经常使用未来字体作为标题,达到吸引必要注意力的效果。我现在是卡利博锐字体的粉丝。这种字体不占用过多的空间,而且在屏幕上看起来非常清楚,也非常容易阅读。比较起来,最柔软平滑的字体是奥普蒂玛字体。类似于衬线体,奥普蒂玛字体的字符宽度会发生变化,但尽管如此,这种字体在保持了无衬线体健壮、有力特点的同时兼具优雅,是代表现代风格的一种字体。

赫维提卡字体怎么了

你可能注意到,我没有在列表中提到赫维提卡字体。我省略对这种字体进行介绍的原因和新罗马时代字体的原因一样——赫维提卡字体已经无处不在了。这是一种可爱的字体,但是被过度使用了。仅仅因为这种字体是大多数计算机应用默认使用的字体。但是这并不意味着它对你是一种好的选择。赫维提卡字体也需要"休息"一下。就像排版师艾瑞克·斯皮克曼所说:"大多数人使用赫维提卡字体是因为它无处不在。就像选择在麦当劳吃饭,而不用思考吃其他食物。因为它就在那里,就在街边的拐角那里。所以我吃这种食品,是因为方便、不用思考。"

我并不是说赫维提卡字体不好。这是一种很好的字体,才使得它的使用非常广泛。这里也得指出,赫维提卡字体是唯一一种被拍摄特写影片的字体,其影片《赫维提卡》由导演盖里·胡斯维特执导并在2007年发行上映。

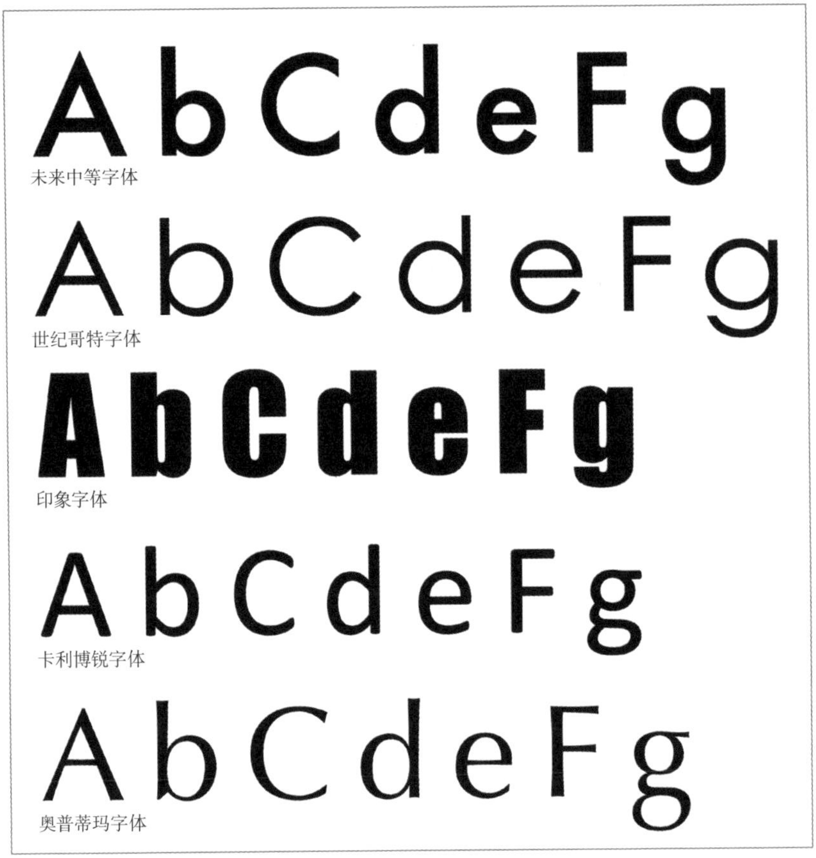

图4.10 主流的无衬线体是大小相同，而且字符间距也相同的字体。不像衬线体，无衬线体没有"小脚丫"。无衬线体的宽度也相差不多。

无衬线体反映了下面的情感：

- 稳定的
- 有力的
- 客观的
- 干净的
- 现代的
- 进步的

毋庸置疑，无衬线体是你在网络发布信息时的最优选择。高度的可读性、清晰有力，可以让你的信息清晰地传递，这些都不是衬线体擅长的。

图4.11 表示了一个"字体瀑布"，同样的字体不同的字号效果。你会发现在相同字号下未来中等字体要比帕拉提诺字体深很多。而帕拉提诺字体要比其他衬线体更深。更深的字体更容易阅读，特别是在文字的背景很花哨的情况下。相同字号的无衬线体比衬线体更容易阅读。

第4章 具有说服力的字体　081

Serif: Palatino

15-point: The quick brown fox jumped over the lazy dog.

12-point: The quick brown fox jumped over the lazy dog.

10-point: The quick brown fox jumped over the lazy dog.

7-point: The quick brown fox jumped over the lazy dog.

Sans Serif: Futura Medium

15-point: The quick brown fox jumped over the lazy dog.

12-point: The quick brown fox jumped over the lazy dog.

10-point: The quick brown fox jumped over the lazy dog.

7-point: The quick brown fox jumped over the lazy dog.

图4.11 可以发现在相同的字号下，无衬线体更具可读性

手写体：计算机展示的手写体

并不是每个人都可以写一手好字，我当然也不能。手写体被设计成计算机可以轻易展示，但是又可以反映个人特质的字体，如图4.12所示。

手写体比衬线体更能反映艺术的趣味性。不论是自由奔放的画笔手写体、像老师板书一样的粉笔抹布字体，还是极其优雅的察普菲诺字体都有很多朴素的趣味。

但是同时也牺牲了可读性。阅读手写体的时间要比阅读衬线体和无衬线体的时间多很多。这也就意味着读者必须非常想要阅读你的文字。他们会说："这也太难辨认了。"最后他们可能再也不会花心思看了。

当读者对你的内容非常感兴趣，或者他们非常愿意花时间来解析你的文字时，才能使用手写体。需要注意的是，使用手写体的时候尽可能地放大字号。

手写体反映的情感包括：

- 优雅的
- 有礼貌的
- 喜爱的
- 创新的
- 个性化的

> 不像衬线体和无衬线体，手写体一般只有一个形式，没有斜体字。

图4.12 这些手写体是为在计算机上显示而开发的。大部分字体都是相同的字号,但是察普菲诺字体是一个例外,为了与其他字体保持相同的尺寸,这里缩小了三分之一

哥特黑体:极致的手写体

哥特黑体把我们带回到中世纪时代,或者一场重金属的音乐会,如图4.13所示。让我们联想起格利高里合唱团的圣歌和异龙的时代,集市上的四重奏。但是这种字体的可读性非常差。可以用这种字体作为LOGO,但是别人要仔细阅读它们,就要花费很多时间。

哥特黑体往往用在特殊的场景,因为它们蕴含的情感与信息并不一致。常被比喻成重金属风格,以及堆积的岩石作为反讽。

哥特黑体反映的情感包括:

- 古典的
- 宗教的/精神的
- 经典的
- 历史的

图4.13 哥特黑体源于中世纪时期的僧侣在羊皮卷上仔细书写的墨水文字

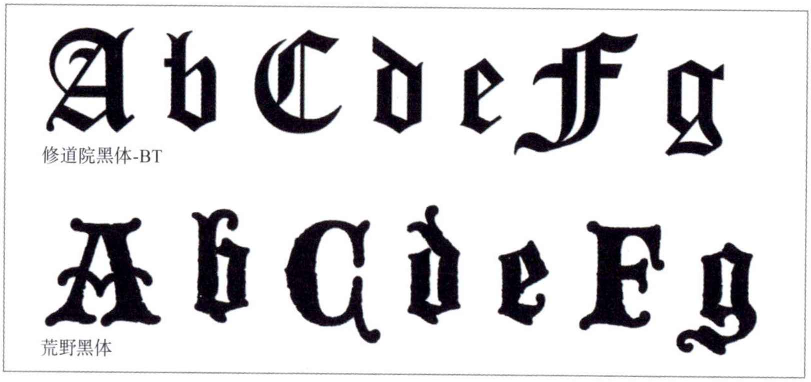

修道院黑体-BT

荒野黑体

等宽字体：回到打字机时代

你肯定听说过打字机。这里理解为手工打印机就好了。这些打字机使用的字体就是等宽字体。等宽字体是指每个字母的宽度是均等的。

因此在我上学的时候曾经用过打字机写学校的报告。当时，打字机对我来说非常神奇，使我不用再手写任何东西。只要我想好了，我就可以把文字以非常易读的方式呈现出来。但是如果要修正错误，那么就要重新打印整张纸，或者用白色涂改液涂抹纸张。用打字机打字肯定比手写好，而且更容易阅读。尽管如此，今天的文字处理设备用起来比打字机要好很多。

等宽字体中800磅的大猩猩是信使字体。这种字体在过去非常流行，占据了统治性的地位。从图4.14中，可以看到清晰的线条、均等的字符。此外，美国打字机字体增加了怪异的弯曲。哥特字母字体更适合做演讲使用。而安代尔莫诺字体是信使字体的清晰线条与打字机字体样式的结合。

在等宽字体中的每个字符的宽度都是一致的，原因是打字机在水平方向的每个字母的距离都是固定的，因此所有的字符都有相同的宽度。实际上，这也会产生问题，就是如何让字母i和字母m看起来更好一些。

间距变化的字体是对不同的字母给予了不同的宽度。例如，与字母w和字母m相比，字母l和字母i就更加紧凑。但是打字机不能处理字母的不同宽度。因此每个字母被设计成相同的水平间距。

AbCdeFg
信使字体

AbCdeFg
美国打字机字体

AbCdeFg
哥特字母字体

AbCdeFg
安代尔莫诺字体

AbCdeFg
罗克韦尔字体

图4.14 前面4种字体实际上都是等宽字体。罗克韦尔字体则是伪等宽字体，其间距是有变化的。为什么这样呢？主要是节省纸面的空间

The quick brown fox jumped over the lazy dog.
帕拉提诺字体——间距变化

The quick brown fox jumped over the lazy dog.
信使字体——等宽字体

The quick brown fox jumped over the lazy dog.
罗克韦尔字体——伪等宽字体

图4.15 比较字符宽度的变化。上面的是有宽度变化的字体，中间是等宽字体，下面是伪等宽字体

第4章 具有说服力的字体　　085

等宽字体具有历史情怀。电报、新闻公报和手稿如果采用等宽字体可以看起来更好一些。以前的便携式打字机大多是使用等宽字体的。

等宽字体曾经用在：

- 特殊的时代，例如1940年~1950年。
- 公告板和号外新闻。
- 媒体，比如电视和电影字幕。
- 老式的沟通设备等。

特殊字体：随性的创新

衬线体就像是墙壁上的花朵静静地开放，在不引起他人注意的情况下悄悄地完成了自己的工作。而特殊字体则是戴着围巾、嘴里叼着一枝花，微笑着在桌子上跳舞的样子，如图4.16所示。特殊字体常被用来当作文章标题，它们的唯一目标就是吸引别人的注意力。越吸引别人的注意力越好。

图4.16 特殊字体是自恋狂，不断吸引别人的关注。它们被设计出来的唯一目的就是被用作标题来尽力呈现效果

这些特殊字体最好被用于标题，就像它们很快耗尽他人的欢迎。很多特殊字体甚至没有小写字母，它们从不谦逊。每个字母对于它们而言，都是大写字母！

在这些特殊字体中，要特别注意苔丝狄蒙娜字体和爵士字体。你需要将这两种字体的字号设置得足够大，这样才能使字母中的细线不断裂。

特殊字体如罗斯伍德字体的效果，如图4.17所示。

图4.17 罗斯伍德字体感觉自己被丢下了，所以要求加进来

表情符合使用前的装饰

有一些字符被称为"装饰字符"。装饰字符是文艺复兴时期的表情符号。这些装饰字符没有含义而仅仅具有象征意义。它们就像表情符，已经有很长的历史了。装饰字符如狂欢酒会装饰字符、查普夫装饰字符。示意如下：

狂欢酒会装饰字符

查普夫装饰字符

字体技术

不要忘记我们给图像增加文字的首要目的是增加可读性。如果我们不能有效地传递信息，那么读者就无法知道我们想表达什么。下面将介绍如何吸引观众的注意力并保持足够长的时间，让他们能够听完我们的故事。

图4.18 字体的选择必须满足可读性（图像来源：菲利普·施耐德）

为了讨论字体与可读性的关系，这里以菲利普·施耐德给我的一张盖科保险公司的旗帜广告为例进行说明。这个广告由小型飞机在空中升起，每年夏天在长滩海滩进行展示。由于要求距离1000米也可以清晰阅读，设计师采用最简单的方式，使用放大的无衬线体和一只蜥蜴特写组成的画面。

为了实现可读性的目标，还有很多技巧可以帮助我们改善文字的可读性。

避免全部使用大写字母

如果你希望所有文字都能被准确阅读，就不要全部使用大写字母。同样的道理，也不要把所有的字符都设置成手写体。下面是一个非常典型的例子，虽然使用了相当清晰的字体，但是整个段落很难理解。

图4.19 如果把文字设计成大写字母，你会发现没有人能够读懂

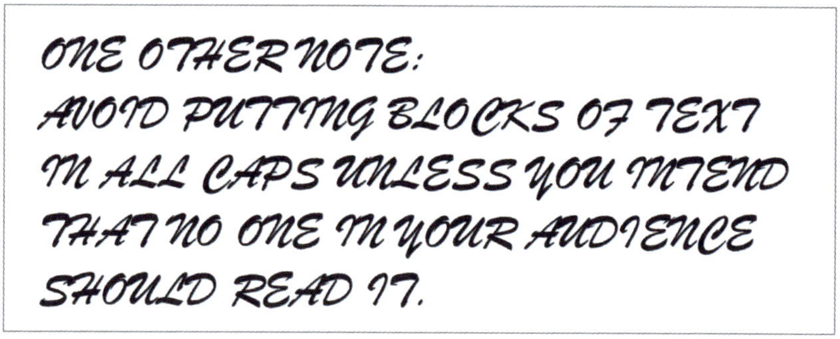

> ONE OTHER NOTE:
> AVOID PUTTING BLOCKS OF TEXT
> IN ALL CAPS UNLESS YOU INTEND
> THAT NO ONE IN YOUR AUDIENCE
> SHOULD READ IT.

使用字体阴影

很多时候，我们需要在明亮的背景图像上加上标题，比如在天空的背景下加上白色文字。当文字与背景的颜色接近时，文字的可读性会变得非常差，如图4.20所示。那么给文字下面加上阴影可以改善文字的可读性。

图4.20 文字和背景颜色几乎相同，很难识别文字（图像来源：pexels网站）

图4.21 只要简单地在文字下面增加阴影就可以创造出不同的效果（图像来源：pexels网站）

图4.20和图4.21的可读性的差别是非常明显的。而我所做的工作就是增加文字的阴影。文字的颜色和图像的颜色接近。不论你是创作静态图像还是动态影片，给文字加上阴影是不错的方法，但是以下两种情况例外：

- 如果文字的颜色是黑色的，那么设置阴影会令文字更难阅读。
- 如果背景是黑色的，那么增加的阴影也无法看到。

推荐的阴影设置

这里推荐一下阴影设置的方法（这些设置几乎对所有的情况都有效）。

- 角度：调整阴影的角度（如在Photoshop中可以设置成135°）
- 不透明度：95%
- 距离：5像素~15像素
- 展开：5像素~10像素

调整字符间距

调整字符间距是指拉大两个字母之间的水平距离。我第一次意识到调整字符间距的重要性是在多年前我在阅读圣经翻译本时遇到的困难，因为其中大部分原文都是手写的。有学者指出由于不规则的字符间距，所以很难精确地界定原文的意思。图4.22说明了这一点。

计算机中每种字体的字符，除了字符的形状外，还有一个间距信息，又被称为"限位框"，可以说明每个字符的宽度和高度，也表示了与下一个字符之间的间隔关系。我把图4.23中限位框中的文字字符间距加大（左侧），从而使得限位框中的文字更容易阅读。

图4.22 字符间距可以帮我们明确含义。这个文字是说"no where"还是再说"now here"。没有字符间距的情况下，会造成很大的混淆

第4章 具有说服力的字体

图4.23 调整两个字符之间的水平间距。左边的文字间距说明限定框正合适

但是，就像图4.23中的文字，有一些文字组合需要拉大字符之间的空间。我们可以通过调整间距的方式进行调整。

> **用Photoshop调整间距**
>
> 在苹果电脑中的Photoshop里调整字符间距，只要把光标放到需要调整的两个字符之间，然后按住 Option + 左/右箭头就可以调整了（在Windows中需要按Alt+左/右箭头）。这样调整两个字符是靠近还是分开。

调整行间距

另外对标题的行间距进行略微修改，也可以有更好的可读性。行间距调整的是两行文字间的垂直距离。前面提到行间距是在限定框中默认设置好的，将默认的行间距提高20%，可以获得更好的阅读体验。但是这样也会造成新的问题，如图2.24所示，标题分得太开了。

图4.24 行间距调整的是两行文字间的垂直距离。在标题中通常需要减少为默认设置的20%~30%

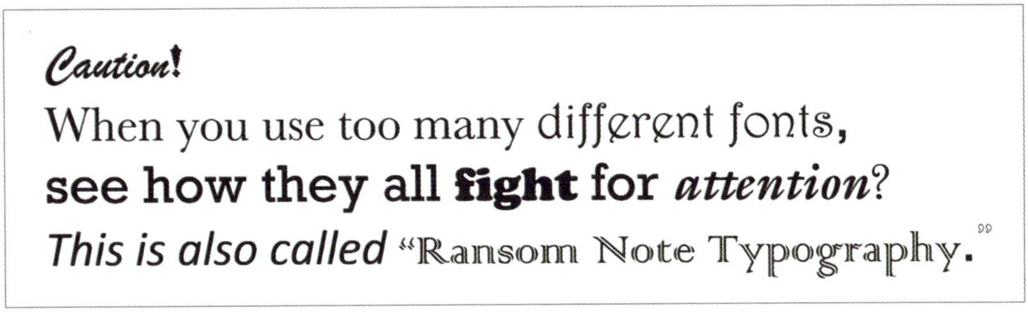

> *Caution!*
> When you use too many different fonts,
> see how they all **fight** for *attention*?
> This is also called "Ransom Note Typography."

图4.25 我需要解释吗？上面存在着多种字体，简直是一场灾难性的视觉体验

对比字体的字号大小，把标题的行间距减少20%~30%可以让标题更有可读性，看起来也更专业。从图4.24中例子可以看出，与左侧松松垮垮的标题相比，右侧的标题更有冲击力。右侧的标题看起来更结实，更能使观众聚焦你的信息。

避免勒索信样式的排版

无论在何种情况下，当你需要用文字加以说明时，都只需要1~2种字体。一种用于标题，一种用于正文。通过多种字体（图4.25）来吸引观众的时代早已过去。现在，人们只想看一下你写了什么内容。

> 在字体的使用上避免犯一些简单的错误。为了对未来潜在的错误有全面的了解，可以通过搜索引擎搜索"错误的排版示例"进行了解。只有充分理解字体样式对信息传递所带来的不同含义，你才能避免这些错误。

选择正确的字体

当我们选择字体的时候，要记住数字媒体需要采用比印刷版本更低的分辨率。所以选择字体时要注意以下事项：

- 尽量不要采用系统里默认的字体格式。
- 如果使用了较小的字号，那么一定要让文字更容易阅读。
- 要充分反映信息内容的风格和内在情感，特别是标题和全屏的图表。
- 在图形中选择相关联的艺术字体。避免图形与较为瘦小的艺术字体。
- 要与背景的颜色或者图案形成鲜明的对比。
- 要让你的观众有足够的时间来阅读。

本章要点

以下是希望大家能够记住的一些要点:

- 选择字体及使用字体时,可能在观众还没有看到具体文字内容的时候,字体样式就已唤起观众的情绪反映。
- 选择字体要与信息所关联的风格和情感相呼应。
- 选择字体首先要考虑可读性,其次才是设计的需要。
- 无衬线体在数字媒体上更容易阅读。
- 在两种主要的字体家族中:衬线体代表的是传统,无衬线体代表的是现代。
- 笔画细弱的字体在低分辨率的屏幕上显示的效果不好。
- 除非在特殊的情况下,标题文字的下面最好增加阴影效果。
- 标题文字间的间距需要调整。

说服力练习

使用文字处理软件,将下面的标题设置成不同的字体格式和字号。设计两个版本的文案,一个针对的是水管材料商店,一个针对的是精品蛋糕店。

选择不同的字体对信息中蕴藏的情感和购买意愿有哪些影响?

快来看! 新颜色! 新款式!

他山之石

一场什么也没有说的新闻报告

在介绍字体的章节中,我强调了文字需要清晰,并且要有可读性,需要充分考虑信息与你的观众之间的关系。这里有一个相反的例子:一个完全无视他人的、专顾自己的、完全无法理解的报告(因众所周知的原因我隐掉了公司和产品的名字)。

这个报告寄送给了主要的技术媒体,并希望能够引起这些媒体的关注。我读了十几遍也没有弄明白他们想说什么,以及我为什么要关注这个事情。这个案例充分说明了如果信息不能被清晰地传递将会发生什么。

"2019年10月1日,享誉世界的物联网公司,推出了相关的服务。刚刚发布的智能戒指白皮书将协助品牌商、制造商和其他服务提供商进一步了解这个快速发展的可穿戴市场和技术趋势,并为企业制定成功的智能戒指发展策略提供帮助。"

"在过去的五年中,智能戒指市场稳步发展,这主要是基于技术的进步。作为全球物联网产品公司,我们已经发布了多款杰出的智能戒指产品。根据亚马逊上智能戒指销售数据的快速上升,我们预测智能戒指市场正进入一个全新的纪元。智能戒指产品正在进入主流电子产品行列,市场也将因此快速发展。发布的白皮书将帮助大家分析智能戒指市场,为公司进入智能戒指市场提供战略指导。"

你会发现如果把"智能戒指"这个词替换成其他科技语,这个发布稿件同样适用。他们忽略了一个事实:一般观众对他们所讲的事情基本上没有什么概念。他们没有定义产品,也没有说明和解释产品,更没有说明这个报告到底对观众有何重要意义。

这个报告基本上在浪费大家的时间。

社会赋予了颜色意义，构建了它的编号和价值，确定了它的用途，并决定了它是否可以被接受。艺术家、文人、人类学家，甚至大自然，最终都与赋予颜色意义的过程无关。颜色的问题首先是社会问题，因为人不是独自存在的，而是生活在社会之中的。

——米歇尔·帕斯图罗
法国历史学家

第5章

具有说服力的颜色

本章目标

本章的主要目标包括:

- 说明为什么理解颜色非常重要。
- 简要介绍颜色的历史及牛顿爵士的贡献。
- 讨论颜色的含义。
- 讲解一个简单的颜色模型并定义关键术语。
- 说明几种颜色使用技巧。
- 提供正确选择颜色的建议。

颜色对于我们的生活和情绪的影响是巨大的。我们依据颜色做出选择，颜色能改变我们的想法。我们厌倦红色绑带（繁文缛节），偏爱绿色手指（特殊园艺技能），夸耀在关键时刻出现的白衣骑士。

如果说在今天的交流中不涉及颜色，基本上是不可能的。历史学家米歇尔·帕斯图罗曾说过："在所有年代，颜色的基本功能就是分类、标识、连接和分割。"一个明显的例子就是在美国"红色"和"蓝色"不仅是代表颜色而已。我们对颜色的感知跨越了时代。在本章中，我将从说服的角度来解析一些颜色。

> 颜色吸引人们的关注。

颜色常常被赋予寓意和情感。但是更主要的是，颜色可以吸引我们的注意力。

没有什么东西可以比颜色更能带给我们强烈的情绪反映。如图5.1所示，在视觉信息中，颜色都是不可或缺的。但是颜色又是复杂的。你会发现在不同文化背景下，对同一种颜色的解读也是不同的。

图5.1 在阅读文字之前，我们从颜色和图形就可识别出这些标识。实际上，合并车道的标识甚至不需要文字来补充说明（图像来源：维基百科）

马丁·林斯壮是一位学者，花费了700万美元，用了3年时间研究营销网络。他在《购买学》一书中写道："一项来自首尔国际颜色博览会的研究表明，颜色可以为品牌提供识别度。当被问到购买商品时，颜色对购买选择的重要程度，84.7%的受访者承认颜色是他们做出选择的因素之一。其他研究表明，当人们对一个人、周边环境，以及产品需要在90秒内做出潜意识决策的时候，62%~90%的人做出的选择仅仅是依靠颜色做出的。"

本章介绍的内容将使我们更好地理解颜色，并利用颜色改善我们的演讲、图像和视频。

颜色简史

为了做一些铺垫，我们简单了解一下颜色的历史。这里我要感谢历史学家米歇尔·帕斯图罗写的《色彩列传：蓝色》这本书。书中讲述了颜色的历史和蓝色的前世今生。

史前时代的颜色

如果回到人类社会的启蒙时代,旧石器时代和新石器时代,艺术家是生活在红色、白色和黑色的世界里的。这并不是因为蓝色、绿色和黄色在自然界不丰富。这些颜色一直存在,但是它们没有被做成颜料并用于绘画。

此时基本颜色是红色、白色和黑色。其他颜色当然也存在,但是它们不是主要(主观)色彩。例如,不论是在希腊语还是罗马语中都没有专门的词汇来描述蓝色。在罗马语中,蓝色意味着"野蛮人的颜色"。这是一种不被信任和避之不及的颜色。为什么会有这样的感觉,直到今天都是一个谜。

在公元前6世纪到公元前4世纪,人们开始对服装进行染色。我们现在发现的服装碎片都被染成了红色,从明亮的粉色到暗黑的紫色。古代文明形容颜色从颜色的明亮程度和数量程度来描述,在今天我们称为"灰度"和"饱和度"。

> **我们如何看待颜色**
>
> 根据最新的研究,我们看到的颜色源于物体对光线的反射。比如,一个苹果,除了红色,吸收了其他颜色,红色的光进入了我们的眼睛。所以我们看到的是红色的苹果。当然除了红色,你也可争论说这是其他颜色的苹果。尽管如此,这并不影响我们以快乐的心情吃苹果。

红色、白色和黑色作为主要颜色一直延续到中世纪。蓝色服装一直被贵族所忽视,蓝色从菘蓝(一种类似甘蓝的植物)和靛蓝(豌豆家族中的一种植物)中提取出来,主要被农民所使用。在公元12世纪中叶之前,教皇英诺森三世发布了三种颜色的宗教价值——"白色代表纯洁,红色代表基督流出的鲜血,黑色表示悲痛和赎罪。"那时蓝色长袍表示的圣母玛利亚还没有出现。

关于颜色其他有趣的事实是:白色往往被认为是另外两个颜色——黑色和红色的对立面。文艺复兴时期,黑色表示阴郁,红色表示稠密(稠密的意思是指颜色的数量,现在我们称为饱和度),而白色是与这两个颜色相对立的。

进入牛顿时代

在1666年,艾萨克·牛顿打破了延续上千年的颜色理论。通过让光穿过百叶窗上的孔洞,并使这束光穿过一个棱镜,发生散射。光谱中有7种颜色。7是非常神奇的数字。牛顿觉得既然音乐中有7个音符(A-G),那么应该也有7种纯色的光。

牛顿把这7种颜色描述为红色、橙色、黄色、绿色、蓝色、靛色、紫色。

事实上，把光线通过棱镜进行拆分并不是一件新鲜的事情。当时教会告诉大家，光线分解和光线阻断是一样的。但是牛顿的研究更近一步。他用了第二个棱镜，把光谱中的色彩捕捉到后又重新合成了一束白光。对光的再次合成是一个重大发现：光是由多种部分构成的，可以很容易地被分解和重新组合。这项发现是革命性的并在当时被认为是异端。

牛顿的棱镜实验揭示了，光不再是一种单一的颜色，而是由很多种颜色组合而成的。他意识到颜色与音阶没有任何关系。靛蓝色也就被放弃了。牛顿的观察和实验革命性地影响了我们对颜色的思考方式。

真正影响我们对颜色认知的是牛顿的第二个发明：将所有颜色放到一个圆环或者圆轮中，如图5.2所示。尽管在光谱中颜色是线性排列的，低频的颜色（红色）在一边，高频的颜色（蓝色）在另外一边。而牛顿把两边的颜色连接形成了一个圆。实际上，今天设计师使用的色盘仍保留了牛顿色盘的样子，如图5.3所示。

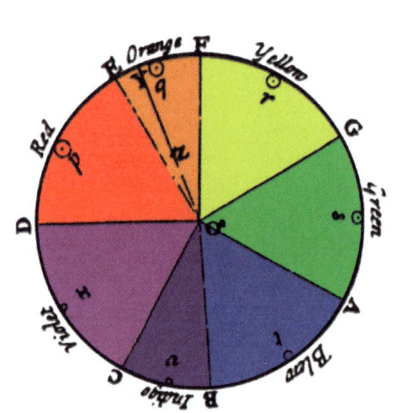

图5.2 艾萨克·牛顿爵士绘制的草图，把白光分解成7种颜色，并组合成一个色盘

图5.3 苹果电脑上的色盘——现代的"牛顿色盘"

光的频率

就像声音是由多种声波构成的,光线也是由多种光波组成的。这些光波的频谱决定了光的颜色。每秒可以测量到数万亿的光波。低频的光波呈现红色,而高频的光波呈现蓝色。其他颜色则分布在两者之间。

颜色也有温度

我们总是谈论的暖色和冷色,指的是颜色的温度。颜色的温度是指把黑色作为参照物进行加热后,使得黑色变化成其他颜色的温度。

我们的眼睛可以立刻对不同颜色光线进行区分,我们能马上识别出这是白光。而数字照相机没有我们的眼睛那么好使。一般而言,拍摄画面的颜色依据的光线照射过来的时间变化。

在实践中,颜色温度是指光源从红色到橙色,橙色到黄色,黄色到白色,白色再到青色。如图5.4所示,颜色温度按惯例用"开尔文"衡量。用符号"K"表示。用来表示从绝对黑(绝对零度)加热到特定颜色所需要的温度。

开尔文是衡量在绝对零度以上的温度,不像是华氏温度和摄氏温度,开尔文不用度来作为标识。所以我们的谈论颜色温度的时候都使用字母K,并在数字和K之间加上空格标识。

下面是关于颜色的有趣知识:

- 我们认为的白光是 6500 K。
- 有效的日光照射是 5780 K。
- 自然界大部分暖光源都散发出红外线。
- 日出和日落下的颜色温度是 1850 K。
- 中午阳光下的颜色温度是 5500 K。

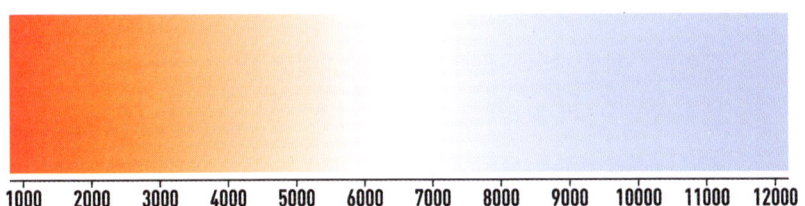

图5.4 这表示了可见光的颜色温度的范围,以开尔文作为计量单位(图像来源:布塔加达/CC BY-SA)

第5章 具有说服力的颜色

- 阴天颜色温度是 6500 K。
- 蓝天的颜色温度是 15000 K。
- 颜色温度在 5000 K 以上被称为"冷色"（淡蓝色），而较低的颜色温度（2700 K~3000 K）我们称为"暖色"（淡黄色）。
- 让人没有想到的是，暖色光实际上比冷色光的温度要低。
- 讨论绿色和紫色的温度是没有意义的。因为不能对物体加热产生绿色和紫色的光，但是这两种颜色是光谱中的一部分。

在拍摄时，你会听到"钨灯"（3200 K）或者"日光"（5500 K），这两种都是用来描述白光所对应的温度的。

如果你拍摄的照片偏橙色或蓝色，这是因为在拍照前，你没有正确设置照相机的颜色温度。

颜色的意义

当我们回顾颜色历史的时候会觉得非常有意思。但是这也产生了一个更大的问题：我们如何用颜色引导观众的情感反映。换句话说，颜色意味着什么？这可能是一个相对简单的问题，但是每个人的答案很可能不同。

米歇尔·帕斯图罗对此是这样解释的：颜色首先是一个社会现象。尽管很多书中基于掌握的很少的神经学的理论，或者基于虚假的流行心理学让我们相信人类存在共同的颜色情感，但是实际上并不存在跨文化的颜色认知。

当我刚开始介绍本章内容的时候，我的目的是如何为你的项目提供简单的颜色使用指导。但是这非常困难！例如国际艺术学院对他们的艺术家提供了这样的颜色使用指导：

- 红色是一种表示火焰和鲜血的颜色。
- 黄色与太阳、乐观和欢庆相关。
- 橙色代表能量和幸福。
- 蓝色表示冷静、智慧和创作力。
- 绿色是代表自然和环境的颜色。

- 紫色表示皇权和典礼。
- 白色表示权力、优雅和死亡。
- 黑色表示权力、优雅和死亡。

我看了前面觉得说得还可以，直到我看到白色和黑色。怎么可能两种颜色都代表一种情感。从这个角度看，关于黄色和橙色的说法也相当牵强。这让我想起米歇尔在本章开头的话：社会赋予了颜色意义。

> 颜色没有含义，仅仅是指颜色没有放之四海皆准的内涵，对颜色的理解是基于不同文化的。

认知学家唐·诺曼和他的同事研究人们是否对特殊的情景、颜色或者物体有反应。他们发现，人们对颜色的情感反应随着文化的不同而不同。表5.1是他们发现的人们对不同的情境的反应。

表5.1 对不同情境的反应

积极的反应	消极的反应
光明、高饱和度的彩色	突然出现的声音和强光
和谐的音乐和声音	空的、平坦的地区（沙漠）
笑脸	刺耳的、突然的声音
有节奏的节拍	摩擦的、不协调的声音
有吸引力的人	拥挤的人群
对称的物体	
圆的、光滑的物体	

从表5.1可以看到，没有提到任何一种颜色。因为每种文化都有各自对颜色的理解，而承载颜色的物体和形状在表中列示了。就像本章中开头提到的停止标识，颜色和形状经常一同出现。值得注意的是，根据诺曼博士的研究，很多积极的反应来自我们看到的东西，而消极的反应则很多是来自我们听到的东西。

图形设计师凯文·布德曼、吉姆·杨、柯特·沃茨在他们的《品牌识别基础》一书中提出了一系列品牌形象的设计原则。他们认为："大量针对颜色心理学和情绪认知的医学和心理学测试丰富了我们对于颜色的认知，但是某些颜色的力量也会随着文化和时代的变迁而发生改变。"

> "我们不能否认时尚产业对颜色选择的影响。文化对颜色的选择起着重要作用。一个明显的例子是——在西方文化里面，人们常穿着黑色衣服参加葬礼，而在东方文化里面哀悼者常身着白色服装。颜色对应的文化内涵在进入一个市场时是需要好好研究的。"

除非我们讨论相应的社会环境，单纯讨论我们看到的颜色含义意义不大。这并不意味着颜色没有含义，只能说没有通用的解释。如果我们的目标是说服别人，那么我们就需要考虑颜色对于我们的信息所反映的社会价值。

服装的颜色

在2015年2月26日，这张服装图像出现在互联网上。服装上的颜色是白色和金色的，还是蓝色和黑色的问题引发数千万网民发表了他们的看法。

很多人对各自看到的是何种颜色展开了讨论。最终确认这件服装是黑色和蓝色的。出现不同颜色的原因是因为在拍照的时候，图像被过度曝光了。

你看是什么颜色：白色和金色，还是蓝色和黑色

一个简单的色彩模型

我现在还记得在本章开始提到的目标:学习如何使用颜色来说服他人。由于颜色根植于我们的历史、文化、艺术之中,我们需要更有条理地从技术角度加以说明。

我们很难全面描述我们能看见的所有颜色。图5.5是一个图示用来帮助学生学习颜色。想象我们所有能看到的颜色都在这个柚子中,这个柚子可以帮助我们把颜色组织起来,也便于我们找到它们。

颜色先以明暗排序,使较暗的线条延伸到柚子的下部(南极),而较亮的线条则延伸到柚子的上部(北极)。其次,对颜色以色相排序,所以偏红色的颜色会聚集在一起,蓝色和绿色等颜色也会分别聚集。最后,想象一下经过这样排序后,颜色浓度越高,越靠近边缘,而颜色浓度越低,越靠近中心。

图5.5 认识颜色最简单的方式就是想象所有的颜色都沿着3条轴线存储在这个柚子之中(图像来源:维基视频基础 EVAN-AMOS)

生成一个色盘。我将在后面章节详细介绍这3个轴。

让我们把柚子从赤道位置切开,看一下柚子的横切面,如图5.6所示。我们可以看到牛顿彩虹中的所有颜色都在里面。当我们沿着圆移动位置的时候(改变角度),色相发生了变化。当我们从中心出发,颜色的浓度(饱和度)发生了变化,从偏灰的颜色到全部颜色。而在柚子中从纯黑色的南极到纯白色的北极,明亮程度逐渐变化,成为一个梯度。

虽然我们的肉眼看到的颜色变化不是呈现为圆形的,但是这个柚子为我们提供了一个有用的类比工具来帮我们对静态和动态图像进行描述并管理颜色。

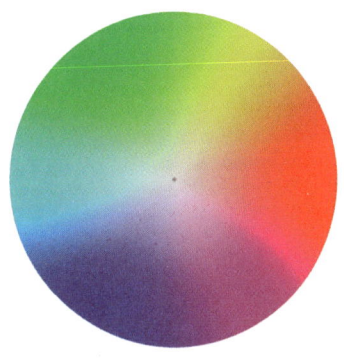

图5.6 将柚子沿着赤道切开来观察横切面,色相随着角度的变化而变化,颜色浓度(饱和度)从中心向边缘发生变化

数字化图像的相关术语

我们把色盘记在心里之后,接下来了解一下在计算机时代经常使用的术语。

像素。任何数字化图像最小的组成部分(也是"图画元素"的简称)。在现在的数字图像和视频中,像素一般是方形的,每个像素包含一种颜色。

位图。通过矩形格栅图像表示像素是如何组织的。所有的数字图形都是以位图的形式展示的。每幅图像都有一个位图。

分辨率。当我们讨论数字图像的时候，一幅图像是由众多的像素构成的。所有的数字图像都是矩形的位图。当我们描述位图的时候，我们会先说水平的尺寸。比如200像素×400像素是指在网上广告的尺寸，也就是200像素宽，400像素高，总计80000像素。而1920像素×1080像素是指高清晰度视频的尺寸，也就是说宽度为1920像素，高度为1080像素，总计2073600像素。不同于打印图像往往需要上千万的像素，网络上使用的图像和视频仅仅需要有限的分辨率，但是实际上需要无限多的颜色和透明度变化。

DPI/PPI/分辨率。DPI指每英寸的点数，PPI指的是每英寸上的像素。这些术语定义了像素的密度，打印机在打印数字图像的时候需要在每英寸打印多少像素。这些术语只有在图像被打印的时候才会涉及。而当图像被使用在网络或视频上的时候，就不用考虑这些设置了，因为计算机的显示器差异很大。默认情况下，我们设置成72。

灰度。颜色的明亮程度从黑色（黑暗）到白色（明亮）范围变化。粉色具有白色的灰度值。褐色具有黑色的灰度值。理解灰度值最简单的方式就是想象一张黑白照片。你会看到灰度的阴影变化，灰度没有颜色。

对比度。图像或者两个轴之间的灰度变化。

色彩。这是一个包罗万象的术语，有很多特殊属性，使得一个物体看上去是红的，或者绿色的颜色。

色调。指颜色的色相和饱和度的数值。色调是简写，这样不用一直说色相或者饱和度。

精确地设置颜色

还记得图5.5中的柚子吗？通过它，我们可以通过3个维度精确定位颜色。

- 灰度。垂直的轴代表了灰度，也就是颜色的明亮程度。
- 饱和度。距离中心的远近代表了颜色的饱和度。
- 色相。球体边缘的角度变化表示色相，颜色深浅变化。

在后面涉及颜色和矢量图的时候，我们会再讨论3个维度的概念。

色相。色调的一部分代表了颜色的渐变情况，比如紫色。

饱和度。也是色调的一部分代表了颜色的数量。灰色没有饱和度，而荧光黄则饱和度比较大。

饱和度是理解起来比较难的概念。在图5.7由蓝绿色构成的图形中每一条边都有相同的色相（202度），但是饱和度却不同。左侧图形的饱和度是15%，而右侧图形的饱和度是70%。两边都是蓝绿色的，但是右侧的图形却看起来颜色更浓。

图5.7 左侧图形的色相和右侧的一样，都是202度。不同的是饱和度，即每个方格的颜色浓度

RGB。用来反映数字图像中有多少红色、绿色和蓝色。本书中的示例都是RGB格式的图像。

CMYK。用来反映打印图像中有多少蓝绿色（C）、洋红色（M）、黄色（Y）和黑色（K）的颜色。本质上，CMYK是与RGB相反的。

原色。在RGB图像中红色、绿色和蓝色是基本色。

二级色。在RGB图像中与基本色相对立的颜色，包括蓝绿色、洋红色和黄色。

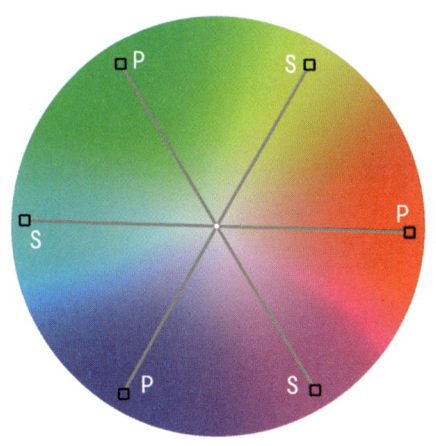

图5.8 基本色（P）在RGB图像中包括蓝色、绿色和红色。而辅助色（S）则是与基本色相对立的，包括蓝绿色、洋红色和黄色

图5.9 RGB中3种基本色叠加起来，就会变成白色。而CMYK3种颜色互相消减之后产生黑色

在RGB色盘里面，增加对立的颜色会变成灰色。在本书后面章节，我将利用这个特性介绍如何去除图像和视频中的颜色。

接下来，我们再讲解3个术语。

加法三原色。把RGB的3种基本颜色按照均等的比例结合起来，就变成了浅灰色（或者白色），如图5.9所示。

减法三原色。把CMYK的颜色按照均等的比例结合起来，颜色会被抵消，变成深灰色或者黑色。由于这种颜色抵消的方式效果不是很好，所以用黑色调节颜色的变换，从暗灰到黑。

色位深度。指在一个像素中颜色或者灰色的渐变程度，如图5.10所示。一般用2的幂次方来表示。8比特的颜色支持256色阶（2^8）的灰度（或者颜色）。而10比特的颜色支持1024色阶。越低的色位深度，颜色渐变色阶越明显。一般网络上使用的图像都是8比特的颜色。

图5.10 这是一个夸张的示例说明了不同色位深度如8比特（上面）和10比特（下面）的差异。随着色位深度的增加，色阶的平滑度也在改善

灰度

灰度是一个我们比较难掌握的概念，这是因为我们看到的是彩色的世界。灰度简单的含义是指图像一部分是没有颜色的。灰度视图是用灰色的阶梯来呈现图像的。我们大部分人把图5.11称为黑白照片。

图5.11 彩色图像（左侧）和灰度图像（尽管你可以说这是黑白图像）

图5.12 不同的情绪差异。彩色图像给人感觉更加真实，灰度图像令人感觉落寞，而深褐色的图像让感觉怀旧、疲惫和无望（图像来源：格尔德·奥尔特曼/pexels网站）

从图5.11中，可以很容易看到哪种像素更加明亮。观察彩色图像，你会看到灰度值较暗的颜色也具有较暗的颜色。

黑白与彩色也同样具有关联性。比较图5.12的差异，去除颜色之后，让人感觉孤独和忧伤。这也就是为什么当我们比较两个产品或者人时，看上去给人消极反馈的往往是黑白色的图像。而最右侧的深褐色图像给人的感觉是怀旧的和疲惫的，就好像图像来自大萧条时代。

但是在上面的3个例子中，图像是相同的，发生变化的只是对颜色的处理。当我们再次回看这3张图像的时候，黑白图像使人更加确信是在传递忧伤。而彩色版本让沮丧有一些欢愉的味道，而深褐色的版本让我们回到了不同的时代。

> 为了取得最佳的颜色效果，首先把彩色图像转化成黑白图像，然后再增加深褐色进行染色，从而生成深褐色的版本。

颜色与对比

理解了灰度，就能帮我们理解图像的可阅读性，这也是我们处理图像的首要目标。同样下面两个概念（颜色与对比）对我们也是有帮助的。这里的颜色是指物体上一种颜色的数量。而对比是明暗之间的变化量。

在图5.13中，4个单词的颜色其实是一样的。但是它们在灰度上是不同的。上面的要比下面的单词更深一些。这让我想起来莫利·邦的话："颜色有自己的重量。"更深的颜色让人觉得更重一些，也就是图5.13中下面的单词，而轻的颜色则漂浮到了顶部。

图5.13 这张图说明了颜色的对比。这4个单词的颜色都是一样的（意味着是相同的色相和饱和度），但是灰度不同

同样，你也会发现同样颜色的单词在白色背景下和黑色背景下，看起来是不一样的。也就是说你把文字放到不同颜色背景上，有时候这些文字看起来很鲜明，而有时候则不行。

图5.14中颜色的灰度和饱和度都是一样的，只有色相不同。你会感觉到颜色随着背景的变化而发生了变化。同样，在右侧的图像中在去除了颜色后，文字就很难阅读了。而实际上文字与背景之间只有2%的灰度差异。如果二者完全一致，那么实际上你看不到任何文字。

这里我想说明的一点是，单纯改变颜色并不能改善文字的可读性。我们需要调整颜色和灰度，同时也需要考虑文字之后的背景。

根据色弱的认知，每12个男性、200个女性就有1个人色弱。这就意味着你在选择颜色时，要对颜色和灰度进行调整。如果不对颜色背景和文字的灰度进行调整，而你的观众中有色弱群体，那么他们可能很难接收到你传递的文字信息。就好比阅读图5.14中最右侧图像——真的是太困难了。

图5.14 灰度和饱和度都是一样的，但是色相不同。最右侧的图像只有灰度变化而没有颜色

总而言之，白色的字体更适合标题（可以翻回去看看六项优先法则）。这就意味着需要把文字放到产生对比的背景里面，或者使用阴影。同时，当需要在同一图像中使用不同颜色的字体时，就需要变化颜色。

让我们来看一看背景是如何影响可读性的。从图5.13和图5.14中，我们可以看到背景颜色变化对我们情感的影响。图5.15是另外一个例子。浅色的字体在白色背景下看起来不显眼，但是在深色的背景下却非常醒目。有对比的颜色（就是把背景颜色设置为文字颜色在色盘中对面的颜色）会让文字看起来更有可读性。色彩纷乱的背景加上类似灰度的字体，会让文字看起来几乎不可读。

但是，增加了下阴影的字体就会有很大不同（图5.16）。不易阅读的文字变得更容易阅读了。因为很多时候，我们不能完全控制背景，对文字设置阴影是一个好办法。下阴影也不需要特别明显。我们希望让读者看到清晰的文字，而不是漂亮的阴影。所以，可读性是最重要的。

另外一个方面，我们曾说过下阴影几乎适合所有标题字体。特别是在视频中，下阴影字体也可以改善文字的可读性。

下阴影不需要太大和太明显，我们需要的是"清楚的文字"而不是"很炫的阴影"！

图5.15 可以看到当背景颜色变化时，文字的可读性也在改变

图5.16 在左侧和右侧的图像中，文字添加了下阴影使得文字的可读性增加

蜥蜴是什么颜色的

如果我问你："快说，蜥蜴是什么颜色的？"你会怎么说，粉色、绿色、灰色，蓝色……如果我给大家看一张红色的蜥蜴照片，然后说："这是一张非常稀有的深红色蜥蜴的照片！"大家一定会说："太酷了！"因为，毕竟对于蜥蜴有什么颜色，大多数人并不知道。我们不可能知道所有的蜥蜴种类，也无法判定这些颜色是否正确。

我想说的一点是，对于很多图像而言，颜色是否确切往往不是特别关键的问题，因为没有人知道真正的颜色是什么样的。一个物体的颜色取决于我们如何告诉观众。

但是，这种情况并不合适那些已经深深根植于我们记忆中的3种特殊的、重要颜色：绿草、蓝天和皮肤的颜色。这些颜色被称为"记忆颜色"，我们虽不能确切地用文字描述，但是如果有偏差，哪怕是一点点偏差，我们都会立刻分辨出来。

例如，在图5.17中，我会立刻分辨出来蓝天的精确颜色，尽管这种颜色并不是真正的蓝色，而是比较接近蓝绿色。如果你看到这张照片上的蓝天颜色与方块的颜色相似，那么你会立刻知道天空的颜色是假的。

当观众对你的画面的颜色有怀疑的时候，他们仍会倾向相信你。但是如果涉及记忆颜色，就完全不同了。

图5.17 蓝天并不是蓝色的，里面的方块是蓝色的，但是天空是蓝绿色的

皮肤颜色的特殊情况

在关于颜色印象的话题讨论中，有一个非常特殊的例子是关于人体皮肤颜色的案例，也被称为"皮肤色调"。皮肤有复杂的表面，包括颜色、亮度、反射。皮肤有特殊的颜色是因为红色的血液在表皮下面流淌而造成的。

阿莱克西斯·万·赫克曼在他的书《正确选择颜色手册》中分析了各种皮肤色调，包括亚洲人、美洲美国人、印度人（印度次大陆），以及高加索人，此外还分析了灰色、红色头发，以及皮肤晒成褐色的各种人群。所有正确的皮肤样本在图5.18中都做了颜色较正，呈现出一个"非科学"调查。

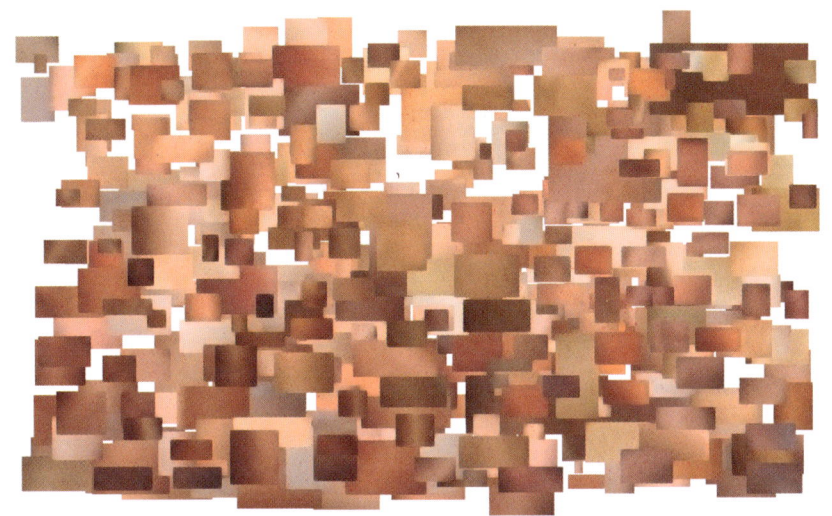

图5.18 跨越文化差异，皮肤色调的值在一个很小的颜色值范围变化，但是灰度变化却很大（图像来源：赫克曼·A·V（2011,p.308）《颜色的正确选择》核桃出版社）

假如在早上起来，你发现身体上的一块皮肤掉落了，那么你可能会检查一下是不是身体发生了严重的问题，接下来你会注意到皮肤是灰白色的，几乎是透明的。只有皮肤与下面的血液颜色结合在一起，才会看到我们熟悉的皮肤颜色。

此外，皮肤颜色是我们的记忆颜色。我们知道正常皮肤的颜色看起来是什么样子的。这并不是说皮肤的颜色不能变化，但是如果你要让人看起来正常，那么仅仅有很小的颜色范围可以选择颜色。

皮肤色调是一种我们必须让观众为主导的记忆颜色，这样他们才能信任我们的信息。"如果皮肤的颜色不正确"观众会想，"我怎么能相信画面上的其他东西呢？"我将在本章后面介绍更多相关内容。

如何衡量颜色

本节会涉及一些技术问题，我希望在此能进一步讨论，这样对后面的章节学习会更容易一些。虽然现在有很多工具可以精确地衡量颜色，但是我们用得最多的是以下4种：

- 调色板。
- 直方图（主要是静态图像）。
- 波形图（主要是视频）。
- 矢量图（主要是视频）。

图5.19 3种调色板：色盘、光谱和RGB颜色值

很多人选择颜色时的方式是使用如图5.19所示的调色板。这可以让我们通过眼睛来选取颜色，或者输入相关的数值来精准匹配颜色。虽然不同的应用的操作界面不同，但是这些应用的操作方法都是一样的：通过拖动滑块或者输入数值选择灰度和色相值。一般应用还可以把经常使用的颜色保存在界面下方。

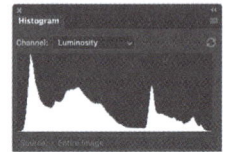

图5.20 直方图表示了图像中的灰度值的变化。黑色值在左侧，而白色值在右侧（Adobe Photoshop的截屏）

如图5.20所示，直方图常常被用来衡量和调整静态图像的灰度值。当然它也能用于视频，但是视频往往使用其他工具。直方图的左侧为黑色，右侧为白色，二者之间是不同程度的灰度。图形中白色曲线表示了在具体的灰度值上有多少像素。高峰表示灰度值有更多的像素构成。

图5.21显示了直方图用于视频的情况。灰度值对于图像而言是一致的，但是显示起来不同是因为 Photoshop 缩放显示的是静态图像，而Final Cut Pro X 和Premiere缩放显示的是视频。

波形图对于很多人是新鲜的。我们使用波形图来描述图像中的灰度值。不像直方图，波形图的从左到右表示了图像的从左到右。而垂直的数值表示每个像素的亮度（越高越亮）。"轨迹"（即图像的发光灰色部分）越亮，共享特定灰度值的像素就越多。在图5.22中轨迹在底部更加明亮，也就是表示图像中的暗的像素要比亮的像素多。

如图5.23所示，矢量图显示了同一图像，但是采用了不同的方式：矢量图表示颜色值，而波形图仅仅显示了灰度值。矢量图中的不同的角度表示不同的色相。当从中心移动鼠标指针，饱和度会随之增加。尽管颜色的角度可以旋转，这和柚子式的色盘原理相同（红色在左上侧，而蓝色在右侧中央，绿色在左下侧）。

图5.21 这张直方图来自苹果的Final Cut Pro X 软件，虽然图像是一样的，但是根据视频标准，图像被压缩了

图5.22 这张波形图展现了灰度值，但是没有显示色相值（Apple Final Cut Pro X 截图）

图5.23 这张图是矢量图，显示了色相值，但是没有灰度值（Apple Final Cut Pro X 截图）

第5章 具有说服力的颜色

直方图主要用于静态图像，而波形图和矢量图主要用于视频。矢量图对于找到和修正颜色的问题是非常有帮助的。

而对于这些用在静态和视频影像中的调整颜色的工具而言，其基本原理都是一样的：首先调整灰度值，再调整颜色值。我将会在后面的章节中讲解如何进行调整。

皮肤颜色测量

我们使用矢量图衡量和确认颜色设置。下面我们可以看看如何进行皮肤颜色的测量。首先看一下下方左侧的矢量图，你会发现所有的皮肤颜色都在很小的色相范围（角度）内变化，尽管它们的饱和度变化很大（距离中心的距离较远）。所以我对我的学生说："我们的肤色是一样的，不同的是灰度。"

如果看得更加仔细，那么你会发现矢量图上的一条细线。这条线也被称为"色调线"，表示在正常光线下一般人皮肤的色相值。"正常"的意思是在正常的太阳光下，或者正常灯光下，不是那种闪烁着红光的、昏暗的迪斯科舞厅光线。

如果皮肤色调非常接近这条线，那么皮肤的颜色是正确的。如果偏移了这条线，那么就可以知道有颜色偏色问题，需要对颜色进修修订。

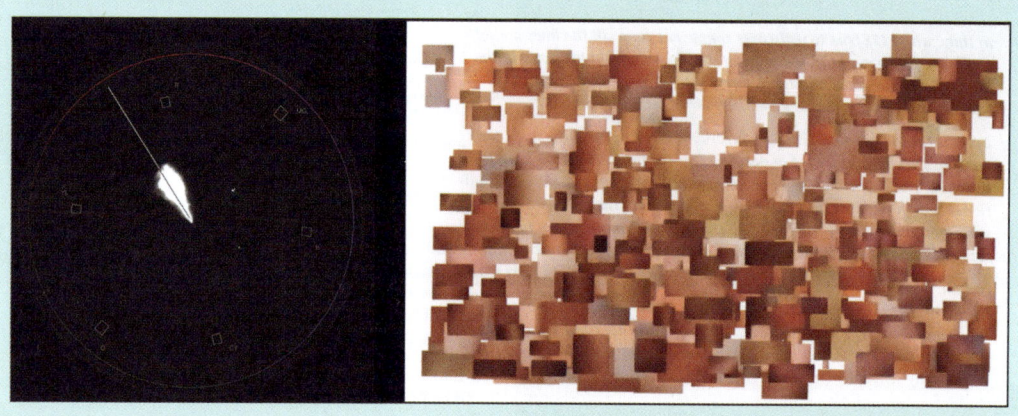

注意，不管什么样颜色的皮肤实际上在矢量图上都是很小的颜色变化值

本章要点

颜色是一个比较复杂的主题。希望大家能记住以下要点：

- 颜色可以帮助吸引注意力。
- 颜色是非常强烈的感情驱动因素，但是每种文化对颜色的解释也不尽相同。
- 我们利用颜色的目的是进行说服，因此选择和使用颜色的标准是使信息更好地传递。
- 六项优先法则提醒我们"差异"才能吸引眼球。
- 选择颜色要考虑画面的可读性。
- 选择颜色要使颜色具有不同的对比值。
- 有一些观众可能是色弱群体，不要在整个画面上选择一种颜色或者使用同一种灰度。
- 不要追求图像的趣味性，更少的颜色和样式效果会更好。
- 询问其他人对于颜色的感知，可以使你更加确信观众对于颜色的解释与你的想法一致。

说服力练习

在前面章节学习的基础上进行颜色样式的练习。使用文字处理软件，给下面的标题设置不同的颜色，以及不同的背景颜色。看看颜色的选择和对比是如何影响感觉、情绪和信息的传递的。

新外观！新颜色！新样式！

他山之石

看到不知道

简·德赛克斯
画家/摄影师

作为画家和电影制片人，我常常对做视觉传达（包括视频游戏设计）的人很少了解第一人称视角这一事实感到惊讶。

确实，大多数人看待世界的方式并不根植于我们体验"真实"的方式。它通常陷入一个写实模式中，该模式将写实主义假定为我们如何体验

图像来源：简·德赛克斯，绘画师/电影制片人

视觉"现实"的有效特征。

这种误解对我们所做的一切都会产生重大影响。它决定了我们将要从事工作的边界。但是，如果人们以第一人称视角探索，那么很快就会发现一个根本不符合写实拟真模型的世界。

"眼睛就像照相机一样工作，我们所有人都看到相同的事物"是一种欺骗、一种谎言，是所谓"错位的、具体性的谬误"最突出的方面之一。

现象学之父埃德蒙·胡塞尔（Edmund Husserl）称之为"本体论"。本体论认为"世界"是客观的、有限的、恒定的，而我们的经验只是主观的、短暂的。

与我们普遍坚信的世界观不同，我们不是从"客观"视角出发看待"世界"的。我们与它的主要联系是"主观"的。

在莫里斯·默洛·庞蒂（Maurice Merleau-Ponty）精妙的现象感知学中，诠释了我们对世界的认知，包括对科学的认识，这取决于我们的观点。"我们每个人在世界上都有不同的观点"。

感知以一种神秘的方式起作用，但是如果人们开始关注自己的感知是如何工作的，那么它就会像一本众所周知，但又几乎被遗忘的书一样被打开。

> 为了看到，我们必须忘记我们正在看的东西的名字。
> ——克劳德·莫奈

毕竟，我们在这里不是在谈论一种非常遥远的感觉，而是通过学习可以将其应用于经验的感觉。我们确实在讨论什么构成了这个世界，并且一直以来是先以感知的方式认知这个最直接、最亲密的"世界"的。

这是我们经常忽略的感觉，我们认为这是理所当然的，并且想要做些"什么"。但是，如果我们仅就其条件"观察"这个世界是怎么来的，我们可能就不再希望做些"什么"。这是一片广阔的天地，我们中的一些人终其一生都没有办法探索这一切。

像克劳德·莫奈（Claude Monet）这样的画家都深知，他们必须"忘记"一件事物的名称才能真正看到它。他们知道，从最高尚的角度看，研究语言存在之前的感知是一项十分基础的工作，它既复杂又值得探索。

虽然我可以展示许多了解这方面画家的作品，但我只是简单地将本文开头显示的图像与完整图像进行比较：伦勃朗的一幅画作。

图像来源：简·德赛克斯 画家、电影制片人

与他手中几乎没有被感觉到的刷子和调色板相比，你会发现这幅画在面部的光线和细节之间的差别。艺术家称其为"赋予感觉"（面部）和"接受感觉"（手与调色板）。这是中央和外围视觉感知得很好的例子，也是从感觉中进行抽象的起源。伟大的艺术家通过这种抽象将洞穴绘画和当今的艺术关联起来。在这幅画中人物的面部是中心焦点，而图像的其余部分则需要外围的视觉感知，这样才能让人物的面部与画面的其他部分进行关联。

在构建视觉图像的幻灯片时，很容易忽略这样一个事实：尽管该幻灯片具有相应的内容，但是其形式也起着巨大的作用。而且这种形式至少在两个方面起作用：一个维度是单个"幻灯片"在形式上也被视为静止图像或画面。另一个维度是在演讲过程中按时间进度展开。

> "眼睛就像照相机一样工作，我们所有人看到的都是相同的东西"这是欺骗，是撒谎。
>
> ——简·德赛克斯

第5章 具有说服力的颜色　117

换句话说，每张幻灯片上的信息，以及每页的上下文如何随时间呈现都是非常重要的。

人们可以了解的有关一个维度上的要素行为的大部分信息都适用于两个维度。这使我感到惊讶（并使我感到高兴），当我很多年前被迫离开绘画世界（因为我突然对大自然的某些物质严重过敏）时，我惊讶地发现数字化的工作流程很快为我打开了时间维度。

元素在这个过程中发挥着很多作用。其中最重要的是"给予感"（在画中伦勃朗的脸）与"接受感"元素（伦勃朗的手和调色板）二者之间的定性关系。

并非所有元素都是平等的，也不是所有元素都具有相同的含义。但是，最不重要的元素也是不可或缺的。如果要呈现清晰、持续的"信息"，那么就需要重要的元素和其他元素共同构建信息内容并确定彼此关联。

而且这些不同的元素并非总是同时出现并被看到的。就像在Keynote或PowerPoint中，它们可能出现在不同的幻灯片上，但它们一起构建了相同的语境和含义，尽管它们是在不同的时间内进行沟通传递的。当然，这些也发生在观众的"头脑"中。

一个元素虽然在每个时点很少提及，但是在被另一个元素引用的时候，可能就会被赋予明显的追溯意义，同时也增加了相应的含义，这就意味着该元素在首次出现时没有让人体会到类似于"啊哈"的体验。

在绘画领域，元素之间的这种空间对话被称为"回声形状"。当我从绘画转向电影后，我惊喜地发现这些回声形状也被应用在电影中，而且效果更加强而有力。

为了与视觉呈现的形式保持一致，进行呈现的人经常忽略许多其他元素。而在几年前令我特别感到震惊的一个例子是：在一张幻灯片上呈现的材料通常以以下方式放置。当切换到下一张幻灯片时，显示的内容不断出现"跳跃"，尽管这种跳跃是为了引起观众的注意，并且希望他们记住的内容。

这些元素可能是时间上的呼应，也可能是幻灯片、框架、场景之间的呼应。这些元素并不能全面地支撑内容的展开。

> 当创作视频演示材料时，我们很容易忽略的事实是，尽管该呈现的内容很重要，但呈现的形式也同样起着巨大的作用。

这些技巧不像是火箭科学那样高深。许多年前，我就教给了当时只有8岁的儿子，那时他正在为学校编写幻灯片，他的确做到了。看到我的小儿子对于这些要素运用得很好，而这些恰恰是我很多专业同事所经常忽略的，就不禁感叹这真是一件很有趣的事情。

　　不断查看和预览一个幻灯片可以看到这个幻灯片存在的缺点和优点。通过完善幻灯片获得新的知识，构建新的意识，以及建立对幻灯片制作的信心。

　　"看到，但不知道"并不等于否定知识。它是一种提供所有知识源的访问方式。

> 感觉以一种神秘的方式起作用，但是一旦人们开始关注自己的感觉是如何工作的，它就像打开一本已经忘记的书一样。
>
> ——简·德赛克斯

第2部分

具有说服力的静态图像

学习目标

本书是关于说服的。更为重要的是关于如何使用特殊技巧来说服别人。我们要做的核心内容是吸引和捕捉观众的眼球。六项优先法则是一个非常重要的工具,其决定了观众的视线先落在哪里,然后看哪里,接着再看哪里。

到目前为止,我们讲解了很多理论。现在我们把这些理论应用在静态画面上。从简单的静态画面开始,然后从商务演讲扩展到摄影、图像编辑,最后制作那些不能被相机记录的图像。

- 第 6 章:具有说服力的呈现。如何制作说服性幻灯片,避免那些"毫无生气的"幻灯片。
- 第 7 章:具有说服力的照片。如何用相片来叙述故事。
- 第 8 章:编辑和修复静态图像。如何编辑和修复图像。
- 第 9 章:创建合成图像。如何利用合成技巧来生成图像。

四个基本理论

- 说服本质上是让听众做出一种选择。
- 传递消息,首先要吸引并保持听众的注意力。
- 如果要产生强烈的效果,那么一个具有说服力的信息必须具备令人信服的故事、强烈的情感、特定的目标听众、有号召力的行动。
- 六项优先法则和三分法可以帮助我们更好地吸引和保持听众的注意力。

六项优先法则

以下因素决定了观众的视线第一眼会关注那里:

1. 运动
2. 焦点
3. 不同
4. 明亮
5. 更大
6. 前面

豪斯曼法则：

法则1：每个人在准备演讲时，都可能因为演讲内容不够丰富而焦虑。

法则2：实际上几乎没有人会因为演讲内容不丰富，而使得演讲草草结束。

法则3：在演讲过程中，不少人都是因为有太多的内容想讲，致使他们在演讲中塞入了大量信息，全然不顾听众能否接受和消化这些信息。同时他们由于担心无法讲完这些大量内容，以至他们演讲的速度非常快。

——卡尔·豪斯曼

第6章
具有说服力的演示

本章目标

本章的主要目标包括：

- 说明对于演示呈现而言，哪些是重要的，哪些不重要。
- 帮助你更好地计划下一次演示。
- 利用第 1 部分所学的内容制作有效的幻灯片。
- 提高和改善演示技能的一些技巧。

> 那些没有聆听你的演讲的人关心的是你的幻灯片，而那些到现场的人是希望来看看你是怎么讲的。

哦，这里首先对违反豪斯曼法则表达抱歉。

在我的职业生涯中，我做了至少500次的演讲。在每次演讲之前，我常常担心听众可能比我更加了解演讲主题。幸运的是，事实并非如此，否则我也不会被邀请来做这些演讲了。

但是那种感觉就是这样，而且每次都这样。

这是因为我们所有人都经历过"PPT窒息"，也就是把一堆毫无意义的、泛泛而谈的信息都堆积到一张幻灯片中，而演讲者在演讲过程中坚持把每个字都读出来。我们知道这是非常、非常糟糕的，但是也是非常、非常容易做到的。本章的目标就是找到方法让我们的商务演讲少一些窒息时刻。

说服与培训

我认为"说服性演讲"与"培训性演讲"有很大的不同。首先，"说服性演讲"侧重激发观众的兴趣和热情来做出转变。而"培训性演讲"则侧重让听众确信他们可以学习和利用新的知识。

在我们看到的说服性演讲中，演讲者需要充满能量并且保持快速的演讲节奏。而培训性演讲则需要演讲者拥有积极的心态，因为我们需要一直关注观众。此外，培训性演讲的节奏比说服性演讲的节奏要慢一些，以便让观众跟上演讲者的节奏并学习相关材料。

我认为培训性演讲的节奏可以更加缓慢。此外有条件的话，培训性演讲者可以通过分发培训材料，让观众可以集中精力聆听，而不是不断记笔记。因此，培训性演讲可以将详细内容放到培训材料中，而不是全部都放到PPT中。

此外，本书的重点在于说服。这也是为什么在更深入讲解说服性技巧之前，我们有必要了解培训性演讲和说服性演讲在形式和内容上的差异。

做一个深呼吸

当我们要做一个演讲时，要做的往往第一件事情就是收集PowerPoint、Keynote，或者其他任何线上的幻灯片资源，之后再进入幻灯片设计环节。而这种方式往往会导致整个演讲的失败。

那些没有参加演讲的人往往想要看到幻灯片，而那些参加演讲的人却更加关注你的现场表现。你被邀请进行这个演讲也就意味着你是这个主题的专家——即其他人可以从你这儿学到新东西。一旦你确信自己身上有一些东西是别人感兴趣的，那么你的演讲开展起来也许会容易一些。

什么是路演

"路演"是一个关于幻灯片呈现的术语,用精心准备的幻灯片打动某些人来投资你的想法和创意。利用视觉影像的说服技巧让投资人相信对你投资是值得的。在视频领域,与路演对应的术语是"宣传短片",即利用视频呈现你公司的实力和专长。

在我写作本书的时候,关于如何进行有效的商务演讲方面的图书,在我的书桌上至少有6本。每本书中都有很多重要的观点,但是几本书都讲到了:

- 想想你的听众,以及他们想听什么。
- 思考一下让他们有效倾听的方式。
- 告诉他们你希望他们在倾听之后做什么事情。

不论我们做什么样的演讲都需要先定义我们的听众和信息。接下来就是那句老话——"告诉他们你想告诉他们的事情"就这么简单。

虽然原理很简单,但是在操作上却不容易。

让我们回顾第1章里面曾经提到说服的含义。说服实际上是你和观众之间的一个对话。你的目标是创造一个激动人心的愿景让他们去按照你的建议完成工作。

视觉影像当然有一些作用,但是对糟糕的、没有排练的、不够聚焦的演讲者帮助不大。如果让商务人士罗列出效果很差的演讲要素的话,下面这些必定包括在内:缺乏足够的准备、没有幽默感、没有视觉影像的辅助、很差的时间控制、含糊不清的词语、没有视线交流、声音太小、过于嘈杂的、令人困惑的、不着边际的、逻辑混乱的、手臂胡乱摇摆、居高临下的、没有主题的、过于紧张的。

如果想消除这些负面评价,把我们的演讲转化成观众对我们的积极评价,就需要了解成功演讲的关键因素:

- 演讲准备。
- 传递信息。
- 视觉辅助。
- 处理和回答问题。

> 传递信息的是我们，而不是工具。

专业演讲协会的联合创始人菲利普·卡恩·潘尼罗列了成功演讲的7条建议：

1. 展示呈现要比单纯说教更好。
2. 对你给客户带来的收益要清楚了解。
3. 相信你给客户带来的价值。
4. 严格遵循演讲的程序方法。
5. 把每次演讲推介都当作向合伙人介绍业务发展情况的机会。
6. 用情绪感染你的观众。
7. 为观众呈现你的建议的价值和收益。

这7条建议很好地呼应了戴尔·卡耐基最初提出的主题：聚焦价值而不是产品特征，理解听众并投入感情。

我可能无法帮助你改善你的演讲声音或帮助你回答观众的提问，但是我可以帮助你提高使用视觉影像的技能。虽然你可能不是演员或明星，但是这种利用视觉影像的技能对你而言仍十分重要。如图6.1所示，我们只能记住：

- 阅读部分的10%。
- 听到部分的20%。
- 看见部分的30%。
- 听到并看到部分的50%。

图6.1 我们能记住多少取决于我们的感知

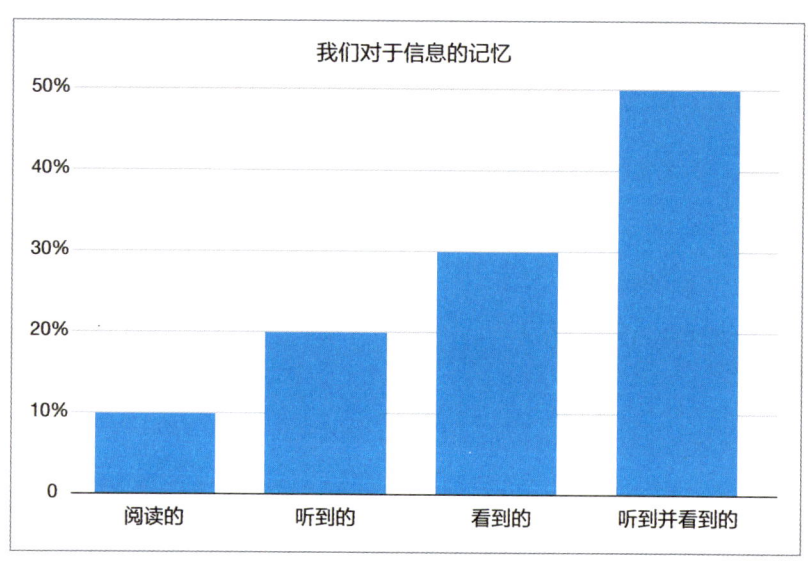

这就意味着我们需要利用视觉影像来支撑我们的演讲，而不是让观众自己做标记，让他们自行理解内在的逻辑。记住，你才是演讲里面的主角，你的视觉影像也是这场演出的一部分。

规划你的演讲

对演讲的规划不需要做很复杂的工作。实际上，做任何事情有计划都比没有计划强。约翰·科林斯在为美国管理协会编写的教材中给出了6个问题，回答这些问题可以更好地帮助我们规划演讲。

- 有谁来听这场演讲？
- 他们想听到什么内容？
- 为什么我要做这场演讲？
- 我需要什么时候来演讲？
- 我演讲的地点在哪里？
- 如何才能把我的信息传递出去？

> **帮我们提高演示技能的图书**
>
> 作为本书的参考材料之一，我非常喜欢卡尔·豪斯曼的《卓越演讲技能》，他是莱斯大学新闻系的教授，也是几本传媒图书的作者。他的犀利评价和实操性建议非常有价值，值得好好阅读。

卡尔·豪斯曼是莱斯大学新闻系的教授，也是《卓越演讲技能》一书的作者，他在书中写道：

撇开哪些花哨的软件技巧而言，很多幻灯片演示已经变成了幻灯片式样的比赛，这简直就是一个笑话……实际上你并不需要幻灯片。如果你使用幻灯片，确信做到以下几点：

- 观众可以看到你的幻灯片。
- 观众可以理解你的幻灯片。
- 幻灯片可以强化你的信息。

我们使用幻灯片，是因为观众不仅仅需要看到的一个解决方案，更需要了解来龙去脉。

幻灯片使用的目标是增强信息的可读性。我们很高兴借此回顾本书第1部分中讲述过的基础知识。让我们回顾一下约翰·科林斯针对糟糕的幻灯片演讲给出的问题清单：

- 通过冗长的列表把演讲者的每一句要说的话都罗列下来。
- 不必要的图像。
- 过于复杂的表格、数据图和示意图。
- 元素太小而无法阅读。

- 仅仅考虑打动观众，而无法支撑演讲者的论点。
- 没有利用图表来支撑观点和演讲。
- 仅仅使用文字，而缺少图像。

> **简洁不等于说不清**
>
> 这句话来自电影《隐藏的数字》，提醒我们在做演讲的时候虽然需要简洁清晰，但是不等于说不清楚观点。在电影场景中，凯瑟琳·戈布尔是一名20世纪60年代年早期工作于NASA的计算机专家。她需要为其他同事做一个演示报告。这是一个非常复杂的技术讲解，需要使用复杂图表进行说明。只有一个办公室的同事能理解这个主题。这时她发表了自己的观点，你不是要做一个简单的幻灯片，而是要做一个清晰的、让听众能理解的幻灯片。（图片来源：电影收集公社/阿拉米图片）

换句话说，是你在讲故事，而不是你所呈现的幻灯片在传递信息。

如果你觉得没有合适的原则来遵循，那么可以参考以下建议：尽可能的简单和通俗易懂。人们需要了解你要分享的信息，而不是来欣赏你的视觉影像的。因此，要清晰地传递信息就要让视觉影像来强化你的信息，然后通过动人的方式把信息传递出去。做一个演讲并不难，难的是有太多的工具让我们选择。而我们很容易忘记：工具不会传递信息，需要我们自己传递信息。

背景和字体

现在有很多幻灯片制作软件可供选择。在下面的例子中，我使用微软的PowerPoint和苹果的Keynote来制作和讲解幻灯片。从说服的角度来说，这两种软件传递的效果是一样的。你选择最为方便的软件来制作幻灯片就好。

在你设计幻灯片的时候，你需要知道房间的明亮程度。如果房间比较昏暗，那么你的幻灯片采用深色的背景颜色会更容易让观众阅读。而如果房间比较明亮，明亮的背景会让你的文字更明显。

> **上云或不上云**
>
> 对我来说，我自己可能比较吝啬。我更愿意将文件数据储存在本地而不是云上。同样，在当今的软件应用市场中，我更愿意选择那些不收取订阅费用的软件。我可能更愿意调用那些存储在本地的文件而不用担心月度费用。当然你可以不同意我的观点。

例如，在黑暗的房间中，当屏幕一下子变成白色背景的时候，观众需要眯着眼睛才能阅读上面的文字，而换成较暗的背景时，观众的眼睛就能首先看到文字。而在明亮的房间里面，换成更亮的背景颜色或许更为有效，这样屏幕可以与周围环境融为一体，让观众可以将视线集中于文字之上，因为文字会比背景更为暗一些。

图6.2中两种背景色的对比很好地说明了为什么你需要在设计幻灯片之前考虑房间的光线。本书的页面是白色的，所以以白色作为页面的背景，而你的视线很容易聚焦到文字上。

在黑色的背景中，你会先看到黑色的色块，因为它不同于页面的背景，而且比里面的文字更大。接下来，你的视线会停留在文字上。而黑色的背景似乎有些多余，而应该直接让观众看到需要让他们看到的内容。

再看看白色背景的情况。在图6.3中两种字体中哪种字体更能代表产品？对的，就是衬线体，给人一种手写体的感觉，让人觉得更有个性。而无衬线字体则让人感觉更加冷漠、没有人情味的感觉。

> 根据六项优先法则，观众的视线会先看到明亮的元素。但是如果整个屏幕都是明亮的，那么就没有什么特别的地方，观众的视线就会转移到更大的或者不同的元素上——换句话说，就是你的文字上。

图6.2中，哪些内容更先映入你的视线？哪个更容易被人记住：黑色的字体在白色背景之中（左侧）还是白色的字体在黑色背景之中（右侧）

图6.3 哪种字体更能关联产品的情感：书写字体421BT（左侧）还是未来字体（右侧）

如果产品改变，那么字体也应该相应的改变。在图6.4中，哪种字体更能让你想象出清洁？我改变的只是字体，非衬线字体产生一种现代的、高科技的感觉，正是你想要的、最新的自动清洁机器人。

PowerPoint设计模板

下面是PowerPoint软件中的9种设计模板，注意所有字体都是非衬线体。这些模板都是很好的设计，但是不要假定这些字体或者背景颜色会适合你的信息。如果你有时间研究一下，那么你可以有更好的选择。

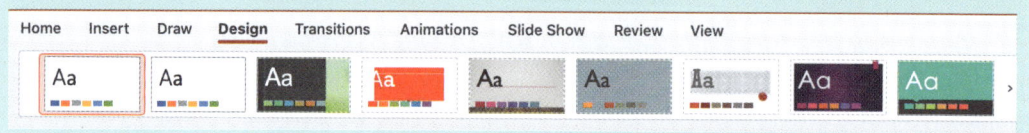

图6.4 哪种字体更适合高质量的、高科技的清洁机器人：未来字体（左侧）还是巴斯克维尔体（右侧）

图6.5中3种背景的特点都是高度饱和的颜色，影响了背景中的其他元素。但是，这是软件当中的默认颜色。这些背景提醒我，如果餐厅的背景音乐过于嘈杂，你不会与你的同伴进行惬意的闲谈。背景是用来加强信息传递的，而不是削弱信息的传递效果的。

或许你会注意到，在蓝色和红色的背景中，我需要增加文字的下阴影，观众才能注意到文字。

因此，我更愿意采用更深的、有少量渐变的背景，如图6.6所示。在图6.7中采用了铁灰色的渐变色。调节色彩调节器更接近中心位置来去除饱和度，向右拖动灰度的滑块，让颜色从开始到结尾部分变暗。

图6.5 过深的色彩饱和度会影响文字的阅读。背景需要对前面的内容给予强化，而不是主导（字体选用的是未来字体）

图6.6 较暗和较低饱和度的渐变可以让文字看起来更容易阅读

图6.7 这里可以设置背景的颜色渐变,我修改了默认的背景色

锁定色彩的小技巧

以下是使用苹果色盘的小贴士。如果你在拖动颜色"选择环"的时候同时按下Shift键,就可以沿着选择点和色盘中心间的直线进行颜色选择。这样可以保持相同的色相,从而增加或降低色彩的饱和度。我一直在使用这个小技巧。

背景颜色同样具有视觉吸引力。要让背景颜色不影响文字,这样文字也更容易阅读。此外,在这些示例中我使用的不是白色文字,而是浅灰色。这样不会过于鲜艳,但依旧明亮,一下子就能吸引观众的视线。

当房间昏暗,人们集中注意力在屏幕上时,我更喜欢使用具有纹理的背景,例如图6.8中的两个示例。保持纹理较暗,减少细节,这样的文本更易阅读。细节过多的纹理通常会与衬线体冲突。因此,如果你打算使用纹理,那么就使用明显的无衬线体。

对我来说,纹理提供了比纯色更有趣的视觉背景。请记住,使纹理足够暗(在明亮的房间中要足够亮),以使文本和图像清晰易读。

图6.8 纹理的例子:左侧的图像具有岩石感。而右侧的图像则具有机械感。两种背景都是较暗的,因为它们的细节被模糊了

> 背景永远不要引起观众对自身的关注。

需要注意的是,上面示例中的背景不完全是灰色的。它们是略微温暖的颜色(金色)或偏冷的颜色(蓝色)。我发现增加一点点颜色使它们相比纯灰色不那么乏味。

设置背景的目的是为放置在其前面的内容提供一个环境。背景永远不要引起观众对自身的关注。

图表

与文字相比,图表可以更清晰地传达信息。但是,如果要使用图表,那么就必须对其进行解释。许多演讲者将图表放在幻灯片上时根本没有提及它们,或者稍微提一两句话。这只会使观众困扰应该看什么。

相反,如果要突出图表,就得花一些时间解释图表,如图表的构成及数据的测量方式,然后为观众进行分析。如果图表对演讲很重要,那么在演示过程中对其进行解释很重要。

图表让你的观点更加视觉化

看一下图6.9中的3D条形图。很快你就可以比较出不同年份和月份的结果,这要比查看数字表格直观得多。我们的大脑非常擅长从视觉图像中快速获取信息。

但是需要注意3D图表可能会无意中放大图表的某些部分。如果图表中的两个条形高度完全相同,如绿色的四月和七月的条形。但图形为3D并倾斜,则尽管条形大小相同,靠近观众的一个条形看起来会更大。这意味着当你使用3D图表时,很容易让观众误解你要传达的信息。

图6.9 3D图表,说明了数据差异(利用苹果的Keynote软件制作)

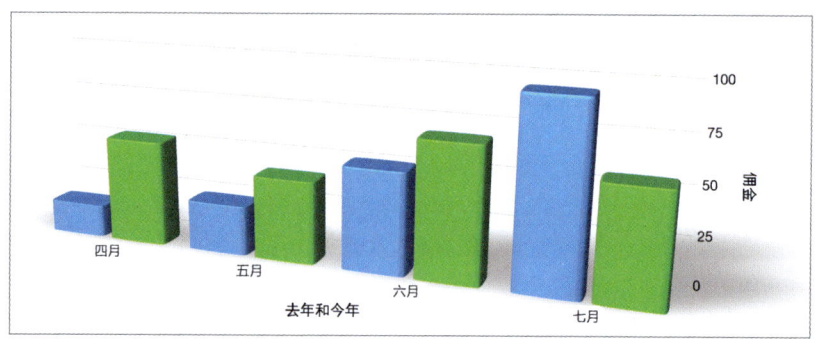

警惕垃圾图表

1983年，爱德华·塔夫特（Edward Tufte）在《定量信息的视觉显示》一书中创造了"垃圾图表"一词，这意味着图表和图形中的所有可视元素对于理解图形中表示的信息不是必需的，或者会分散观看者的注意力。他写道："垃圾图表中只有简单的图形被呈现……"

"垃圾图表可以将令人困扰的数据变成灾难，它永远无法将数据精简地呈现出来。好的图表是能够引起人们好奇心的，让观众看到数据背后的神奇。好的图表有时是通过叙述能力，有时是通过大量细节，有时是通过简单而有趣的方式，优雅地将数据呈现出来的。"

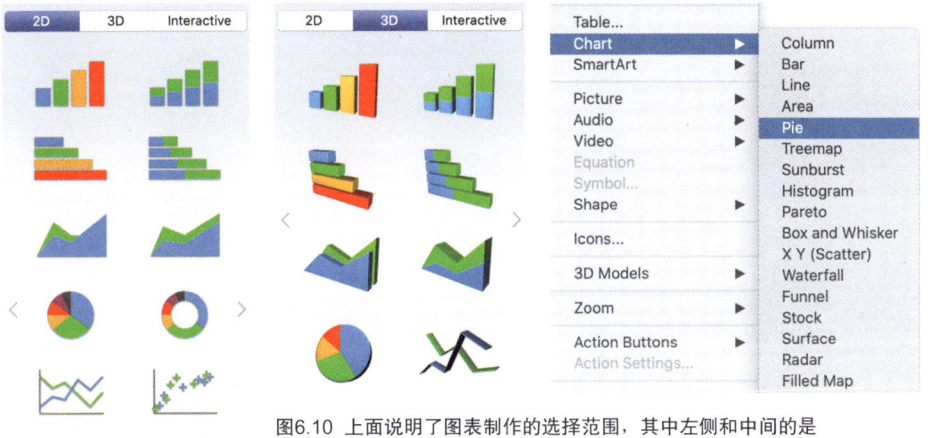

图6.10 上面说明了图表制作的选择范围，其中左侧和中间的是Keynote的图表，右侧是PowerPoint的图表

最后，当看图6.9时，我们会发现文字横置的时候，阅读很困难。对于英文而言，如果是文本竖向排列，那么阅读就更加困难了。如果你希望观众更好地理解内容，那么就不要竖向排列文本，而应尽量水平放置。

在PowerPoint和Keynote中有很多种类型的图表和图形可供选择。如图6.10所示，有些甚至是3D图表。具体使用哪个？你可以根据需要进行选择。

选择垂直还是水平显示元素取决于图表中元素的数量，以及你希望观众如何阅读与图表关联的文本。我倾向于小的图表垂直显示（图6.9中的3D条形图），而具有很多元素的图表水平显示更好（图6.11中的2D条形图）。

图6.11 一个PowerPoint制作的图表

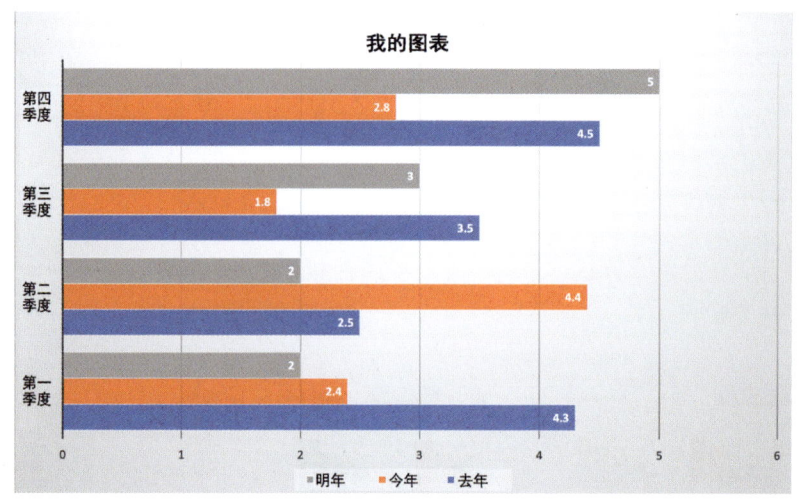

在图6.11的PowerPoint条形图中，背景是带有渐变的灰白色，文本全部是水平的，并且色差使条形图更易于阅读。但是，橙色和灰色条具有相同的灰度值，因此如果使用黑、白显示，那么就不太容易分辨了。

> 垃圾图表会把乏味的数据变成灾难，这种图表永远不会让数据简化。
> ——爱德华·塔夫特

为你的数据选择正确的图表

下面介绍不同的图表类型，以及如何使用它们。

饼形图：比较组成部分对整体的贡献方式。例如，不同的收入来源对总收入的贡献方式。可以将饼形图显示为开放式（如圆环）或填充式（如饼形）。

条形图：对类似的项目进行比较。例如，本季度与上一季度的节省额，或加拿大与美国的销售额。

柱状图：说明相同的事物（如收入）是如何随着时间变化而变化的。

折线图：当有许多随时间变化的数据点时，这是最好的办法。折线图比任何单个数据点更强调连接点组成的形状。折线图可以显示折线或仅显示点本身。

散点图：说明了数据是否能够归类。通过查看数字的位置，可以帮助我们发现数据之间不明显的关联。

当然制作图表的时候，我们其实还有更多的选择！可以进行组合，调整大小、着色和修改不同的图表类型。

请记住，我们的目标是可读性。任何妨碍观众理解图表的内容，都只会妨碍传达信息。把信息清晰地分布在几张图表要好于将一堆充满细节的、令人费解的信息塞到一张图表中。

PowerPoint支持50种不同的图表，但是这并不意味着你需要在幻灯片呈现中使用所有类型的图表！

> 通过几张简单的图表来清晰地传递信息，好于将一堆充满细节的、令人费解的信息塞到一张图表中。

图表设计

当设计图表和文本时，要坚持少即是多的原则！使用图表时，如果要显示的变量超过四个，那么就尝试将其拆分为两个图表。否则，图表会变得太拥挤，而每个元素都变得太小而无法阅读。

限制颜色数量。如果是深色背景，那么尽量选择黑色或白色的文字。除非为了提高可读性，否则不要为线条或非数据元素上色。尽量选择不太明亮或不饱和的简单颜色。除非传达警告，否则尽量避免红色。绿色和蓝色的阴影效果会更好。

图6.12是典型的知易行难的示例。设计人员称此外观为"碰撞残骸"。图像的背景太亮、太饱和，完全占据了图像的主导地位。画面的颜色似乎是通过在色盘上投掷飞镖来挑选的。字体的每一行都是不同的，并且没有暗示任何连贯的信息。即使需要表情符号，也没必要用这么多。

阴影会产生深度的感觉，改变阴影的大小和柔和度意味着深度的变化。请注意，蓝线下方的阴影的大小表示它与背景相距一定距离，而标题较小的阴影则表示与背景距离较近。但是蓝色的线条位于标题后面，与标题阴影的深度不匹配。此外，线条阴影的角度是向下的，而文本的阴影是向右下方的。这样看起来不协调，因为光线是不会像这样变换位置的。

通过上述幻灯片，你会得出结论：设计幻灯片的人似乎忘记了，设计幻灯片的前两个目标是信息的可读性和对演讲者的支持。

不过，他们确实使用了三分法调整小丑图像的位置，不是吗？

图6.12 哇……看起来就像受到伤害

用好图像

幻灯片是为图像而存在的,可以很好地展示图像,如图6.13所示。但是我们也经常忘记这一点,常常把大量文字堆积到幻灯片中。图像也可以很好地用作背景,只要它不干扰文本即可。如果使用图像作为背景,那么要确保它与你演讲的主题有关。

图6.13 图像不是居中的。但是依旧遵循了三分法,你会第一眼就看到图像,然后才发现图像背后的背景框

我们可以通过这个例子学习以下知识:

- 图像并不位于中心位置,相反它是根据三分法放置的。即使观众的视线不断巡视,但总会回到图像上来。
- 图像位于焦点位置,较大且与众不同。你的视线会最先关注这里。
- 标题更明亮,位于河面上。观众视线的第二视点会落在这里。
- 由于图像不位于中心位置,因此观众接下来会关注背景框有什么,会发现左上角的子标题。
- 云朵的背景图像增强了夏天户外运动的主题,而且也没有太多细节分散前景的注意力。
- 我在Photoshop中为背景图像添加了模糊效果,然后大大降低了色彩饱和度,因此天空变成了钢铁般的灰色,而没有使云变暗,这意味着可能有雨。
- 另外,标题中的双关语很重要(原文的子标题为Live Stream,可以理解为对比赛的直播,也可以理解为流动的溪流,形成了双关语),因为在任何情况下,你都希望观众开心。

你所创建的任何内容都是为了让信息加强,让观众记住信息。在创建幻灯片时,尽量不要使用纯色背景。利用三分法、六项优先法则,以及我们在第2章"具有说服力的影像"中介绍的其他技巧,让你的演示生动起来。

另外需要注意的是,我没有在图6.13中的幻灯片上罗列很多文字。而是在下一张幻灯片中,讨论"什么"和"何时"。然后,在最后一张幻灯片上,我会提出"行动倡议",专门告诉观众去哪里看。

> **两个很酷的演示快捷方式**
>
> PowerPoint和Keynote中的两个非常酷的快捷键分别是B键和W键。按B键可以将屏幕切换为全黑。按W键可以将屏幕切换为全白。如果你在演示过程中,需要讨论一会儿,那么只需要关闭显示画面,就可以使观众将注意力集中到你的身上,而不是幻灯片上。

关于阴影

我们使用阴影的原因之一是:将元素与背景分开。这可能是为了使文本更易读或暗示前景元素和背景元素之间的距离。

在图6.14中,文本与背景具有相同的颜色,尽管在明亮的天空下出现白色文本是一个很常见的设置,但我还是建议你不要这样做。此外,当图片的背景颜色、纹理特别纯净且没有阴影时,文本将不可读。而有了阴影,标题就可以阅读了。

根据三分法定位这两个图像,其中较大的图像位于背景中。我们知道上述情况缘于两个原因:鸭子的图像在长凳前面,而鸭子的阴影比长凳的阴影更大、更柔和。

> 在构建幻灯片时,请仔细查看正在创建的内容,以便所有元素都可以协同一致。

图6.14 使用阴影的3个不同示例,但我强烈建议你不要给文本和背景使用相同的颜色

每个图像的位置及其阴影都可以增强前景位置。随着图像离背景越来越远,阴影变得更柔和(模糊)且不透明性降低。底部图像的不透明度为62%,偏移量为15个像素。顶部图像(鸭子)的不透明度为35%,偏移量为25个像素。文本阴影需要更暗;我通常为文本阴影设置的不透明度为95%。

在构建幻灯片时,需要仔细查看创建的内容,以便所有元素都可以协同一致。

> 我是幻灯片中数字的粉丝
> ——卡尔·豪斯曼

一个很酷的设计技巧

卡尔·豪斯曼(Carl Hausman)提出了一个我以前从未考虑过的有趣观点:"我是幻灯片中数字的粉丝……无论出于何种原因,具有良好视觉设计的数字会引起人们的关注……为了进一步强调我的观点,请对'卓越的PowerPoint幻灯片示例'进行图像搜索,你会发现搜索的结果通常有包含数字和图像的幻灯片。如果幻灯片有文字,通常也很简短。"

图6.15 保持你的幻灯片足够简洁。放大文字,不要担心重叠

在图6.15的示例中,可以看到观众问的第一个问题是——"50%是什么?"他们必须关注你才能得到答案。再次,这会使观众的焦点重新投注于你的身上,而这正是你所需要的。另外,注意"50%"与图像重叠,我们可以将两者都放大。没有什么规则说每个元素都必须放在自己的空间里面。

切换: 少就是好

当我向高中生讲解视频编辑时,他们迫不及待地想要了解切换(图6.16)和动画(图6.17)的知识。当讲解完这一部分后,我知道我将失去对班级的控制。学生们从椅子上跳起来,向朋友展示他们的最新作品。随之而来的是许多咯咯的笑声。效果令人兴奋,酷炫且有趣,特别是如果你是创造效果的人。不过对于其他人而言,看这些来来回回、不断翻转切换的画面,可能会暴跳如雷。

让我们退一步思考:人们不是为了观看你的幻灯片,而是为了听你的演讲。如果你觉得大家仅仅是为了看你的幻灯片,那么请取消会议并通过电子邮件发送文件给大家。这样可以节省所有人的时间。观众过来参加演讲的主要目的是过来见你。而一旦幻灯片变成了演讲的主角,那么也就意味着你对听众失去了控制。永远不要故意失去对听众的控制,否则你可能永远也不会让观众的注意力重新投入进来。

图6.16 PowerPoint具有40多种切换样式,每种切换样式都可以通过多种方式进行修改

图6.17 PowerPoint中的"动画"操作面板

因此,我将幻灯片之间的每个花哨的切换都视为"预警"。第一次切换可以引人注目。第二次切换效果也还好。但是在那之后如果还有切换,人们就会失去耐心,准备走开。

但是也有例外。我在一张幻灯片上构建文字的时候会使用切换。与一次展示整个幻灯片不同,我会为关键的幻灯片分别编辑项目符号。这使我可以将观众的注意力集中在我所要表达的观点上。我也经常在演讲中展现幽默,一次不显示所有的文本,这样我可以在不翻页的情况下突出强调文字。

尽管如此,就像幻灯片之间的切换一样,文本之间使用的切换越复杂,切换效果越容易过时。保持简单,这样你就可以使用更多新颖的效果。

> 尽可能让幻灯片简单——不要像高中生那样,尽量不使用音效和切换。

使用多媒体最好优雅一些

每当说到切换的时候,我都要花一些时间介绍音效。就像幽默一样,它很容易弄巧成拙。对你而言,这可能是一个很有趣的事情。但是对其他人可能一点也不好笑。更糟糕的是,如果在每张幻灯片上都放上声音效果,则会让人疲惫。就像是一个傻傻的铃声,响了第三声之后,就再也没有任何幽默效果了。我的建议是不要使用任何声音效果,或者最好是在每个幻灯片中仅使用一种声音效果,当你大声发布新产品时,或者为新的低价而欢呼时。坦率地说,我建议你最好少用一些效果,例如声音和切换效果,这样可以更能听到年轻人的欢呼声。

当在幻灯片中使用多媒体时,还应考虑如果声音系统或投影仪在演示过程中死机该怎么办?这些情况我都曾经遇到过。

这一切都取决于你是演讲的主角。一旦你将主角让渡给幻灯片，你也就对演讲失去了控制。

当然，这也并不意味着你不能使用多媒体。你当然可以使用，也应该使用，但是不能到处乱用。就好比你站在舞台上演讲，观众会向前倾，用心倾听演讲的内容。但是当你一旦播放剪辑，观众会立即切换到被动聆听的模式。这时候，大家就只关注媒体中的播放内容，就好像他们坐在家里的沙发上一样看视频。而当播放完视频剪辑之后，你将需要耗费大量的精力，才能重新调动听众的积极性。

本章要点

不论是PowerPoint还是Keynote，都是功能非常强大的幻灯片制作软件，具有许多特性、效果和功能。在设计专家的手中，可以做出非常出色的幻灯片。

但是，对于我们大多数人而言，我们远远用不到那么多功能。当我们进行说服的时候，我们是希望自己来完成这个工作的，而不是让幻灯片成为主角。因此，幻灯片演示并不需要在技术上做得多复杂，以产生说服的效果。没有人会被一个主讲人自己都不感兴趣的演讲所吸引。

一个生动的演讲会把演讲者推到前面的位置，面向特定的听众，传递针对性的信息，并通过简洁、清晰的幻灯片进行加强，而不是重复观点。请记住：

- 你才是演讲的主角，而不是幻灯片。
- 面向你的目标听众，提炼你的观点。
- 演讲就像一场演出，不需要照本宣科。
- 用视觉影像加强你的观点。
- 通过设计幻灯片来强化你的观点。
- 当文字不能充分说明你的观点时，再使用图表。
- 如果呈现图像比说明解释信息更方便，那么就使用图像。
- 永远不要让你的幻灯片取代你。
- 你的演讲是你和听众之间的一场对话，用你的幻灯片支持你的观点。

说服力练习

设计夜话是指使用一个20页的幻灯片进行演讲，其中每张幻灯片会在20秒后自动翻页。

设计夜话最初是由两位建筑师于2003年发明的，目的是简化冗长的幻灯片演示。它很快演变为一系列夜间聚会。从那时起，设计夜话在手工作坊中迅速普及。人们把工艺技术与叙事完美地结合起来。

选择一个你感兴趣的话题，制作一个20页的幻灯片，然后设置为在每20秒的时候自动播放下一页。接下来你可以向你的家人、你的宠物，或者任何挂在墙上的照片进行演讲。

- 尽量利用图像突出你的主题，文字越少越好。
- 把内容尽可能整合成合适的要点。
- 练习讲故事，在短时间内很轻松地讲完。

> 一个生动的演讲会把演讲者推到前面的位置，面向特定的听众，传递有针对性的信息，并通过简洁、清晰的幻灯片进行加强，而不是重复观点。

他山之石

迎接变化

罗恩·梅尔蒙
制片人，之宝公司

我们公司一直专注于制作纪录片，多年来，我们已经充分认识到改变思想的力量。

最近，我们正在编写有关科罗拉多州特莱瑞德的励志纪录片《山谷》，这更让我确信改变思想的力量。这部电影的重点是该地区的美丽景色，以及居民为保护该地区所做的事情。

在塞多纳国际电影节之前，电影还在剪辑的时候，塞多纳的一群市民联系我们，说他们遇到了类似的问题：开发商想进行不切实际的区域改造。

来自"保护美丽的塞多纳"团体的15人来到我们这里，提前观看了这部电影。山谷的故事以及特莱瑞德公民在保护环境方面的成功，鼓舞这些来自塞多纳的人们并将他们组织起来。小镇的居民取得了非常大的成功，以致开发商撤回了他们的区域改造计划。

我看过很多鼓舞人心的电影，但这是我的电影第一次被用作教学，以改变他人的生活。

相对于其他形式的视觉影像而言,照片更具情感表现力:每张照片都是个性化的,为我们述说着一段情感故事。

——唐纳德·诺曼
设计实验室总监
加州大学圣地亚哥分校

第7章
具有说服力的照片

本章目标

在学习完第2章"具有说服力的影像"中诸多概念的基础上,本章将会讲解改善静态图像质量和效果的简单技巧。此外,本章还包括:

- 说明使用加工的图像和原始图像的区别。
- 帮助你有计划的拍摄影像。
- 解释关于光线的基础知识。
- 讨论如何与演员、模特一起工作。
- 解释说明不同样式的构图技巧。

如果你想体会汗牛充栋的感觉,不妨去一下图书馆看看那些教大家如何拍照的图书。无论是数量上,还是种类上,都非常多。那么我们如何在一个章节里面介绍所有这些内容呢?

答案是:我们不能。如果你想要拍摄专业级的影像,那么最好聘请专业人士进行拍摄。这与任何其他专业技能一样,依赖于拍摄人的经验、设备和天赋。实际上,本书中的大多数照片都是专业人士拍摄的。

但是,有时我们往往不具备这样的条件。你可能是想上传一张图片到社交媒体上面,或者你只是想测试一些想法。但是你却没有聘请专业人士的预算。这就是本书可以帮助你的地方。我的目标是向你说明利用照片讲故事和唤起情感的不同方式。一旦你体会到其中的差异,你就可以选择最适合的方法来开展你的工作了。

本章主要介绍如何提高图像质量、影像影响力,以及如何利用图像讲解故事的基础知识。

水平或垂直——选择哪个?

关于用水平(左)或垂直(右)拍摄图像哪个更好的讨论。答案是什么?嗯,两个都不错。拍摄的角度取决于你需要提供的内容。如果你要在商场内拍摄垂直广告,那么用水平拍摄就是愚蠢的。但是如果你要创建视频图像,那么可以采用水平模式。对于这本书,我主要使用水平图像,因为它们更适合书籍格式。所以请让你交付的内容来决定照片格式吧!如果你需要同时提供水平和垂直图像,那么请分别拍摄。

从哪里开始

在聘请摄影师或开始拍摄影片之前，请先思考一下，然后再考虑要完成的工作（是的，我也知道，这很无聊）。请记住本·富兰克林的格言："不做计划的人，所推动的计划注定要失败。"至少就本书而言，我们的目的是说服别人。但是说服远不止是需要一个对镜头微笑的人，而且微笑的主持人经常被滥用。我们拍摄的首要目标是吸引观众的注意力。我们有很多种方法可以制作出引人入胜的影像。这些影像不用依靠漂亮的模特和灿烂的笑容，而是需要调动观众的想象力。"生活片段"是用来描述代表"真实世界"的图像的术语，并希望观众能够识别并继续观看。

因此，在构思所需的图像时，首先要回答以下问题：

- 你要传递的信息是什么？
- 你的听众是谁？
- 我们想传递的故事是什么？
- 我们希望观众来做什么？
- 什么样的图像最可能吸引听众？

尽管较大预算的项目将从脚本、情节提要、预算和进度表等计划安排中受益，但不一定所有的影像拍摄都需要详细方案。至少要花一些时间写下你的想法和构思，而且写作过程需要你在开始之前先思考一下自己要做什么。

"创作过程"既有趣又令人沮丧。从书本到电视节目，我一直都很喜欢创作。但是，我也发现创作过程中可以有很多选择。如果不花时间计划，就会发现自己在项目过程中，常常不清楚要去哪里或如何去，以及什么时候完成工作。

我们的目标是说服，我们需要将时间和金钱放在作品创作上，以吸引观众并带来改变。因此花一些时间进行规划，会使投资获得更好的回报。

在做好计划并且知道要做什么之后，我们遇到第一个大问题是，要去哪里进行摄影？通常你会有两个选择：从已经拍好的图像库中获得图片和自己拍摄图片。当然你也可以从网络上搜索并下载图片。但是你是否真的希望自己、公司或客户来承担这种法律风险呢？

> 不做计划的人，所推动的计划注定要失败。
>
> ——本·富兰克林

> 用于教育或新闻报道的影像是一种例外情况，也被称为合理使用。虽然使用规则不同，但是版权保护同样适用。

慎重应对版权问题

所有创意作品均在创作时受版权保护。尽管版权法因国家/地区而异，但总体而言，创作作品的人，例如摄影师无论是有偿的还是无偿的，业余的或专业的都拥有图像的所有权。虽然版权是自动创建的，但是最好在可能的情况下"注册"作品，以便在版权受到侵害时保护自己的权利。理解和尊重版权非常重要，因为侵权要承担的法律责任对自己和客户而言都非常大。

如果你要聘请某人进行创作（包括文本、图像、视频），则作品的创作者拥有版权。此外，版权拥有者决定谁可以使用他们的作品。这意味着，作为其合同的一部分，当版权从创作者转让给你时，需要明确加以说明。

如果创作者是雇员，那么他们仍然拥有自己的创意作品的版权。除非在雇佣合同中有明确说明谁拥有在工作时间为公司制作的作品版权。

如果要复制、发布或出售图像，或把图像作为一部分来进一步合成为较大的图像，则需要具有合法权利。获得这些权利称为"获得许可"或"许可权"。有时这些权利是免费的；有时则需要支付使用图像的许可费用。获得许可不会转让所有权；这仅表示你具有用于特定目的和特定时间使用该图像的授权（许可权）。

发布到网络上的图像同样受版权保护。发布图像并不意味着对所有用户都是免费的。尽管网络更加自由，但版权约束仍然适用。未获得授权会带来很多法律上的麻烦。而且罚金相当大，"我不知道"不是抗辩的理由。所以现在你知道了：版权很复杂，但有利于创作者。如果你还有任何其他疑问，请咨询一下律师。

> 图像库是对图像、音频或视频剪辑提供许可的平台公司。我将这些公司称为"图像库"。

目前有许多口碑很好的图像网站可以选择。因此开展工作之前，可以先查找一下参考资料。我使用过的并且喜欢的网站包括：Pexels、Pond5、Shutterstock、Getty Images、Adobe Stock等。

使用拍摄好的图像（或素材）有几个好处：

- 该图像已经存在，因此你可以准确地看到所得到的图像。
- 有数百万种图像可供选择。
- 收费合理。根据图像的特殊性和稀有性，价格从免费到几百美元都有。

已有图像的最大缺点是你可能无法准确获得所需的东西。很多情况下，这并不是一个很大的制约。但是，如果你需要推出新产品或说明一些特定的内容（例如本章后面的照明图像），则需要聘请专业摄影师来创作想要的图像，这样可以获得更好的效果。

让我们花点时间讨论一下价格问题。当你对照片申请许可授权时（请记住，许可并不代表授予所有权，而只是授予使用许可的权限），版权的拥有者（或其代理商、图像库）将决定是否收费，以及价格是多少。许多摄影师是靠拍摄对外许可授权的图像来谋生的。

也有一些网站提供"免费"的图像下载。其中一些网站（如Pexels）口碑很好且提供免费的图像许可证。虽然其他网站也可以下载图片，但是却没有提供必要的许可证。如果你要制作精美的广告，请确保拥有版权。如果不这样做，暂时也许不会有问题，但是一旦你被逮住了，后果将会很严重。这就是为什么人们从信誉良好的图像库选择图像并为其支付费用的原因。实际上只需几美元，这种潜在的版权风险就可以避免。

> 付费使用高质量的图像库中的图像可以避免任何潜在的版权风险。

构思摄影创作

假设你需要为下一个项目拍摄影像。第一步不是聘请摄影师，而是制订工作计划，并罗列你所需要的图像。

我在写作本书时也犯过错误。当我意识到本章将需要原创的摄影作品时，我很兴奋地召集了一些摄影师并询问我需要花费多少钱。但是他们问道：

- 你有预算吗？
- 你希望拍摄多少张？
- 你有拍摄地点的许可吗？
- 你需要多少模特？
- 你是否需要道具、服装、发型师和化妆师？
- 你需要什么样的媒体格式？
- 你是否需要后期修图？
- 你有时间节点吗？

构思你的摄影地点

在构思拍摄时，要考虑拍摄地点。某些地方可能需要获得许可证才能拍摄。当然在很多地方都可以进行业余摄影。但是如果你打算从"商业摄影"作品中赚钱，则可能需要获得书面许可才能在某处拍摄。很多时候许可是免费的，并通过电子邮件提供。而有的地方，则可能需要填写表格并支付费用。多问问肯定没有坏处，这样做可以避免法律问题。

在整本书中，我讲了很多关于构思的问题。但我忽略了优秀的摄影师不会简单地对准相机并开始摄影这一事实。而是像电影导演一样，他们需要一个"脚本"来解释要讲述的故事及特定图像。这个脚本当然越详细越好。然后他们会将自己的技能和创造力运用到"脚本"上，以使这些图像尽善尽美。

因此，在选择图像之前，先确认需要哪些图像，编写详细的拍摄清单，雇用演员和工作人员后，再开始拍摄工作，如图7.1所示。

图7.1 我们的摄影团队从左至右：金姆·阿奎纳、艾莉森·威廉姆斯（演员）、珍妮特·巴内特（摄影师）和艾米·卡马乔（头发和化妆）

从光线开始

摄影是指操纵光线投射到拍摄对象上，并创作出令人赏心悦目的影像的过程。要拍摄出好的图像，我们需要确定要拍摄的对象（内容），以及要如何进行拍摄（技术）。本章将介绍3种主要技术：

- 光线。
- 演员的位置（也称为"布局"）。
- 相机的位置和取景框（也称为"构图"）。

我们在第2章中介绍了相机的位置和构图。现在，我想更深入地说明布局和构图，还有最重要的光线。

光线非常神奇，可以化腐朽为神奇。光线可以传输、显示或突出画面上的元素，当然你也可以让照片看起来像是你侄子给你拍摄的快照。

> **表演者与模特**
>
> 我把出现在照片中的专业演员称为"模特"。并非我们所有人都能称为一名好的表演者，但是模特肯定是从表演者中脱颖而出的。我认为表演也是一种特殊的才能。如今出现在镜头前的大多数人只能被称为"出镜人"。而要想面对镜头时有很好的镜头感，可以进行优雅地交流，并且让观众喜欢，就需要具备特殊的才能了。在本书余下的章节，我们将出现在镜头前或麦克风前的人称为"模特"。

当我们进入摄影棚时，我们可以控制光线、布局和构图。我们希望使我们的模特看起来自然、舒适，而不会出现阴影或斜视。为此，影视剧的照明导演就发明了一种被称为"三点照明"的技术。实际上是使用了3个以上灯光的系统。

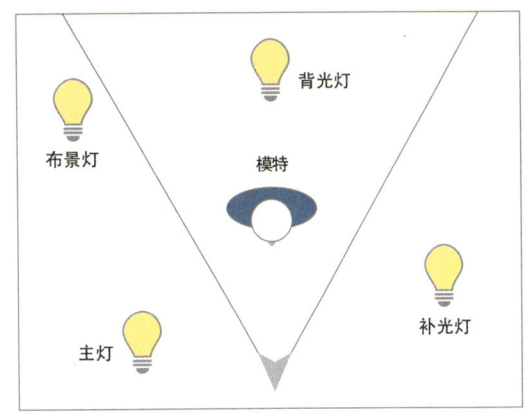

如图7.2所示，主要的光源称为"主灯"。主灯同时提供主要的光线照明和阴影。主灯非常关键，但主灯不是位于正前方，而是稍微靠近侧面放置的。背景由"布景灯"提供照明，而模特则通过"补光灯"来补充照明，补充光线完善了主灯造成的阴影效果，使得阴影效果减弱。"背光灯"或发部光线有助于将模特的头发和肩膀与背景分开，从而提供更具立体感的外观。

图7.2 典型的三点照明，模特在中间，还有一套背光灯。灰色三角形代表摄像机的位置和摄像机的拍摄范围

"主要阴影"非常重要，可以让人物的面孔（或任何其他事物）的形状和尺寸更具阴影和纹理。我们不想让阴影消失，是因为阴影可以使成像更完美。我们希望利用阴影、焦点和光线水平的差异来塑造影像，使其看起来更加逼真、立体且与背景分离。我们把这个塑造人物立体感的过程称为"建模"。三点照明实现了这一过程。

> 我们希望利用阴影、焦点和光线水平的差异来塑造影像，使其看起来逼真、立体，并且与背景分离。

不是所有的光源都是等同的

我的一生基本上都在与照相和摄影设备打交道。我们使用的光源一直亮着，但是这往往也会产生锐利的阴影。因此我们使用各式的三点光源来进行更好的照明。但这不是静态摄影进行照明的典型技术，反而是由频闪灯驱动的大型柔光灯提供的环境光源更为普遍。对于本章中的照片，摄影师和我共同创造了我们都很满意的照明风格。与任何创意项目一样，协作是至关重要的。

应该指出的是，每条规则都是可以打破的。并不是说这种照明方式是唯一的照明方法。但是，如果你倾向使用头顶的顶灯进行拍摄，上述这些光线使用技巧可以帮助你的图像看起来更好！

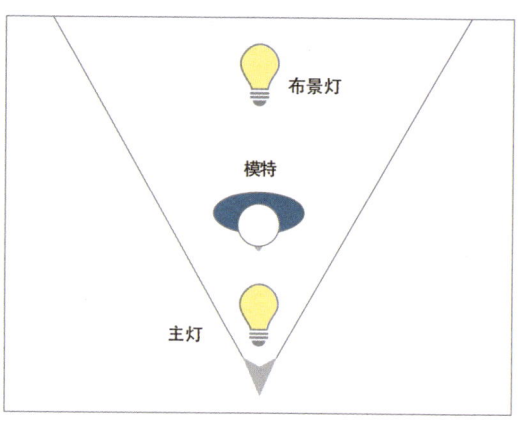

图7.3 光线直射入相机。太阳提供强烈的背景光线，但是她的脸很平整，没有阴影可以提供立体感

例如，图7.3说明了光线直接来自正面的问题：没有阴影，也没有深度，更没有立体感。人物的面部由阴影和纹理构成。但是从前面照射过来的光线将它们抚平了。如果你试图让一个70岁的人看起来像25岁的人，那么这么做可能会有用。但是一般而言，这使图像看起来过于平坦了。

这是我不喜欢相机镜头上装有环形灯的原因之一。从摄影师的角度来看，虽然它们易于使用，但是作为被拍摄者则需要凝视镜头，就不得不眯着眼睛，好比在我和镜头之间设置了障碍。这些光线也使得我们的拍摄沟通变得令人望而生畏。更糟糕的是，这些光线还消除了侧面光线形成的立体感。

图7.4说明了我们如何使用三点照明为模特提供塑形，并为背景提供景深。这是电影和电视中常见的照明方式。当使用多种光源对背景进行照明时，使用主光、补充光和背景光来对模特进行照明。请注意，采用这样的照明后，可以更容易地看清楚她的脸，避免粗糙的阴影，并在前景和背景之间提供分隔。而就"六项优先法则"而言，她比取景框中的任何其他元素更专注、更明亮、更大。

让我们对光源进行进一步分析，看看这些光源是如何协同工作的。

在图7.5中，我们关闭了主灯和补光灯。图像变得神秘，甚至令人恐惧。在散射的光线下，我们可以看到她的头发，并在背景上映出轮廓。但是我们只能想象她的长相。为了使人物的轮廓正常，背景必须足够亮，以确保能看到前面有人。需要注意的是，我将这些图像的背景保持在黑暗状态，以便说明不同灯光的效果。

"布景灯"是用来照亮背景的。在这些照明示例中，布景灯是背景中的两个灯，用来照亮背景和模特后面的墙。在布景灯的控制下，光线照亮背景，而不是照亮模特。主灯、补光灯和背光灯都是用来照亮模特，而不是背景的。

 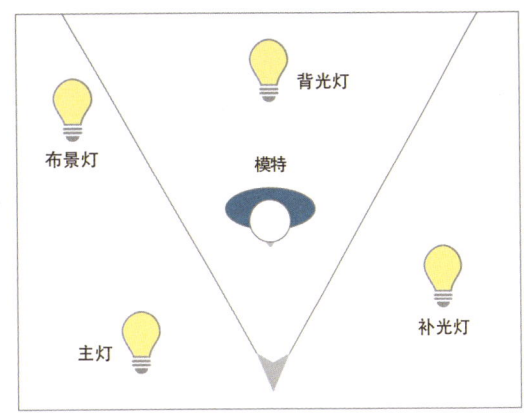

图7.4 这是一个灯光使用得非常好的例子

舞台灯光控制

当主灯和补光灯之间的亮度差异很大时,这种场景也被描述为"更具戏剧性"的场景。图7.6中的艾莉森的影像非常引人注目,这是因为补光灯亮度远小于主灯。当我们向外移动一些距离时,主灯和补光灯之间的差异就可以忽略不计了。在采访节目中往往使用几乎相等数量的主灯和补光灯,而在话剧照明中,则要尽量少采用这种方式。

 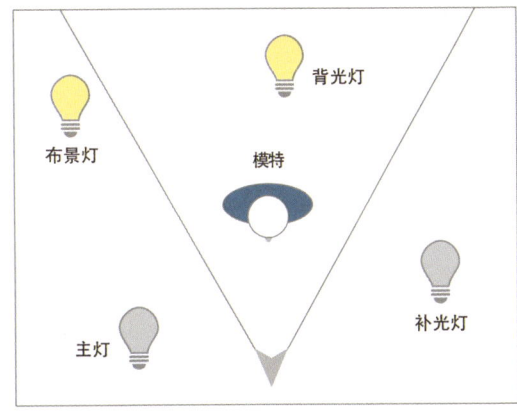

图7.5 剪影效果。背光灯和布景灯亮着,我们可以看到模特在那里,但是我不知道她是谁

第7章 具有说服力的照片 151

屏幕方向

从相机的角度来看，我们将"相机右侧"定义为图像的右侧，同样相机的左侧定义为图像的左侧。艾莉森在相机取景框的右侧。但是这样同样会令人困惑，这些方向对于模特而言是相反的。相机的右侧恰恰是模特的左侧。

在图7.6中，背光灯为头部提供了轮廓，使人物与背景相分离。但是在关闭布景灯的情况下，我们不知道她在哪里。还需要留意，相机右侧的脸有多暗。

在图7.7中，当背景较暗时，看看关闭背光灯是如何使她看起来像是平面的？没有足够的深度使得她完全融入背景之中。如果背景稍微明亮一些，也可以在没有背光灯的情况下，将人物区分出来。一般来说背光灯有助于将模特与背景区分开。

我称图7.8为"犯罪调查场景"。这是非常生动的、带有强烈的阴影和立体感的画面。我们会看到这种影像效果——使用有限的补光灯，在当前大多数的带有犯罪剧情的电视剧中使用。

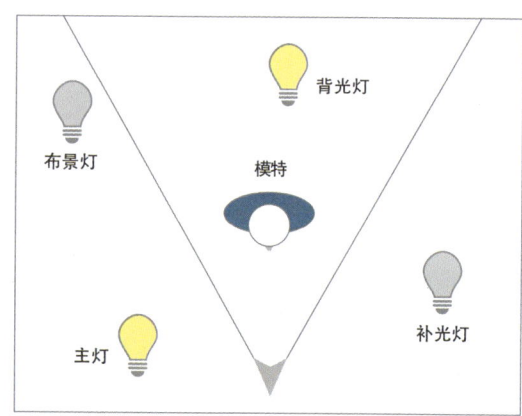

图7.6 布景灯（背景）没有开启，主灯和背光灯打开了。艾莉森被光线所隔离开

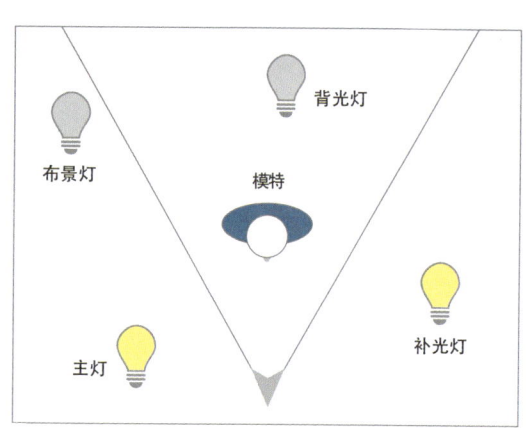

图7.7 主灯和补光灯打开了，但是背光灯和布景灯关闭了

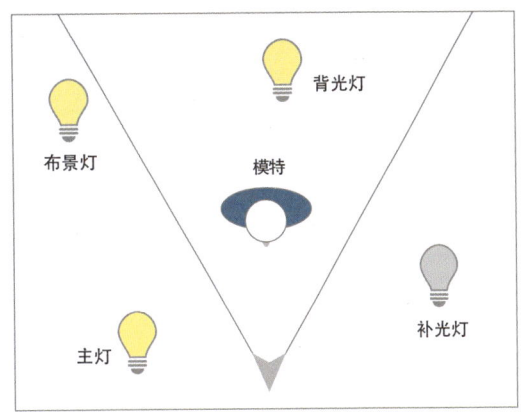

图7.8 这里使用了强烈的主灯、背光灯和布景灯,但是没有使用补光灯,也呈现了非常强烈的戏剧效果

图7.9是图像的最终版本,使用了3个灯光照亮模特,同时也用布景灯照亮背景。在大多数新闻、采访和脱口秀节目中都采用这种照明方式。虽然背景看起来很明亮,但是辅助的补光灯更明亮。

照明角度

通常,主灯放置在与模特的鼻子成45°的位置,朝上成45°。而辅助光源的补光灯在人物的另一侧呈30°,向上为0°至30°。背光灯紧挨在模特后面,并向上倾斜70°。改变灯光的强度可以增加或减少戏剧性效果。以这些位置为起点,通过移动光源的位置获得你所需要的效果。

图7.9 所有灯光点亮

以上这些示例是常规的、典型的工作室照明方法。但是,如果你想通过呈现更强烈的效果来表达自己的观点,那么接下来介绍的特殊照明技术对大家会有所帮助。

实际上,每个办公室都使用吸顶灯。问题是这种光源使得人物看起来像死去的人一样。图7.10中金姆的眼睛、鼻子和下巴下面的阴影,让人看起来一点都不愉悦。

图7.10 顶部照明辅以暗的背景,看起来效果非常恐怖

第7章 具有说服力的照片 153

图7.11 这张图像的灯光从她的下巴向上照射，让人物看起来非常邪恶

图7.12 轮廓光，主光源放到了人物背后的位置。增强了场景的情绪

如果你想让某人看起来没有吸引力，那么就像上面那样进行照明。但是，如果你的拍摄对象是公司的CEO，那么你在这个岗位是否能够持续干下去，就取决于你能否将照明灯移动到更柔和的角度。

图7.11展示的是"邪恶居民"的样子。光源放在人物下巴的下方，将正常的阴影变成高亮部分。对比顶部的照明与底部的照明，我们会发现高亮部分和阴影部分完全相反。我们已经习惯于看到来自顶部的光线，例如室内光线或太阳光，以至于贝拉·卢戈西（Bela Lugosi）在电影《吸血鬼伯爵》中出名的形象效果被用在每部恐怖电影中，以表示邪恶。

> 我们对光线要非常敏感。光线就像单词、颜色，或者模特的表情，都在讲述着故事。

从这些示例中可以看出，照明方法有很多种！我喜欢图7.12中奇妙的、戏剧化的效果，在这里我们几乎看不到脸，但头部轮廓却被光线勾勒出来。这种效果也是一种常见的戏剧性照明效果。

我们还可以通过添加颜色来获得更多创意。例如，我们在拍摄金姆轮廓的补光灯中添加了红色。或者我们在昏暗的霓虹灯照明的潜水酒吧中，可以利用"特殊"光线仅仅突出眼睛，或者在有月光的夜晚，呈现出在河边漫步的氛围。但是，这些拍照往往会增加预算，对于我们大多数人来说，我们只想使模特的拍摄效果更好。

此外我们还需要考虑另外的照明元素：太阳。

如何利用阳光

太阳是很明亮的——真的，真的，真的很明亮。地球上没有一个光源能达到太阳的亮度。因此，一旦我们移至户外，我们就需要利用阳光，而不是与之对抗。

在阳光晴朗的天气里，颜色看起来更有活力。但是在多云的天气下，模特看起来会更好。因为云层会柔化阳光，从而使阴影变暗。高端相机在拍摄过程中，通常需要在太阳和模特之间放置一块巨大的半透明片，称为"扩散片"，以柔化阴影。

图7.13说明了这个问题：太阳正好在金姆的正前方。她眯着眼睛，这并不能改善她的表情。所以我们需要谨慎地在晴天进行拍照工作。虽然阳光非常明媚，但是我们很难避免过度曝光。

在图7.14中，我们重新调整了金姆的位置，因此太阳在她身后，这样可以使背景看起来更好，虽然她现在不再眯着眼睛，但是她的脸又太黑了。

让阳光从模特的背后照射，这样阳光就可作为"超级背光"。然后，使用白色的纸板反光，平衡并反射阳光照射到他们的脸上。从稍微侧面一点而不是正面来反射光线，可以获得最佳的立体感，同时模特也不会眯眼。图7.15右侧的图像显示了在这种情况下的拍摄效果。

图7.13 模特直接面对阳光，眼睛眯了起来

图7.14 阳光在模特后面，但是背光过多

三点照明也同样适合拍摄产品

三点照明对于拍摄产品也同样适用。背光灯将前景与背景区分开，主灯提供主要的光线和阴影，而补光灯则使边缘柔软，并防止图像变得过于刺眼。

图7.15 这是处理太阳光线的低成本方法。将太阳作为背光灯，然后从侧面使用反射板作为主灯

第7章 具有说服力的照片

本质上，当你在外面时，可使用太阳作为背光光源。使用反光板作为主光源，使用环境光作为补充光源。这样仍然是三点照明，但不要随意使用照明灯！

调整模特位置

布局是对模特和相机位置进行规划的过程。伴随着它们的调整，你可以让观众看到你希望他们看到的东西。在静止图像中，这是通过冻结时间来完成的。而在视频中，对布局的调整更类似一种"舞蹈"。

布局。调整模特和摄像机的位置，可以让观众看到你希望他们看到的东西。

我想强调的是，即使是对于专业摄影师而言，拍摄也是一个令人生畏的工作。彼此的持续鼓励和支持是一个一直相伴的过程。这样模特才能有更加出色的表现。一直盯着镜头看，肯定不是一件轻松的事情。当你的模特（尤其是业余爱好者）做得很好的时候，或者看起来很好的时候，哪怕他们没有，也要尽一切努力鼓励他们，因为大喊大叫只会使情况变得更糟。

> **与不专业的模特合作**
>
> 几年前，我在音乐录音课上与一个不专业的模特合作中得到过教训。在录音过程中，我们有一个号手，完全无法跟上演出的节奏。我把这种情况讲给制片方，并建议解雇他。而制片方的建议是，既然我们已经付钱给他，那么我们还是应该让他完成录音课程。对他大吼大叫，既不会改善他的音乐水平，也不会节省我们的钱。这只会让他在同龄人面前出丑，并对我们生气。我们最后让他完成演出。此外，我们需要重新录制他负责的这个部分。我们聘请了另一位号手参加了下一期课程的录制。

彼此的持续鼓励和支持，可以让模特有更好的表现。

关于布局问题，我想从静止图像的布局谈到在视频拍摄中起着更为重要作用的法则——180°法则。

180°法则是指，如果你想在两个进行对话的人之间建立连线，那么最佳的广角镜头应位于线的中间，而特写镜头则随着相机靠近线并越过讲话人的肩膀而改变。让我举例说明。

正如我们在第2章中介绍的，诸如图7.16之类的广角镜头显示了空间的"位置"，例如，人物被设置在背景和其他元素之间。但是我们看不到任何人的脸，因为角度太宽了，而我们的相机放在了错误的位置拍摄近景。

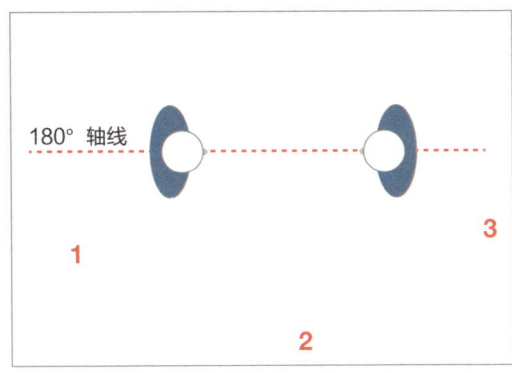

图7.16 金姆和艾莉森正在谈话。这是相机从位置2进行广角拍摄的。地面的编号说明了相机的位置

当在培训课程上时,我曾经问我的学生们:"应该在哪个位置拍摄人物的近景画面?"毫无例外,他们都把相机放到了中心位置,也就是位置2。但是这样做的结果是近景画面没有什么用。因为近景画面只拍摄到了金姆的耳朵,如图7.17所示。位置2比较适合拍摄广角,但是对于近景特写就差得多了。这也就是我所说的"错误的位置"。这个位置可能在纸面规划的时候看起来不错,但是在实际拍摄的过程中拍摄效果却差很多。

请牢记180°法则:摄像机的镜头越接近180°轴线,并且从另一位模特的后面进行拍摄,所获得的近景特写就越好。在图7.18中可以看到这个例子。特写镜头是在位置3进行拍摄的。

图7.17 从位置2拍摄特写只展现了金姆的耳朵

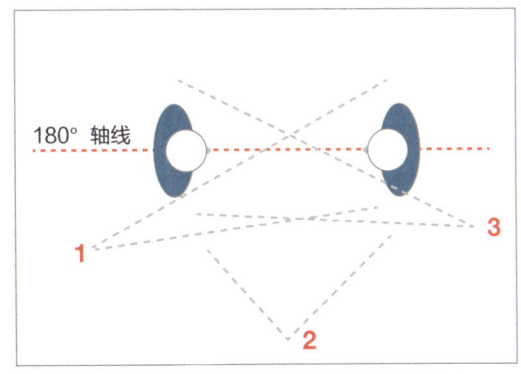

图7.18 移动相机,靠近180°轴线,并且从另外一个模特的肩膀后面进行拍摄会获得最佳的人物特写。例如位置1和位置3

第7章 具有说服力的照片　157

先和你的演员沟通

1978年,我收获了与演员合作方面最好的经验。我作为导演,要为全美广播公司制作一部关于欧洲艺术史和教堂的导览影片。经过多方努力,制片人邀请到了著名电影演员文森特·普莱斯出演。除了在恐怖电影(和迈克尔·杰克逊合作的惊悚片)中大获成功,文森特还是一位出色的艺术史学家和厨师。他对该项目很感兴趣,并慷慨地同意担任主持人。

与其他任何制作一样,我们每个人都对第一天的拍摄感到紧张。我对第一个镜头如何展开想了很多。因为这是整个系列剧集的开始。我们首先从文森特的手沿着一排书本移动的特写镜头开始,当他拿起一本书并转向摄像机时,我们从特写镜头切换为广角镜头,我们发现他正身处一个华丽的图书馆中。

在我的心目中,这是开启剧集的最好方式。而到了拍摄的时候,我们又进行了排练,然后准备好录影带。但是当文森特的手抚过书本时,影片却是空白的。这是因为相机的动作不稳定,最后的摄像快门也关闭了。我不假思索地说:"这看起来糟透了!"

文森特看了我一眼,立刻离开了布景。制片人惊慌失措地跟过去了解情况。五分钟后,他们回来说:"文森特觉得你已经侮辱了他。你需要道歉。"我感觉很糟糕,因为那不是我的本意。

我来到他的更衣室,向他道歉,并告诉他我的反应是由于相机工作和照明的质量,而不是他的表演。

从这件事中我得到了一个教训:在拍摄过程中(无论是静止图像还是视频),只要你说"卡",这个指令是直接给演员的。而你通过摄像机,你能看到拍摄的全貌。演员想知道的第一件事往往是他们在拍摄过程中的表现。所以你要先让演员放心他们的表演后,再与剧组的工作人员交谈。而我当时说镜头很糟糕时,我想到的是镜头,而不是镜头中的人。文森特当时在拍摄过程中的表现还不错,我只是需要花费时间来完善摄像机方面的工作。

后来,我从未忘记这一教训。我始终让演员先了解他们的表现如何,然后再处理其他制作方面的问题。

> 始终先让演员了解他们的表现如何,然后处理其他制作方面的问题。

通过使用180°法则,我们可以很容易确定拍摄所需镜头的最佳位置。例如,通过将摄像机移至一侧,如图7.18所示。我们可以轻松地看到人物的脸。关于对话的拍摄方面的讨论,我们将在第13章中说明这一点。现在,通过使用180°法则,我们可以找出每次拍摄的最佳摄影位置。

取景与构图

一旦演员就位,取景就决定了镜头的构图。情感的主要表达来自人物的面部。由于我们依赖情感传达我们的信息内容,因此我们希望尽可能地在影像中突出人物的面部。

正如我们在第2章中介绍的,这不仅需要通过调整摄像机的位置来实现,而且还要设置好演员的位置,以及更好地取景实现。在第2章中我们介绍了构图、位置和取景的基本知识。现在让我们进一步了解一下取景与构图。

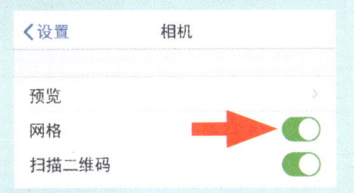

图7.19 "三分法"将屏幕进行了三等分。最好将演员的构图位置设置在交叉点,或者至少在一条线上(图像来源:曼塔吉特/Pexels网站)

在iPhone上使用三分法

尽管iPhone中可以显示"三分法"网格线,但是在默认情况下该功能处于关闭状态。转到设置>相机,然后打开"网格"(红色箭头指示的按钮)。

图7.20 在左侧图像中,她的头部位于图像的中心位置;而在右侧图像中她的头部则依据三分法进行了构图。右侧图像看起来效果更好

在第2章中,我介绍了三分法的概念,也就是将屏幕在水平和垂直方向进行三等分,如图7.19所示。在本章中,你将看到该取景规则几乎适用于所有图像。

许多经验不足的摄影师将主要图像元素放置在取景框的中间位置,如图7.20中左侧图像所示。但是这种构图方式并不能创造出令人愉悦的画面。对比左侧的图像(金姆的头部居中)和右侧的图像(酒杯和金姆均按照三分法构图),可以发现改变镜头的取景会带来多么有趣的画面!遵循此规则,你还可以减少演员头部上方的留白空间。

图7.21提供了另一个示例:持有道具或产品。从内心来说,我们希望这些产品或道具与我们的身体保持一定的距离。但是当我们这样做时,视野又变得太宽了。我们看不清产品或演示者。取而代之的方式是,我们把产品尽可能贴近模特的脸部。这样可以使得拍摄的画面更加紧凑,从而放大了演示者的脸部和产品的标签。这时候人物的情感可以鲜活地体现在脸上。一般我们倾向于相信那些直视眼睛的人。此外,靠近产品拍摄可以更轻松地阅读和记住其名称。

图7.21 哪张照片更具冲击力,远景镜头还是近景镜头

让我们再看看酒吧里面的金姆。在图7.22中的左图中,我们可以看到她正在倾听某人的问题。而在图7.22中的右图中,我们直接参与到讨论之中。这二者的区别在于眼神的交流。我们发现,这里没有对与错的技巧。但是你需要了解每种技巧的影响。你还需要注意,不要毫无征兆地从一个技巧切换到另一个。正如我们在第2章中讨论的那样,突兀的切换对于观众而言可能更令人不安。

在图7.23中,请注意艾莉森仅仅拿着道具玻璃酒杯,就使图像更可信。其次,看看艾莉森往下看的形象有一种孤独和荒凉的感觉。而当我们看到她的眼睛时,这种形象会让人感到绝望。

图7.22 对比两张图像可以发现注视着酒杯与注视人物所蕴含的情感完全不同

图7.23 首先,我们看到的艾莉森的眼睛所蕴含的情感完全不同。其次,她使用了道具

如果有可能，尽量给演员提供辅助道具。可以拿一些东西放到手上，为他们提供一个视线焦点和动作作为画面的焦点。我们永远不要忽略通过眼神来传递故事而带来的力量。

最后，让我们看看灯光。出于拍摄的构思，艾莉森的脸处在黑暗之中，而她身体的边缘被照亮了。玻璃杯也在闪闪发光；而她本人却不是这样的，她在一个空荡的酒吧里，传递着一个绝望而孤独的故事。

我将图7.24称为"希腊合唱"效果。不管人物在前景中做什么，观众都会从后景中的人物那里得到线索，从而回应前景中的人物在做什么。背景甚至不需要特别明亮的照明，比如我们发现金姆不在镜头的焦点中。但是这种效果仍然非常强大。这也是为什么在做产品推荐或政治宣传时，你会看到很多挥舞的旗帜，以及点头的动作镜头的原因。

实际上仅仅依靠前景中人物的高谈阔论是不够的。为了使观众相信所看到的内容，就需要"无关的一方"同意或者反对前景中演出的角色人物。后景中人物的动作，比前景中人物的动作更能证明图像的主题。一个在背景中的错误往往更能破坏前景表演者的信誉。

在大多数旅游照中，人们站在比自己大得多的地标旁边，而照相的人为了完整取景则会退后很多，因为这样才能拍摄到物体和站在该物体旁边的人，如图7.25所示。但是这样拍摄的人物往往太小而且无法辨认！

图7.24 哪种可以让产品看起来更值得信赖：背后的人不开心还是开心（我称之为"希腊合唱"效果）

这是一个非常重要的概念，我聘请了当地一个6岁的孩子来说明这一点。在图7.25的上图中，索菲站在学校标志旁边。实际上，每个骄傲的父母都会在房间中某个地方贴有类似的照片。而在图7.25的下图中，我们将标牌的边框保持不变，并让相机更靠近像明星一样的学生。这样看起来有很大的不同。不是吗？现在，我们既看到了学校的标志，又看到了她可爱的脸部特写。当然如果你想更加有趣的话，可以调整相机的景深，使两者都对准焦点。

图7.25 人物与背景之间的距离远一些,可以使得人物和背景同样清晰(图像由茱莉亚·格林提供)

需要记住的一点是,模特也需要走动。没有任何一条规则说他们必须站在某个东西旁边。在大多数情况下,站在前面会看起来更好。

图7.26是从3个不同的角度(远景、中景和近景)拍摄的同一场景。广角镜头设定了场景,中景镜头使我们进入了对话,而特写镜头则是关于反应和情感的。我们可以用这3个图像进行讲述。

作为拍摄提示,金姆的脸和眼睛是画面中最亮的部分,而艾莉森背对着相机。即使我们从她身后拍摄,我们也可以看到她的反应。

现在的相机可以拍出非常精美的照片。曝光和色彩通常是正确的,而且自动对焦镜头可确保图像的焦点能够清晰对焦。我们真正需要做的就是取景和拍照。但是如何取景却蕴含着无尽的可能。

图7.26 这3个图像中场景是相同的,只有相机的角度不同。注意感情传递效果也不相同

本章要点

以下是本章的关键内容:

- 创新来自所有团队成员之间的协同和创造。
- 所有图像无论是静止的还是移动的,均受版权保护。
- 所有图像都必须从包括内容、受众、故事和图像的计划开始。
- 照片有 4 个创意部分:照明、布局、构图和取景。
- 光线的控制对于所有图像都是必不可少的。
- 如何对场景进行照明有无限种选择。
- 三点照明是一种在二维图像中产生景深的方法。
- 180° 法则可以帮助我们设计模特与摄像机的相互位置。
- 始终与你的模特进行交流。说明将要发生什么,并对他们的工作给予鼓励,在镜头结束时先与他们交谈。
- 在任何说服性工作中,我们的目标都是要吸引观众的注意力。

说服力练习

使用你的手机,在变换照明位置的情况下为朋友拍照。了解如何通过改变光线角度改善照片的效果。然后在室外调整相对于太阳的位置,再进行拍照。

比较一下结果。看在哪种情况下更有趣? 在哪种照明条件下拍摄,会让你再次看照片?

他山之石

改善医疗协同

劳伦斯·P·克尔 医学博士
谢丽尔·B·克尔 医学博士

药品是数字时代的受害者。而药剂师、支付人,以及监管人都没有什么损失。他们都是受益者。之所以这么说,是因为我们每个人都要使用药品——产生医疗效果的药品和那些正在验证疗效的药品。现在科学技术正在蓬勃发展。每天都会有令人兴奋的发现。我们不断收集大量的数据,同时也希望利用人工智能来解放我们,帮我们收集数据。

但是，最常见的医疗错误是缺乏有效的沟通和协同，特别是各个学科专家之间横向的沟通缺失了。随着技术的发展，人们可以通过"转发和储存"医疗视频这一远程方式来解决这一问题。这也凸显了动态影像的重要性。

最初，人们通常是通过类似描述食物的方式来说明病人的状况的，例如使用"葡萄串"或"薄煎饼状的肿瘤"等方式。当我们需要通过更多的数据来完善描述的时候，我们发现复杂的复选框式的识别表单并不总是让人容易理解。相反没有什么比动态影像更能呈现丰富的数据了。与动态影像相比，虽然视频会议可以即时传递，但很容易受到干扰，并且难以用于协同和检查，也不能被存储和转发。

我想在这里介绍一个动态视频剪辑的案例。一个15岁孩子来到儿科医生的办公室。她不会走路，一只脚在拖。但在那天早上，她还在游泳练习中有很不错的表现。她出现什么问题了？应该找谁来看病？是背部问题、神经问题，还是肌肉问题？问题出在大脑、脊髓、腿，还是情绪问题？

有的问题不在儿科医生的专长范围内，并且很罕见。那么病人和病人的父母应该向谁救助？可能是治疗该问题的专科（骨科、神经内科、神经外科）医生。但每位医生都有一个很长的候诊名单，你不能告诉患者去找别的医生，然后回家等待。鉴于病情恶化的可能性，患者需要得到更好的帮助，并且这种帮助越快越好。虽然标注为通过电话咨询其他专家的标签，或者将问题简化并标注为"脚下垂"的标签是护理的标准动作，但这样做远不能充分、有效、完整地把病情说清楚。

而通过视频和有针对性的远程诊断，可以选择3名不同领域的专家。由于视频已保存且可以访问，因此每个人都可以观看并发表评论。骨科医生说："我没看到什么，也不了解任何受伤的历史。需要等待一个月后，我看到病人才能进行诊断。但我认为这样不会有太大帮助，我想了解别人是怎么说的。"

儿科神经科医生说："我会尽量保持联系，但由于费用原因，我得缩短我的诊疗。我要过7个星期才能见到这个患者。不过我可以与其他人讨论。"

神经外科医生说："我已指示秘书确保明天能见到她。我正在更改下周的手术时间表。必须立即解决此问题。病理检测很关键，但这很可能是在脊髓中快速生长的肿瘤。我现在正在协助安排做放射性检查。"

实际上，神经外科医生的诊断是正确的。患者从医院出院后，从永久性瘫痪中获救，同时也节省了4万多美元的医疗费用。

通过视频分享医学案例与其他电影制作不同。

第一个原则是不能修改数据。尽管编辑工具相同，但它们的用法不同，几乎完全相反。在医院或诊所的环境中，需要适应而不是设置光线。情绪和色彩也不需要修改。特殊效果仅用于突出显示或聚焦。取景是标准化的，用于定位和随时间进行比较。

第二个原则是必须尽快讲故事。遵守观看者的时间要求。同时对系统的存储要求也是有限制的，传输时间是重要的约束条件。

第三个原则与创作者有关。对视频的创作必须快速而简单。视频分发同样需要安全。要从道德和法律上考虑患者的隐私。

作为创作者，我们要确保我们展示的是真实的情况。我们发现只需要一个15秒的故事即可。观众的注意力集中，存储空间较小，并且传输时间令人满意。作为创作者，我们需要了解我们交流的问题。在上面的案例中，右腿和左腿的对比非常重要，视频中的移动步伐也很重要。有规定限制识别人物特征的描述。因此在这种情况下，患者的脸部呈现并不重要，但显然需要显示下半身。

我们生活在如此激动人心的时代，我们拥有强大的工具。通过这些工具帮助那些需要医疗照护的人。

犯错的是人,而剪辑是神圣的。

——斯利希普·埃斯塔丰拉普

第8章 编辑和修复静态图像

本章目标

照片拍摄好之后，我们仍然可以做很多事情以使图像更具说服力。本章将介绍如何编辑和修复单层图像。

在本章中，我们将涉及以下内容：

- 了解编辑图像的道德规范。
- 了解 Adobe Photoshop 的基础知识。
- 打开和编辑图像。
- 修复图像。
- 调整图像。
- 保存图像。

通常，调整图像最简单的方式是利用Photoshop软件。例如，你可能需要去掉那些不具吸引力的元素，提高图像的曝光度，添加文本或组合多个图像。所有这些操作都需要使用图像编辑软件，而图像编辑最常使用的是Photoshop软件。对许多人来说，这是一个令人生畏的软件。

> **Photoshop不是唯一的选择**
>
> Adobe Photoshop不是图像编辑的唯一选择，但它是最著名的图像编辑软件。其他高质量的图像编辑软件包括：
> - Affinity Photo
> - GIMP
> - Pixelmator Pro

也许你不愿使用Photoshop，你可能会说"我不是艺术家"。请不要放弃，我也不是艺术家。在会绘画的人的手中，Photoshop可以创建令人惊叹的图像。我们不是艺术家，也不必成为艺术家。我们是沟通者，Photoshop作为工具可以帮助我们提高图像的清晰度和表现力。

多年的教训让我确信，没有外部工具的辅助，我无法很好地画一条直线。我几乎每天都使用Photoshop创建和编辑图像。我想你也可以很好地使用这个软件。

本书不是专门讲解Photoshop软件的书籍，因此只有两章会涉及。本书主要分享在Photoshop中如何进行编辑、增强和修复图像。如果你想要全面了解Photoshop软件，那么还有很多其他书籍可以带你做进一步了解。

图像编辑的艺术

在开始进行图像编辑之前，我需要强调的是编辑图像具有重要的意义。首先是版权问题，我们在第7章"有说服力的照片"中进行了讨论，你需要确保自己拥有图像编辑的权力。

其次是内容方面。我和Adobe的开发团队经常就图像和音频编辑的道德规范进行讨论。Adobe提供了非常强大的工具，使我们能够做任何方式的更改。Adobe的观点是"他们只是制造工具"。我的观点是，我们今天看到的许多"假新闻"恰恰是因为这些工具造成的。这里面没有一个简单的答案。尽管我认为总体上来说硅谷经常将道德视为"其他人的问题"。

英特尔前负责人安迪·格鲁夫曾说过："技术的基本原则是，凡事都应该做到第一。"但是这并不能给我们权力去做任何想做的事情。

新闻中使用的图像原则上不能进行图像编辑，而创作广告图像经常需要进行大量编辑。而我的工作在某种程度上在这中间。在我为本书拍摄的照片中，我清理了有瑕疵和会分散注意力的元素。例如，使用工具后我可以将一个演员的脸放在另一个人的身上，或者将某人放置在现实生活中从未去过的地方。我认为这样做是不道德的。至于实际情况如何，如何选择取决于你自己的判断了。我只是想提醒大家注意："请考虑你正在做的事情的道德规范，换位思考你希望让别人滥用你的照片吗？"

> 请注意你做的事情必须符合伦理要求。

Photoshop 入门

在打开应用程序之前，让我们回顾一下构建所有数字图像的基础——位图。

位图基础

如图8.1所示，位图为正方形像素的矩形网格，其中每个像素与其相邻像素的大小相同，并且每个像素只有一种颜色。Photoshop是最简单的像素编辑器。相比之下，Illustrator可以最简单地编辑"失量"的曲线。失量是非常有用的视觉工具，但在本书中我将重点放在位图上。

图8.1 照片位图的放大细节。所有数字图像均由矩形位图组成

像素

像素是"图像元素"的缩写，是数字图像最小单元，不论是静态的图像，还是动态的视频。像素的大小和纵横比是固定的，仅包含一种颜色，并且可以是透明、半透明或不透明的。像素被组织成称为位图的矩形网格。我们在Photoshop中所做的一切都归结为操纵像素。在数字图像中几乎所有像素都是正方形的。

位图的最大好处是，即使在较旧的系统上，它们也可以快速显示、易于编辑并提供许多颜色和纹理。位图的局限性在于，有时创建的文件会非常大，并且可能会变得模糊，从而无法将它们充分放大。

每个像素最多可以有4个与之关联的值：组成颜色如红色、蓝色和绿色的数量，以及透明度的数量。尽管像素没有默认颜色，但默认情况下所有像素都是完全不透明的。

第8章 编辑和修复静态图像 169

> **讲解的详细程度**
>
> 我在编写本书时遇到的挑战之一就是确定讲解的详细程度。如果我解释得太详细，那么一旦软件界面更改，本书就会过时。反之如果我把它们弄得太抽象了，那么你仅能理解概念，但不会理解是如何操作和实现的。这是一个棘手的平衡问题。如果你对其中一种技巧感兴趣，那么你可以参考其他书籍和在线资源以了解更多信息。

当你打开Photoshop时，你会看到图8.2中的界面。当然是没有中间的这个图像的。软件的常用工具位于左侧，具体的工具选项位于顶部，一系列控制面板在右侧（我将在下一章中讨论这些内容），中间是显示图像的窗口。

图8.2 显示加拿大班夫附近弓河的Photoshop界面

优化首选项

在开始编辑图像之前，我们需要更改"首选项"中的两个设置和一个菜单设置，以优化Photoshop的使用友好性。

所有数字图像的大小均以像素为单位。但是默认情况下，Photoshop会以英寸为单位测量图像。因此，将"首选项">"标尺"更改为"像素"，如图8.3所示。

然后，如果要调整图像大小，提高图像质量，那么可在"首选项">"常规"中将"图像插值"更改为"双三次锐化"，如图8.4所示。当调整低分辨率图像的大小时，这种方式可以改善图像边缘的清晰度，同时保留图像的明显焦点。

最后，在用Photoshop打开图像之后，我将转到第二步。转到图像下方的左下角，然后单击小的右指向箭头，然后将设置更改为"文档尺寸"，如图8.5所示。这将显示图像的大小（以像素为单位），水平尺寸首先列出。由于现在我们在网络上所使用的一切图像都是基于像素的，因此更改此设置有助于我们确保所有图像的尺寸正确。

> 在MacOS版中，"首选项"位于Photoshop菜单中。在Windows版中，"首选项"位于"编辑"菜单中。

图8.3 将单位和标尺设置为像素

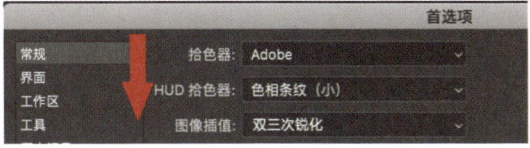

图8.4 将图像插值设置为双三次锐化

探索界面

选择"文件">"打开"打开图像，与其他任何应用程序相同。然后选择到你要处理的图像。

图8.5 将左下方的显示切换到"文档尺寸"

> **其他打开文件的方式**
> - 将一张或多张图像拖到界面中。
> - 将一张或多张图像拖到Photoshop的图标上。
> - 双击Finder中的图像（尽管这可能会打开"预览"而不是Photoshop，具体取决于"Finder文件">"获取信息"对话框中的设置）。

现在你已经打开了图像，让我们来探索一下界面。要放大可按Cmd+"加号"组合键。要缩小可按Cmd+"减号"组合键。要使图像适合屏幕，可按Cmd+0组合键。要以100%的大小显示图像，可按Cmd + 1组合键。所有这些快捷方式所做的只是改变视图而不会改变图像。

按V键选择移动工具。这是Photoshop中最有用的工具。如有疑问，可按V键以重置工具，然后将光标切换回其默认操作。

按几次Cmd+"加号"组合键进行放大。按下显示"手形工具"的空格键，然后拖动图像。这样做可以更改放大图像的视图。

更改图像所需的所有工具都存储在左侧的"工具"面板中。问题在于这些工具的位置会根据配置工作界面的方式而变化。通过搜索进行查找要比在"工具"面板中查找更容易。

> 在打开图像之前，对其进行复制。这样如果出现任何问题，你仍然可以将原始文件作为备份。如果你不熟悉Photoshop，更应该如此。

> 所有这些操作对于Windows用户而言几乎是相同的。不同的地方是将Ctrl键替换为Cmd键，将Alt键替换为Option键。（Cmd是"Command"的缩写。）

第8章 编辑和修复静态图像 171

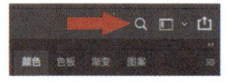

图8.6 查找工具最简单的方法是使用界面右上角的放大镜搜索其名称

单击放大镜（图8.6中的搜索图标）以显示搜索窗口。输入所需工具的名称，然后按Return键。让我举例说明。你也可以通过选择"编辑">"搜索"或按Cmd + F组合键来访问"搜索"框。

开始编辑

学习Photoshop的最好方法是编辑现有图像。这样我们可以直接使用软件，而不必担心如何创建图像。使用"文件">"打开"打开你选择的图像。然后，我们开始修复在拍摄过程中所犯的错误。

拉直图像

在大多数情况下，拍摄静止图像时，我们会将相机握在手中。这意味着通常我们的图像可能不是水平的，如图8.7所示。该问题需要解决，因为尽管我们可能拍摄倾斜的图像，但我们的眼睛不喜欢看倾斜的图像。

图8.7 标尺工具（左），标尺线（下方的两个箭头），选项栏中的"拉直图层"按钮（顶部）

图8.7顶部的选项栏为几乎所有工具提供了可选设置。例如，使用标尺工具，它可以显示各种精度测量值。请密切注意这个栏目，因为它为每种工具提供了丰富的自定义选项。

幸运的是，Photoshop有一个隐藏的工具，使我们可以轻松拉直图像。单击右上角的"搜索"图标，输入"标尺工具"，然后按回车键。标尺工具在"工具"面板中突出显示，如图8.7所示。看到工具右下角的小箭头了吗？单击一下，发现隐藏在一个图标下的多个工具。这就是为什么我喜欢使用"搜索"框的原因——我永远不记得哪个工具在哪里。

接下来，在图像中找到水平或垂直的线。单击并沿着该线拖动"标尺"工具。在此示例中，我将线升高到了地平线上方，因此可以更轻松地看到它。实际上它应该沿着地平线跟踪并告诉Photoshop地平线应该是水平的，但实际情况却不是。最后，在选项栏中，单击"拉直图层"按钮。用Photoshop旋转图像并消除倾斜。

改变想法永远都不晚

如果任何时候你发现自己犯了一个错误，那么可以按Cmd + Z组合键撤销它。如果只是恢复刚刚的修改，那么选择"窗口" > "历史记录"以显示自文件打开以来所做的所有操作的列表。单击任意项可跳回到该时间点。

而下面是一个"多步骤撤销"步骤。（"历史记录"面板跟踪你的最后50个步骤；你可以在"偏好设置" > "性能"中更改此数字。）

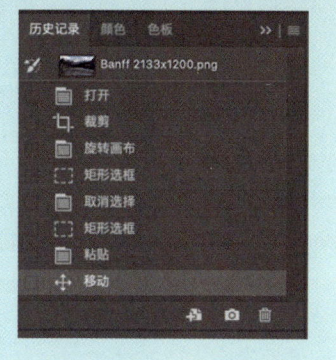

使用标尺工具的诀窍是在镜头中找到实际上应该是水平或垂直的东西。如果结果看起来不正确，那么可以撤销。然后选择其他边缘，再重试。

我发现自己可以将很多手持设备的照片调成水平的。

图像缩放

照片拍摄后，我们经常需要做的工作是缩放图像、调整其大小。大多数数码相机都可以拍摄"百万像素"的图像。但是有时因为图像太大而无法发布到网络上，包含它们的网页很难加载。因此，我们需要将它们缩放到较小的尺寸。

选择"图像" > "图像大小"，在如图8.8所示的对话框中更改图像的大小。注意到底部的"分辨率"设置了吗？如第5章"有说服力的颜色"中所述，"分辨率"可以表示图像中的像素数或像素密度。在这种情况下，分辨率表示的像素密度（像素/英寸），仅适用于你要打印的图像。

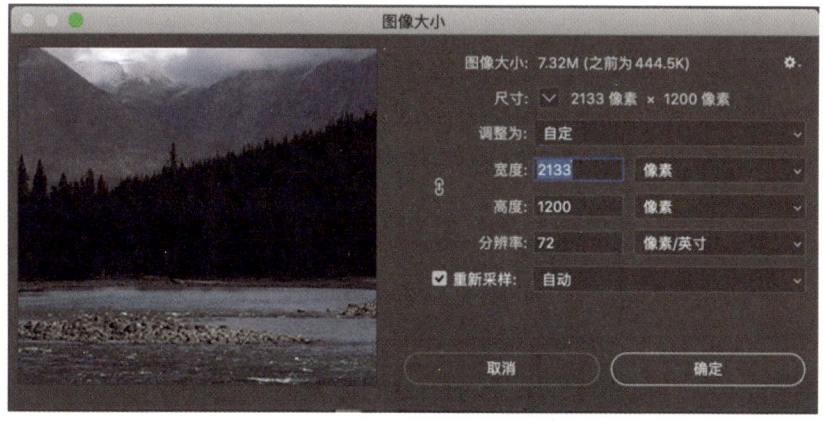

图8.8 "图像大小"对话框允许你更改图像的大小

对于发布到网络或数字视频上的所有图像，你可以忽略"像素/英寸"设置。但要注意宽（宽度）和高（高度）之间的像素总数。而双三次锐化器是缩放低分辨率图像的最佳选择。这就是为什么我在本章前面更改了"首选项"设置的原因。

如果单击"像素"菜单，则会看到一些选项，可让你通过输入像素或百分比值来缩放图像。我通常使用"像素"选项。当然我们也可以在需要时使用百分比。例如，在我的个人网站上所有图像的宽度都不得超过680像素，而高度无关紧要。因此，我缩小了许多屏幕截图以适应此水平宽度。

苹果电脑的视网膜显示器

下图表示在苹果电脑的视网膜显示器（Windows中称为高分辨率）上拍摄的屏幕截图的较高像素密度。将图像发布到网络上时，可忽略"分辨率"设置，而仅查看"宽度"和"高度"的总像素。对于网络使用的图像，我将其设置为72，目的是使所有图像保持一致。

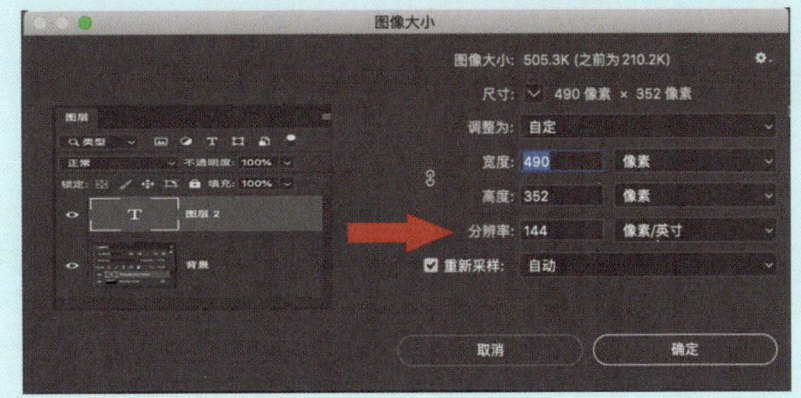

图像裁剪

选择并保留一部分图像的过程称为"裁剪"。在拍摄照片时，一个选择是在边缘周围留出一些多余的空间。这简化了矫正图像和裁剪的过程。在学习的过程中，裁剪图像以删除不需要的内容很容易。但是，如果在原始照片中就没有拍到人物的脸，那么你也就没有机会再修复了。

我的一位助教安娜贝拉·劳（Annabelle Lau）在看过这个章节后对我说："裁剪图像本身就是一种假象。就像你在拍照片的时候忽略了我的鞋和脚。"

裁剪图像要使用"裁剪工具"，如图8.9所示。然后，拖动图像的突出显示的角以选择框架的一部分。你是否注意到Photoshop自动提供了"三分法"网格来帮助指导裁剪画面？

图8.9 裁剪工具（左）和正在进行的裁剪

在图8.9中，我裁剪了加拿大艾伯塔省弓河的部分照片。裁剪工具会突出显示我们将保留的那部分图像，同时遮盖（但尚未删除）我们将要删除的部分。

> **更多的裁剪选项**
>
> 拖动活动的裁剪矩形的角后，在其边界内单击并拖动以更改图像在裁剪窗口内的位置。拖动裁剪矩形的角时，按Option键可使所有4个边同时移动。按Shift键可以限制宽高比。

由于裁剪仅选择图像的一部分，因此默认的裁剪工具选项总会更改图像的像素尺寸。在第7章的示例中，两个演员的大多数图像都被裁剪过，以便突出每次拍摄中的特定点。

如果图像中没有很明显的水平线或垂直线，那么裁剪工具会提供另一种平整图像的方法。开始修剪后，将裁剪工具移到裁剪窗口的一角之外，如图8.10所示。此时出现两个弯曲的箭头，使你可以旋转图像。黑色背景上的白色数字提示了旋转图像的角度。

图8.10 在裁剪矩形的外部单击并拖动以旋转图像。"裁剪"窗口中的网格线提供了另一种平整图像的方法，这次依靠的是你的眼睛

当我编写网上课程的时候，里面包含20到30张图像很正常。我每天都使用这些工具进行编辑。可见每个人都可以使用Photoshop，几乎所有图像都可以缩放和裁剪。

保存图像

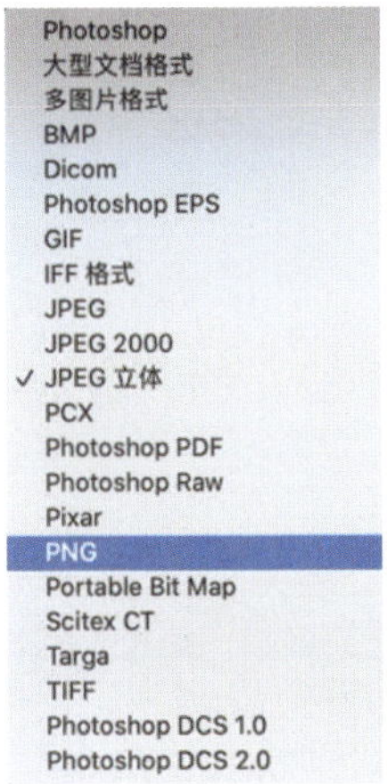

如果你需要先打开图像，再进行编辑，同样也需要先保存图像，然后才能将其发送到任何地方。

选择"文件">"保存"，它将使用与原文件相同的名称和图像格式（与保存Word文件时一样）保存修订后的文件。

但是，如果选择"文件">"另存为"，然后单击图8.11中的"格式"菜单，那么可以进行更多选择。

图8.11 Photoshop可以保存多种图像格式

云文档

Photoshop中的一个新选项是"储存为云文档"的按钮。云文档是Adobe中新的在线文件类型，可以从Photoshop应用程序中直接在线或离线访问文档，也可以跨设备访问云文档，而你的编辑将通过云自动保存。云文档主要用于移动设备，此格式在所有版本的Photoshop中均被支持。需要注意的是，Windows设备不支持云文档。

表8.1帮助你为图像选择正确的文件格式。

表8.1 选择正确的文件格式

任务	文件格式	备注
保存为压缩文件可在网上使用	JPEG	设置图像质量为"6~10"
保存为高质量文件	TIFF	TIFF是高质量图像,但是对图层和透明度的支持度不强
保存为高质量文件,比TIFF格式的图像小一些	PNG	PNG图像中可以设置透明度,但支持程度有限
保存为高质量文件,可以后续继续对图层、透明度和其他方面进行修改	Photoshop（PSD）	把所有元素都单独保存,允许以后修改

我的偏好是将可能会重新编辑的主文件另存为PSD格式,再根据需要将单一图层文件保存为TIFF、PNG,或者在网上使用的JPEG格式。当然也可以选择其他格式。

修复图像

对我而言,"编辑"图像和"修复"图像之间的区别在于图像的条件。但是,在写作本书的时候,我发现自己在所有新旧图像上都使用了这几种技术。因此,此定义可能基于我的想法而不是实际情况。

在大多数情况下,修复很简单:去除旧照片中的零散的头发、划痕,调整曝光或色彩平衡,或去除背景中的干扰元素。接下来我们将说明如何完成这些操作。

斑点修复刷

图8.12是一个典型的修复示例。这是一张较旧的照片,但有一些损坏。他的口袋附近有一个大的白点,脖子右侧的附近有一处破损,额头中间有污垢。所有这些都可以使用相同的工具清理:斑点修复刷。

图8.12 查尔斯·法本的图像需要修复以去除污点

第8章 编辑和修复静态图像

 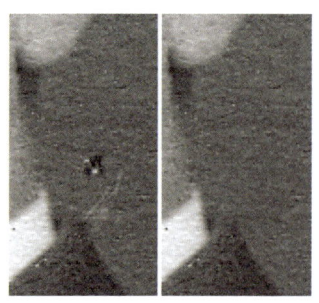

选择"斑点修复刷",如图8.13所示,然后将光标移动到要修复的瑕疵上。光标的顶端会出现一个小圆圈。将圆的大小调整为比要修复的瑕疵大一点。键入左方括号或右方括号以增大或减小圆的大小。单击瑕疵,你会惊讶地发现斑点不见了。Photoshop使修复区域的颜色和纹理匹配,并发挥神奇作用。

图8.13 斑点修复刷(左),图像瑕疵的修复前(中)和修复后(右)

在图8.13中,我使用了斑点修复刷去除了图像中的孔和图像下方的划痕。我经常使用它来修复、去除划痕、污点、背景线和散发。这是一个了不起的工具!

去除红眼

使用摄像机灯快速拍照时,拍摄对象的眼睛经常会发红光。这是由于相机发出的光线从眼睛后部的视网膜反射回来而引起的。

Photoshop有解决此问题的简便方法。转到搜索框,然后找到"红眼工具"。与斑点修复刷在同一菜单中。选择该工具,然后在每个红眼周围拖动一个选择矩形。看!红眼不见了。

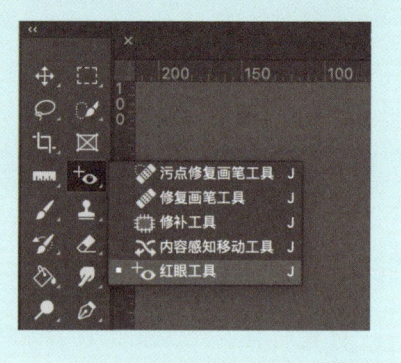

克隆工具

斑点修复刷可以使错误消失。克隆工具允许你将图像的一部分复制到其他位置。

要使用克隆工具,可按Option键,然后单击可识别的位置。选择你要复制的内容。在图8.14中,我使用了右侧的树干与山坡边缘的花朵的交集部分。然后,单击要绘制复制图像的位置并拖动,就像绘画一样。一棵新树立即生长。

图8.14 用克隆工具将图像的一部分复制到其他位置,因为我们正在复制右侧的树以创建一个小范围林区

使用克隆工具的诀窍是找到正确的参考来匹配透视线和地平线。通过按住Option键单击花的边缘,即可轻松地在同一侧绘制新的树。使用克隆工具创建逼真的副本需要一些练习。但是通过练习,你可以成功地从风景秀丽的画面中移除架空的电源线,添加灌木丛,或者移除演员后面的开关面板,如图8.15所示。

补丁工具

补丁工具可以让我们去除不喜欢的区域,例如,图8.15中右侧的白色开关面板。选择"修补程序"工具,然后拖动以在要删除的区域周围创建一个小的选择圆圈。"选择"是由虚线定义的区域。在第9章中,我们将大量使用它们。拖动时,选定的区域将由拖动"选择"的区域代替。

在图8.15中,由于要足够清晰的表达人物,所以我使用"克隆"工具从艾莉森的肩膀后面去除了墙面上的开关面板。接下来,我又使用"补丁工具"删除了墙面较高的另外两个,因为"补丁"工具在区域上的效果比"克隆"工具更好。为什么要删除这些区域? 因为它们分散了观众的视线。没有理由将这些干扰保持在镜头中。

总而言之,"斑点修复刷"用与周围区域匹配的像素替换了瑕疵。克隆工具使我们能够将图像的一部分从一个地方复制到另一个地方。补丁工具使我们可以将一个区域替换为另一个区域。我经常将这些工具用于本书中的图像。

图8.15 这些开关面板是分散注意力的一个很好的例子。我使用了"克隆"和"补丁"工具将其删除

调整曝光度

和许多旧照片一样，图8.16中的图像有些褪色并且需要拉直和裁剪。我们使用我在Photoshop中最喜欢的工具之一，也是最古老的工具之一进行调整，即我们能够调整曝光度的工具：色阶。

"色阶"面板使我们可以调整图像或选定区域的灰度值，如图8.17所示。我们在第2章"具有说服力的影像"中首次遇到的直方图显示了整个图像的灰度值范围，左侧为黑色，右侧为白色，中间为中间色调。

> 曝光是"灰度值"的另一种表达方式。调整灰度可以让图像变亮或变暗，同时可以使图像产生纹理。在调整颜色之前，请先调整灰度值。

图8.16 1884年在俄亥俄州的托莱多市，一名穿着讲究的4岁孩子。左侧的图是原图；右侧的图像是旋转和裁剪后的图（是的，我也喜欢那只小羊羔）

注意白色表示的像素值并没有一直延伸到两端，而是聚集在中间。这对于具有"褪色外观"的图像来说是典型的分布。由于没有丰富的阴影或高的曝光，中间只有一堆灰色。

要解决此问题，请向右移动左下角的滑块（左边小三角），调整到直方图开始向上弯曲的地方。这会将图像中最暗像素的值移近黑色，使阴影更饱满。

然后，拖动右侧的滑块（右边小三角），调整到直方图刚刚开始弯曲的地方。这会将最亮的像素值移到更接近白色的位置，从而为图像增加光亮度。

最后，移动中间的滑块，直到图像看起来"更好"。这主要是依据你个人的主观判断。表8.2总结了以上调整。

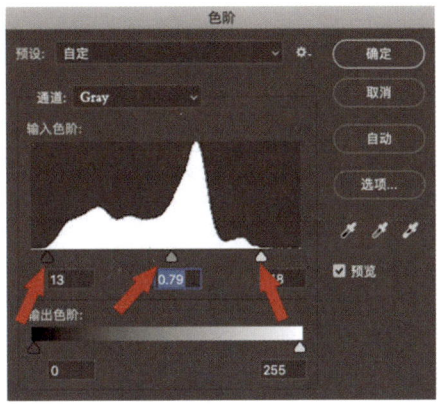

图8.17 "色阶"滑块可调整图像或选定区域中的黑色（左），中间色调值（中间）和白色灰度值

表8.2 调整灰度值让图像呈现最优状态	
动作	结果
调整阴影	使图像感觉"更丰富"
调整高光	赋予图像能量和焦点
调整中间调	改变情绪或者一天中的时间变化

观察调整是否有效的最佳方法是反复研究一个图像的变化。你可能不用大范围地移动这些滑块。但是对于褪色的图像而言，色阶可以创造出一个更好的影像。

增加雾气或者移除

作为实验，我将一张风景照加载到Photoshop中。然后打开"色阶"对话框，并将底部的"输出色阶"的黑色和白色滑块彼此相对拖动。注意，随着深黑色和闪闪发光的白色的消失，图像会变得充满"雾气"。这样不仅可以使图像看起来更清晰，还可以使它们看起来像是在深雾中拍摄的。很酷吧！

图8.18 最终完成的图像

注意中间调的力量。当你滑动这些滑块时，尤其是对于在室外拍摄的照片，你一定要注意一天中的时间是如何变化的。因为这也会影响你对图像的情感反应。

图8.18是校正后的图像，即经过裁剪调整后的最终结果。看看它是如何吸引大家的？这是一个比原图更好的图像。

调整色彩

Photoshop里面有一个自动化的工具，可以解决另一个问题：颜色不正确问题。我不喜欢自动设置的颜色。大多数时候，我更喜欢自己的设置。但是，自动配色功能可以让你在紧急情况下摆脱困境。而且更好的是，你无须了解任何有关色彩理论或色彩校正的知识。

很多时候，我们需要处理偏色。这是因为原来的图像可能太绿、太蓝或太橙色。图8.19是一个很好的例子。选择"图像"＞"自动配色"将消除大部分偏色。通常这样操作可以让你得到更加接近原来颜色的作品。但这与在Photoshop中使用更专业的颜色工具的效果也不尽相同。

> **快速生成黑白图像**
>
> 要快速使图像变为黑白图像，可以选择"图像"＞"模式"＞"灰度"。当出现"放弃颜色"警告时，单击"放弃"按钮。但是，一旦保存了该图像，所有的颜色信息都将被删除，它将永久地变为黑白图像。

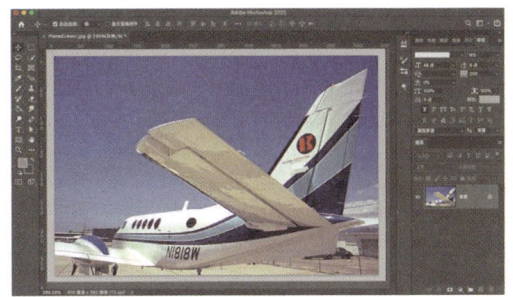

图8.19 左侧的飞机的图像太绿了。选择"应用图像">"自动配色",去除绿色,这样图像看起来正常一些

图8.20说明了这些工具的另一种用法:不是修复图像而是创建外观。这里我调整了"色阶"以使图像显得褪色。然后,选择"图像">"调整">"色相和饱和度"并将"饱和度"滑块拖动到左侧,将饱和度(颜色量)降低60%以上。

这些褪色的、过于饱和的图像通常在比较产品使用结果的商业广告中被用作"比较之前"的图像。当然黑白图像也经常作为比较之前和比较之后的图像。

图8.20 饱和度为50%的图像,选择"图像">"调整">"色相和饱和度"将其一半的颜色删除

第8章 编辑和修复静态图像

色彩平衡

这里我想向你介绍另外一种工具：色彩平衡工具（选择"图像">"调整">"色彩平衡"）。这个工具可以帮你调整图像阴影中红色、绿色和蓝色的数量，以及中间调和高光部分的数值。Photoshop专家指出，调整曲线可以使图像呈现不同的效果，但是解释如何调整这些曲线已经超出了本书的教授范围。

在图8.21中，原始图像中的小屋和周围树木的叶子都是绿色的。我使用了"色彩平衡"工具，该工具使我们可以调整阴影、中间调和高光中的颜色数量。几乎所有的色彩调整，尤其是简单的色彩调整都是基于中间调的。

图8.21 原图的图像为绿色。通过使用色彩平衡工具，我删除了一些绿色的中间调并添加红色

要删除颜色，将滑块向相反的方向滑动。因此，要删除绿色，将滑块向洋红色滑动，这与绿色相反。"相反"是指依据第5章中介绍的色盘进行调整。要增加红色的数量，可以将顶部滑块向红色方向拖动。不断调整，直到图像看起来较为"合适"。

可以想象，通过这些工具，你也可以根据自己的体验对颜色进行加工。这些工具可以帮助你更好地工作。另一个好消息是，你无须成为色彩专家就可以改善图像。在大多数情况下，我们只需要对图像进行少量调整即可。所以这些工具的确很有帮助。

校准显示器

当你开始调整图像的灰度和彩色时，先确保校准显示器。这些调整会让你的计算机显示器可以显示准确的颜色。尽管这对你的工作可能不是必需的，但可以知道你的显示器正在正确显示颜色。

本章要点

在本章中,我们研究了Photoshop如何编辑和修复单层图像。以下是需要记住的要点:

- 任何图像编辑都涉及道德决策。请尊重你的图像和拍摄的人。
- 所有数字图像都是位图,是由像素构成的矩形网格。
- 编辑图像时,两个最常见的操作是拉直和裁剪图像。
- 修复或调整图像时,两个最常用的修复工具是"斑点修复刷"和"色阶"。

说服力练习

使用手机或计算机上的图像编辑工具,把第7章教学练习中拍摄的照片整理出来,然后:

- 去除颜色。
- 使用饱和度增加颜色数量。
- 调整灰度使图像更具对比度。
- 修改颜色,使其更像金色、蓝色或绿色。

感受这些变化是如何影响你对图像的理解或对图像的情感反应的?

他山之石

最后的记忆

娜塔莎·玛丽(和米歇尔·本顿)
文章来源:高雅的过渡

当使用图像制作葬礼的幻灯片时,你只有一次机会让大家投入情感。

当参加葬礼时,葬礼负责人或家人通常会进行幻灯片演示,以展现死者生命的意义和重要性。通常这些照片会随机排列,而且与播放的音乐也没有什么关系。这意味着人们不会被逝者的影像故事所吸引,也不会被这种情感体验所吸引。它们只是在歌曲播放过程中出现的照片而已。

家庭照片是我用来创建美好生活纪念的原材料，也是用来唤起人们对美好生活的回忆的。与逝者的家人合作描绘他们所爱的人，意味着你需要通过家庭照片和对家庭照片特定的排序来表达和传递这种情感。当我们浏览照片时，我会听一听家人述说与照片相关的人和故事。在我们交谈的过程中，我将照片进行排序并用影像讲故事。照片的组合和排列以及照片背后的故事，最终让我们见证了逝者"传奇、精彩"的一生。

不同年龄段的家庭、背景、需求不同，听众对图像的反应和联想也不同。以下是4个有关的例子。

婴儿的逝去对所有人来说都是非常难接受的。在当今移动互联的社会中，即使短暂的生命也会留下很多印记。奥利维亚是一个不幸夭折的3个月大的婴儿。她是母亲梦中的宝贝。她的妈妈有一个追梦者的文身来代表奥利维亚。我用这张照片和挂在她房间里的追梦者的照片来组织幻灯片并讲解故事。幻灯片开始放映时显示了一些超声影像片段，并伴随着心跳声。我拍了她的玩具，以及对她的家人有意义的一些东西。我做了这样一些事情：妈妈和爸爸在玩具和纪念品前各自握着"绿色的荧光写字板"的一侧。后来我插入了一些奥利维亚的照片，以使幻灯片的寓意更加深刻。

特蕾西是一位年轻的艺术家，创作了惊人而复杂的线条画，特别是画了很多她当初收养的宠物。我拍摄了其中一些艺术品，并通过幻灯片进行了重新编排设计：我找到一张她画的细线老虎的画，我让这张老虎的画渐渐淡出，而后周围有一张她喂食鹦鹉的照片，我可以将她融入非常好看的鹦鹉画中，她的心像翅膀上的羽毛一样。这个幻灯片成为悼念服务的主要部分。这幅画在很大程度上对这个家庭产生了影响。

每个认识奥黛丽的人都知道她有多爱薰衣草。她喜欢看它、闻它，并且种植它。她的花园里到处都是薰衣草。她本人和她种植的薰衣草的照片在幻灯片中被重点呈现。我知道，一束束薰衣草将被送给所有参加葬礼的人，当他们进入教堂时，薰衣草的香气充满了整个悼念的过程中，人们在观看幻灯片播放时，会闻到她花园的味道，这会让人们产生联想。

当相互陪伴了60年的伙伴离世时，重要的是要描绘和分享这对伴侣一起生活的经历。处于这个年龄段的人们会有一些棕褐色的、精美的旧照片，其中包括婴儿照片、彩色的婚礼照片，以及一些很棒的黑白照片。我借此机会重新拍摄这些照片，并修复所有的瑕疵，以使它们在幻灯片中得到最好的表现。那个时代的许多照片背面都写着人物或日期，我在拍摄时把这些都标注在照片中。我还在他们的家中拍摄纪念照，再将照片添加到幻灯片中。这样在悼念时，可以为家人留下一些珍贵的回忆。最后，我还重温了这对夫妻的最佳的10张照片，以展示他们的爱心和对彼此的承诺。

当我看到观众大笑、哭泣，到最后鼓掌时，我知道我做得很好，我通过幻灯片把他们的生活栩栩如生地展现出来。

使用数字技术，你可以将每个像素更改为任何你想到的事物，你可以根据你的想象对镜头脚本做任何操作和修改。我的兄弟约翰·诺尔说："这是电影特效的未来。"因此他决定在业余时间自学计算机图形学。

——汤姆·诺尔
Photoshop的共同开发者

第9章
创建合成图像

> **本章目标**

在第8章中，我们对Photoshop的功能进行了简单介绍，重点介绍了单一图层的图像。但是，尽管它的基本编辑功能令人印象深刻，但Photoshop真正强大的功能在于我们尚未介绍的两个功能：选择和图层。这些功能使软件可以创建称为"合成图像"的多层图像，即本章将要介绍的内容。

现在，是时候学习更复杂的图像编辑技术了。具体来说：

- 添加文本并设置格式。
- 选择和使用图层。
- 利用多个图像创建合成图像。
- 使用滤镜和效果。
- 使用混合模式。

合成 通过将两个或多个图像组合为一个图像来创建新图像。

"合成"是指通过将两个或多个图像组合为一个图像来创建新图像。合成图像是Photoshop的真正魔力。无论这种合成是像在图像中添加文本一样简单，还是像绘制"幻想龙"一样复杂，Photoshop都可以做到。让我们从简单的事情开始，看看它将带我们去到哪里。

创建一个新的Photoshop文档

图9.1 这些是为HD高清视频创建新图像的设置

在第8章"编辑和修复静态图像"中，我们花了很多时间来处理现有图像，因为这是学习软件的最简单的方法。现在，我们将探索如何创建在网络上使用的新图像。当你需要以特定尺寸创建图像时，创建新图像要比缩放现有图像更有用。

选择"文件">"新建"，在"新建图像"对话框中显示关键设置，如图9.1所示。在顶部设置新文件的名称，然后以像素为单位指定其尺寸。将"分辨率"设置为"72"，这是因为"像素/英寸"仅适用于打印的图像。

对数字图像使用RGB颜色；其他选项仅用于专门用途。背景色的默认值为白色，但你也可以选择黑色、透明或自定义颜色。我将在本章稍后详细说明Photoshop的颜色。

另一个重要设置是像素长宽比。使用方形像素可以处理任何上传到网络上的图像，以及几乎所有的数字视频。标清、HDV和松下P2媒体的早期版本使用的是非正方形像素。

增加文本和设置字体格式

合成的最简单方法是在图像上添加文本。图9.2是由背景图像和前景文本组成的合成图像。该图像展示的是冬天在洛杉矶附近穆赫兰德山路的黎明。字体使用的是字节流公司的Calligraphic 421 BT字体。

当你单击图像上的"文本"工具时，较新版本的Photoshop会显示文本的占位符。展示当前文本设置的外观。当开始输入时占位符就会消失。

图9.2 最终呈现的是穆赫兰德山路的黎明

> **不要在边缘位置放置文本**
>
> 使文本远离图像边缘是一种很好的设计习惯,对于视频或印刷尤其如此。由于可以在分发过程中裁剪图像,因此要在文本和图像边缘之间留出一定的安全距离,这意味着基本信息(如标题、URL或电话号码)不会丢失。在第15章"运动图形"中,你将了解安全区域,介绍了如何放置文本和其他基本视觉元素。

首先,在Photoshop中打开图像(选择"文件">"打开")。搜索并选择文本工具;Adobe将其称为"水平类型工具"。其图标看起来像字母"T",如图9.3所示。单击你希望文本出现在图像上的位置,然后开始输入。

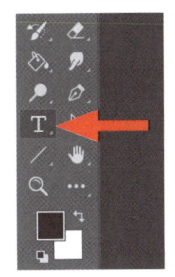

键入时,查看界面右侧的"图层"面板。在背景上方出现一个新图层,该图层显示文本的第一部分。"图层"面板是Photoshop的主要功能,因为它是我们可以在整个图像范围内添加、重新排列、修改和删除单个元素的方式,如图9.4所示。单个Photoshop文档中的层数没有实际限制。

图9.3 水平类型工具的图标看起来像字母"T"

顶层图层代表前景;底层图层是背景。你可以通过拖动图层来更改"堆叠顺序",即从上到下的图层顺序,从而更改前面的图像。单击左侧的"眼睛"图标以使图层不可见或可见。调整不透明度以使图层透明。或者选择一个图层,然后按Delete键将其删除。

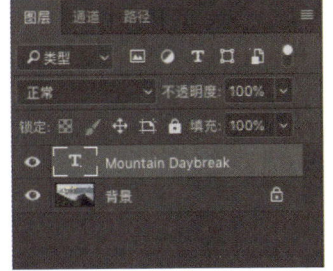

图9.4 Photoshop中的"图层"面板

图层选项

此图像中显示的图标显示在"图层"面板的底部。文件夹图标表示创建文件夹，以便你可以分组（组织）图层。单击右边的按钮创建新的空图层。创建空图层有很多原因。本章末尾的练习将说明一个例子。

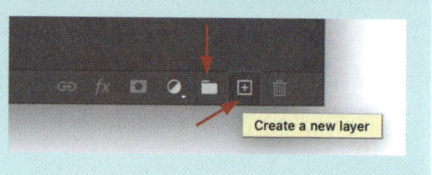

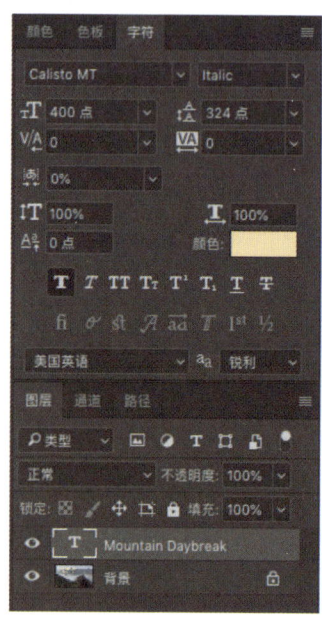

图9.5 通过"字符"面板修改文本格式。这些是我在图9.2中使用的文本设置

选中文本图层后，在"图层"面板上方查看并选择"字符"面板，如图9.5所示。如果未显示，那么可通过转到显示器顶部的菜单栏并选择"窗口" > "字符"来将其打开。面板顶部的4个选项是最重要的：

- 更改字体。
- 更改粗细。
- 更改大小。
- 更改垂直行距，Adobe 称其为"行距"。

我使用了淡黄色来增强"清晨"的主题。（尽管我要在后面内容中向你展示如何更改颜色，但图9.5中的颜色条是一个提示。）由于这是标题，因此我缩小了垂直行距以使两行靠得更近。

接下来，让我们添加第一个效果：阴影。再次确保已选择文本图层，然后选择"图层" > "图层样式" > "阴影"。

图9.6展示了我对文本阴影的设置。设置阴影的关键是使文本更具可读性，而不是引起对阴影本身的注意。设置阴影的不透明度为深色，以便清晰地定义文本的边缘。

图9.6 我对文本阴影的设置

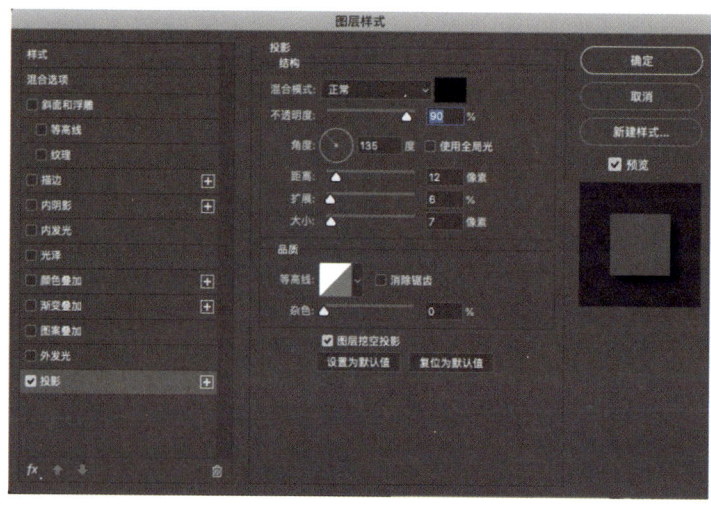

最后一项调整。我不喜欢"破晓"中"D"和"a"之间的间距，如图9.2所示，所以我选择了文本工具，将光标置于要调整的两个字母之间，然后按Option+左/右箭头组合键使间距减小。这将调整这两个字母之间的间距。

就个人而言，我不只是为了特效而使用特效。但是这里为了讲解，我们将这段文本设置成曲线形式。

选择文本层；然后选择"文字">"变形文字"。这将显示如图9.7所示的对话框。从顶部的"样式"弹出的菜单中选择一个形状，然后调整设置并观察会发生什么。其中一些只是糟糕的选项，但其他一些可能有用，具体如何使用取决于你的内容。

> 对于Windows用户，可以把键盘中的Ctrl键替换为Cmd键，将Alt键替换为Option键，将Backspace键替换为Delete键。

> 顶部 调整文本行之间的垂直行间距。

图9.7 要弯曲文本，选择"文字">"变形文字"，然后进行播放

在进一步讲解之前，我再强调两点：

- 图层确定了元素从前景到背景的顺序。
- 所有文字都可以修改。

图层与背景

在第8章中我有意忽略的重要一点是，当你打开图像时，图像会放置在被称为"背景"层的特殊层上。这限制了我们可以对图像执行的操作。

放置在"背景"图层上的图像无法重新定位，也不能使其透明。对于简单的图像编辑，可以直接使用背景。但是我们可以通过单击解锁图标，如图9.8中的红色箭头所示。快速解锁背景图层并将其转换为常规图层。

图9.8 背景图层（左）和普通图层（右）。注意，没有为背景图层启用任何图层控件

单击解锁图标，快速解锁背景图层并将其转换为常规图层。

例如，在Photoshop中打开JPEG图像。选择移动工具（快捷键：V键），然后尝试拖动背景图层，你会发现不能拖动了。将背景图层转换为普通图层，然后重试，就可以拖动它了。

缩放图像

缩放是使某个物体变大或变小的过程。正如我们先前所了解的，位图是由像素组成的。每个像素的大小都是固定的，并排列在固定的矩形网格上。当我们调整位图图像的大小时，像素不会改变大小。取而代之的是，我们从图像中删除像素以使其更小，或者添加像素以使其更大。

这意味着，如果我们缩小图层然后再放大图层，则Photoshop会先丢弃像素以缩小图像。然后由于这些像素确实消失了，因此Photoshop会尽力想象这些像素可能看起来像什么，然后将这些"猜测"的像素放回图像中以使其更大。我们无法改变像素的大小，能改变的是图像包含的像素数量。

图9.9 左侧的图像是原图，通过使用"智能对象"功能将其比例缩小为5%，然后再放大（中间图像），将"位图"图像的比例缩小为5%后再放大（右侧图像）。重复缩放位图会使其变模糊

图9.9说明了这一点。左边的图像是原图，而右边的图像在缩小为5%后再放大。图像模糊，羽毛中的细节丢失，亮点也消失了。

为了解决这个问题，Adobe发明了位图的新"形式"：智能对象。当你缩放智能对象时，Photoshop会访问硬盘上的源文件，而不是使用Photoshop中显示的当前位图（该位图可能会丢失很多像素）。使用这种方式后，图片始终是高质量位图文件。Photoshop在处理图像时，不会丢失像素。这意味着对图像进行缩小后再次放大，不会影响图像的质量。

尽管智能对象是一个很好的功能，但需要权衡取舍。你无法裁剪或将大多数效果应用于智能对象。缩放图像并放置到位后，选择包含智能对象的图层（在其图标的右下角有一个小的白色正方形），然后选择"图层">"栅格化">"智能对象"，将其转换回普通的位图。

> 注意：由于Photoshop中的图像被视为位图，因此将任何位图放大到其原始大小的100%以上都将变得模糊。普通位图和智能对象均是如此。将位图缩放到较小比例不会损害图像质量，尽管它可能会减少细节。

使用自由变换处理图像

自由变换功能可以更改图像比例、旋转、透视和变形。在大多数情况下，我们将使用它来更改比例或旋转角度。例如，将图像转换为普通图层后，选择"编辑">"自由变换"。此选项不适用于在"背景"图层中打开的图像。拖动一个角以更改图像的大小，如图9.10所示。单击角落外的位置，拖动鼠标指针并旋转图像。这与我们在第8章中使用的调整图像的裁剪区域的技术完全相同。单击并拖动图像的中心将其重新放置。当你对新位置感到满意时，可按回车键。若要再次调整图像，可重新选择"自由变换"。

自由变换可用于除背景图层以外的任何图层上的任何元素，可以根据需要移动、调整大小和旋转图像。

图9.10 使用自由变换修改图层上图像的大小、旋转和位置

放置与打开图像

一种快速打开图像的方法是将其从"查找"中拖到现有图像中。

到目前为止,当我们想使用现有图像时,我们使用的是常规的打开方式。但是既然我们已经了解了图层,就可以使用新的选项:放置。选择"文件">"放置嵌入"将新图像放置在现有图像上方的空白图层中。换句话说,放置功能会创建一个即时合成图像。这种快速打开图像的方法是将其从"查找"中拖到现有图像中。

在图9.11中,我使用了自由变换来缩放并重新定位底部图像。然后,我添加了文本,使右上角的文本颜色变暗,以使其在白色背景下更加明显。然后,选择"文件">"放置嵌入式文件",再选择"浆果"文件。Photoshop将其打开并将其放置在背景图像上方的图层中,图像周围会出现"自由变换"的矩形框。我要做的就是缩放并重新放置它。

图9.11 使用自由变换对底部图像进行缩放。放置顶部图像,然后缩放并通过拖动进行重新放置

浆果图像是如何与山峰图像重叠的?由于"图层"面板中元素的堆叠顺序决定了前景与背景,因此包含浆果图像的图层需要高于包含山峰图像的图层。你可以在Photoshop文档中放置,堆叠或重叠的图像数量没有限制。

嵌入与链接

有两个"放置图像"选项:"嵌入"和"链接"。除非你使用特别大的文件,否则嵌入是一个更好的选择,因为在Photoshop文档中包含"嵌入"的图像。在第3部分介绍视频时,我们将讨论链接。

魔力创作

选择是Photoshop中的另一个主要功能。实际上，Photoshop界面的主要规则是"先选择某物，然后对其进行处理"。

> Photoshop界面的主要规则是"先选择某物，然后对其进行处理"。

在Photoshop中有近20种不同的选择方式。我们已经发现了一个：裁切。但是裁剪会改变图像的大小。如果想要保持图像像素数量又想删除部分图像，那么该如何做呢？方法是使用"选择"功能。例如，选择：

- 删除图像的一部分。
- 在图像的一部分上添加效果。
- 移动图像的一部分。

有些人把选定的区域称为"蒙版"，因为它们遮盖或隐藏了图像的某些部分。但是，在Photoshop中所做的远不只遮蔽和隐藏图像这么简单。随着学习的深入，你将使用更多工具。常见的工具包括：

- 字幕。
- 套索。
- 选择"选择">"主题"。
- 对象选择、快速选择和魔术棒工具。
- 快速蒙版和其他蒙版工具。

让我展示一些更流行的选择工具。

"工具"面板顶部附近是几何选框工具，如图9.12所示。当某个工具的右下角有一个小（非常小的）三角形时，则可以选中该工具并显示这个工具分组内的其他工具。矩形选框工具可以选择矩形或正方形区域，而椭圆选框工具可以选择椭圆或圆形区域。

图9.12 4个几何选取框选择工具

选择一个图层，然后选择"选取框"工具，选中图像中的元素，即可创建一个新的选择区域！这是我们可以做的：

- 按Delete键删除所选区域。按Cmd+Z组合键撤销删除。
- 选择"选择">"反向"，然后按Delete键，即可删除除所选区域以外的所有内容。按Cmd+Z组合键即可撤销。
- 使用"椭圆"工具尝试相同的操作，并观察它们的工作方式是否相同，不同之处在于此工具选择区域为椭圆或圆形。

> 使用"矩形选框"工具或"椭圆选框"工具时，按Shift键可将形状约束为理想的正方形或圆形。按Option键从中心而不是拐角处绘制。同时按Shift键和Option键从中心绘制完美的形状。

> **选择的调整**
>
> 如果你选择之后需要进行调整，可选择"选择工具"，然后执行以下操作：
> - 要将新区域添加到现有选择区域中，按Shift键并拖动。
> - 要从现有选择区域中删除新区域，按Option键并拖动。
>
> 并非所有选择工具都需要拖动，但是Shift键或Option键会在选择区域中添加或删除部分。

现在，我们知道了如何选择区域，让我们将这些知识付诸实践。

图9.13说明了如何使用"矩形选框"工具进行选择。选择了该区域之后，就可以对其进行处理了。例如，选择"图像">"裁剪"后，仅保留所选区域。

在此示例中，我使用了选择工具来裁剪图像，以减小图像的大小。在下一个示例中，我将使用选择内容来删除图像的一部分，而不更改图像的大小。

图9.14展示了套索工具：

- 套索工具。可以进行手工绘制（如果你可以手工绘制，它会更有效）。
- 多边形套索工具。通过连接一系列直线来创建选择。要使用此工具，在需要的位置上进行单击，以设置每条线的结尾。
- 磁性套索工具。这个选择工具可以帮助选择到图像的边缘位置。

所有这些工具对于选择对象都是有用的。

> 选择工具也可以与"背景"图层一起使用，但是如果你尝试从背景中删除选择，则会收到错误的提示消息。

图9.13 在公园长椅周围有一个选择矩形。这些线通常被称为"行军蚁"

图9.14 套索工具选择的形状可以不是规则的几何形状

图9.15 在左图中,我使用了多边形套索工具绘制了屋顶。在正确的图像中,我移除了天空,然后用其他镜头中的更好版本替换天空

图9.15显示了使用套索工具的好处是我们可以更容易地选择不规则的对象。但是,由于烟囱的形状不规则,以及屋顶与墙壁相重叠使得屋顶线条的选择比较棘手。

图9.16突出显示了3个选择工具。将"对象选择"工具松散地拖动到对象周围将其选中。快速选择工具根据边缘选择区域。魔术棒工具是Photoshop中最古老的选择工具之一,它可以选择相似的颜色。

实际上,在图9.15中我做了些小动作。虽然我可以使用多边形套索工具,但我选择了"快速选择"工具,并将其拖动到天空中以选择天空和屋顶之间的边界。

图9.16 这些工具可以帮助你选择对象、边缘或者相似的颜色

我花了几分钟的时间才能使用套索工具创建选区。但是,使用"快速选择"工具只花了不到一秒钟的时间。快速选择工具可以帮助我们做得更好!这是Photoshop具有如此多选择工具的原因之一,我们经常需要不同的方法来选择对象。

到目前为止,我们已经使用选择工具裁剪图像并删除图像的一部分。在图9.17中,我正在使用选择工具来复制图像的一部分(气球),以合并到另一幅图像(山景)中。

1. 通过在蓝天上单击魔术棒工具选择此气球。根据容差设置,将所有蓝色的内容选择上(请参见"容差"侧栏)。

2. 选择"选择">"反转",选择除蓝天外的所有内容。

3. 将图像复制到剪贴板("编辑">"复制")。

4. 打开要向其中添加气球的图像。

5. 选择"编辑">"粘贴",粘贴图像并创建合成。

6. 拖动图像以重新放置它,或选择"编辑">"自由变换",缩放图像,旋转并重新放置它。

图9.17 通过在蓝天上单击魔术棒工具创建了此选择,该工具选择了类似的蓝色

图9.18说明了使用选择的主要原因：我们可以使用选择工具来选择图像的一部分，然后将其复制、粘贴到另一个图像中以创建一个全新的图像。如果我们做对了，图像看起来就像是一体的。

图9.18 把气球添加到弓河的图像上就合成了一个新的图像

合成时，注意合成元素之间的光线。在图9.18中，气球和山峰的光线方向和强度都匹配。这使得合成图像看起来更加可信。

图9.19说明了另一种技术：使用选择工具编辑图像。对元素进行移动在书中很难说清楚。因此，在此示例中，我选择了一条边线并将其向右移动557像素。这看起来很糟糕，但清楚地显示出发生了什么变化。

使用矩形选框工具，按照下列步骤操作：

1. 选择要移动的区域。
2. 切换到移动工具（快捷键：V键）。
3. 使用Shift+左/右箭头组合键移动选区。移动选区时会显示图层下面的透明像素。深灰色网格表示原来图像的位置。
4. 要删除边缘上的透明（空白）空间，可选择"图像">"裁剪"，并确保选择了"透明像素"。

如果你无法移动"背景"图层的某些部分，那么需要先将其转换为普通图层。

容差

某些工具（如魔术棒工具）在界面顶部的选项栏中具有"容差"设置。容差确定工具将接受的所选颜色的变化量。例如，将容差设置为0意味着将仅选择所选的颜色。容差设置为255表示将选择所有颜色。通常，你需要设置一些容差，但不要很多。如果你没有选择所需的所有颜色，那么要增加容差。如果选择过多，那么要减少容差。

图9.19 显示了如何使用"矩形选框"工具选择和移动图像的一部分

我放到自己网站上的许多屏幕截图都是以这种方式对图像"瘦身"的,仅仅因为它们不适合用大的图像。如果做得好,那么你可能不会发现图像的变化。

选择工具可以"选择"图像的一部分,以便我们对其进行处理。到目前为止,我们大部分时间都在研究清除东西。下面看看如果扩展画面内容,那么该如何做?

透明像素

还记得像素的定义吗?它们的大小是固定的,仅包含一种颜色,并且可以是透明、半透明或不透明的。透明像素是指单个像素是透明的。

如图9.20所示,另一种强大的视觉效果是,除你要观众首先看到的区域以外,所有内容都是黑白的。选择工具使此操作变得更容易。

图9.20 首先,我选择了浆果,然后反选了选择区域,再从所选区域中删除了所有颜色

第9章 创建合成图像 201

> 选择工具并非总能完美选择。通常，通过调整包含的内容和不包含的内容来清理选择内容。还可以根据需要保存选择（选择"选择">"保存选择"）。

打开图像，然后选择"选择">"主题"。Photoshop将在画框中选择占主导地位的物体。如果选择"选择">"反转"，就会选择除浆果以外的所有东西。然后选择"图像">"调整">"色相和饱和度"，并将"饱和度"滑块一直滑到最左侧。

这种选择效果只是起到隔离的效果。在这个去掉饱和度的例子中，将把选择框限定的区域隔离开。这是另一个操作方法。

请记住，视线总是被画面的焦点所吸引。因此，为确保背景不干扰到标题，我对背景做了模糊处理，使其变暗并降低了饱和度，如图9.21所示。现在，视线会先移至文本，再移至树，然后在画面的其他地方停留和审视。在下一部分中，我将说明如何对选择的区域或图层进行模糊处理。

图9.21 背景模糊，因此眼睛先看到了文字，它更明亮。然后眼睛才看到树的图像

可见，选择可以做很多事情。花一些时间探索"选择"菜单，会发现所有用于选择的不同选项。表9.1展示了我一直使用的选择快捷方式。

表9.1 快捷键汇总	
快捷键	功能
Cmd+A	选择整个图层
Cmd+D	去掉选择
Shift+Cmd+I	把选择区域中没有选择的部分选定
V	选择移动工具
M	选择最后使用的选择框工具
L	选择最后使用的套索工具

滤镜与效果

滤镜的妙处在于你可以随心所欲地按照自己的意愿使用。你无须考虑技术要求。每个图像和故事都不同，这就是为什么会有这么多不同的效果的原因。

"滤镜"菜单的顶部是"滤镜库"，滤镜库提供了数百种效果，如玻璃效果等，如图9.22所示。探索滤镜效果的最简单方法是打开图像，选择某图像元素，应用滤镜，然后进行微调，不好就放弃。我用得不是很多，因为我的大部分工作是修复和突出显示图像的各个部分，而不是创作一些艺术作品。

图9.22 选择"滤镜">"滤镜库"，滤镜库提供了数百种效果，如玻璃效果等

滤镜菜单的下半部分提供了其他效果选项。我发现最有用的一个工具——高斯模糊，可以将背景模糊，使前景更加清晰，如图9.23所示。模糊会造成有景深的幻觉，而模糊量由"半径"的设置确定。

图9.23 "高斯模糊"对话框（选择"滤镜">"模糊">"高斯模糊"）。对模糊设置的效果可以立即在主图像中预览，但是直到单击"确定"按钮后，模糊设置才会应用

图9.24 左边的图像上显示了在焦点对准的图像上叠加文本的效果。在右边的图像中,我模糊了图像的下半部分,这使文本更加突出

图9.24展示了如何让图像的背景模糊使文本更具可读性。模糊意味着背景中没有任何内容与文本竞争。这种模糊全部背景或部分背景的技术是我一直使用的技术。

要实现此效果,请在打开图像并添加文本后:

1. 确保选择了下面的图层。在这个案例中,这个图层也是背景图层。

2. 使用矩形选框选择屏幕的下半部分。选择"选择">"修改">"羽化",柔化所选内容的边缘。

3. 羽化值越大,边缘越柔软。本示例设置羽化值为150。

当注视图像时,你会发现图像的顶部是焦点清晰的区域,而在图像的底部,虽然底部的背景比较杂乱,但是不会分散阅读文本的注意力。更重要的是,你不会注意到文本后面的背景是模糊的。这是因为这种过渡是通过羽化完成的。

为什么会有一个小的预览窗口?

由于过去很多计算机的运行速度很慢,所以许多滤镜中的预览窗口很小。Photoshop可以快速渲染一个小的预览,使你可以查看并确认效果。我仍然记得以前要等待30秒,Photoshop才能模糊一张很小的图像的日子。如果在较大的窗口中看不到预览,那么要确认是否已选中"预览"。

什么是羽化

羽化意味着柔化边缘。这是一个古老的照片修饰术语。左侧图像中的颜色具有清晰的边缘,羽化=0。右侧图像中的颜色具有羽化的边缘,羽化=200。羽化的数量可以从无变化到大量变化。

选择颜色

Photoshop中有两个主要的颜色选择器："前景色"和"背景色"。同样，文本和其他效果也有自己的颜色选择器。它们的工作方式相同。

Photoshop提供了多种选择颜色的方法，但是所有这些方法都是通过单击色卡开始的。色卡位于"工具"面板的中间，如图9.25所示。在对话框中，单击并拖动大色块以选择色相和饱和度。在示例中，拖动绿色条边上的小的白色三角形以修改亮度。你也可以使用右侧的数字输入特定的颜色值。专业设计师始终使用这些数字来精确匹配颜色。

你可以通过选择一个数值然后按向上箭头或者向下箭头来"微调"颜色。

图9.25 色卡位于"工具"面板中。单击左侧的色卡选择前景色；单击右侧的色卡选择背景颜色。要显示颜色选择器，可在任意色卡中单击一次

更快选择颜色的方法是，打开颜色选择器，然后在Photoshop打开的图像中的任意颜色上单击。该颜色会立即被"拾取"。单击"确定"按钮关闭此对话框。

表9.2 使用颜色选择器的一些快捷方式	
快捷键	功能
D	将两个拾色器重置为其默认颜色（黑、白）
X	在前景色和背景色之间交换位置
Cmd+A	选择所有图层
Option+Delete	用前景色填充所选区域
Cmd+Delete	用背景色填充所选区域

第9章 创建合成图像　205

选择互补色

如果你不太熟悉如何选择颜色,那么色盘是查找互补色的有用方法。尝试在色盘的相对两侧选择颜色,但需要注意的是亮度和饱和度级别可能不同。

在图层后面添加背景

假设你打开了一张全屏的图像,并且将其放置在"背景"图层上,这时候你决定要缩小图像并将其放置在白色背景上,如图9.26所示。如何创建白色背景呢?非常简单,可按以下操作:

1. 先将背景图层转换为普通图层,以便可以在其下方放置一个新图层。

2. 选择"图层">"新建填充图层">"纯色"。

3. 命名图层。

4. 单击"确定"按钮。

5. 从颜色选择器中选择所需的颜色。

6. 单击"确定"按钮。

7. 新图层始终在顶部创建,你需要将图层拖到当前图像的下一图层。

这似乎需要很多步骤,但是在你完成几次之后,就会很熟练了。我们经常需要增加新的图层,改变它们的顺序,并且总是在选择东西。我们在这里做的唯一操作就是创建新的颜色图层。

图9.26 创建一个新图层

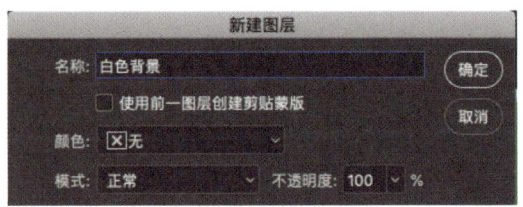

混合模式

混合模式是一种特殊的效果，可以在图层之间组合纹理。它们通常与文本一起使用，尤其是与动态图形一起使用，这将在第3部分中介绍。当我想将白色文本与背景混合时，我经常使用混合模式。

将混合模式分别应用于每个图层，如图9.27所示。虽然每个图层都可以应用不同的混合模式，但是每个图层只能使用一种混合模式。选择图层，然后从混合模式菜单中选择所需的选项，如图9.27中红色箭头指示位置。

图9.27 使用此菜单上的选项，将混合模式应用于图层上的所有元素。在这里，我将应用"叠加"混合模式

有多种混合模式可供选择，分为多种类别。混合模式应用简单的数学运算来合并相邻图层上图像之间的灰度或彩色像素值。与滤镜不同，没有要调整的设置。图9.28说明了Photoshop中的混合模式选项：

根据阴影像素值组合元素。我最喜欢的选择是"正片叠底"。

根据高亮像素值组合元素。我最喜欢的选择是"滤色"。

根据中间色调像素值组合元素。我最喜欢的选择是"叠加"和"柔光"。

根据颜色的像素值组合元素。我最喜欢的选择是"差值"。

根据颜色值组合元素，如"色相"。

在图9.29中，我使用的是放置在神奇的天空上方的深色文字，然后应用4种不同的混合模式来创建4种不同的效果。你还可以通过更改文本或背景图像的亮度、颜色或不透明度来改变效果。

在任何情况下，混合模式都会组合前景和背景的纹理。这使文本看起来更加协调，不是粘贴在图像的前面，而是成为环境的一部分。"滤色"将合并较亮的像素，"正片叠底"将合并较暗的像素，而"叠加"将合并中间的像素。"差值"将把原来颜色与其色盘上相反180°的颜色进行合并。

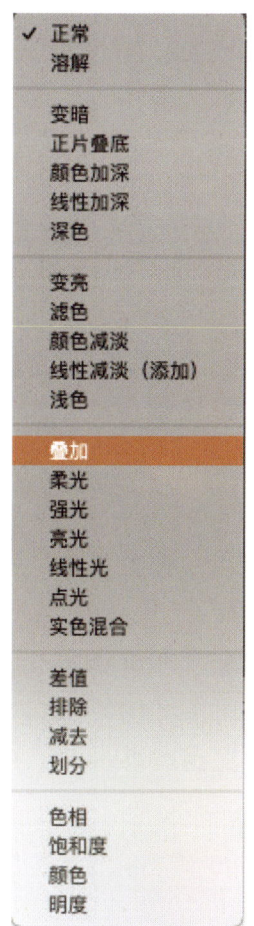

图9.28 混合模式根据它们如何复制像素值而分为几类

第9章 创建合成图像 207

图9.29 原图像和文本（顶部），然后是4个混合模式：滤色、叠加、正片叠底和差值（从上到下）。在所有的混合模式下，下面图层的纹理与文本紧密结合起来

混合模式是一种特殊的效果，可以整合图层之间的纹理和质感。

可见，混合模式可以做得更多。以下是一些其他示例。

混合模式将图层之间的纹理组合在一起，使它们看起来更协调，更"一体化"。例如，在图9.30中，文本看起来像是在背景上喷涂的，而不是浮在其上方。这使用了"叠加"模式。

我们还可以使用混合模式将文本的纯色设计替换为更具视觉吸引力的设计，包括视频或动画，如图9.31所示。创建此混合模式的具体技术因应用程序而异。

图9.30 左侧的文本是纯色的，非常醒目。当它从背景中拾取纹理时，它看起来很有趣

图9.31 另一种混合模式将文本的纯白色替换为更有趣的颜色和纹理

图9.32 通过在此图像上方的图层上堆叠渐变，然后应用"叠加混合"模式，我们可以改善大多数户外图像（左侧显示的是改善之前，右侧是改善之后的效果）（图像由EditStock提供）

在图9.32中，我们将黑白渐变堆叠在照片的顶部，然后将叠加混合模式应用于顶部图像。渐变是在Photoshop中使用"渐变"工具创建的。顶部的较暗部分使天空变暗，使云层更加生动，同时使前景变亮并使其更"鲜活"。渐变和混合模式可以增强几乎所有的风景图像。

使用混合模式之所以如此有趣，是因为不用设置调整值。这种调整是对每个像素执行简单的数学运算。你要么喜欢，要么不喜欢。无须调整滤镜，而是尝试不同的混合模式设置，修改不透明度或稍微调整图像的层级。

我一直使用混合模式来使两个单独的图像看起来相关，而不仅仅是彼此叠加。

> 使用混合模式之所以如此有趣，是因为不用设置调整值。

最后一个效果

图9.33 这是完成的效果，玻璃投射出柔和的阴影；尽管该阴影不在原始图像中

当我们学习Photoshop后，总结本章时，我想说明一下我分配给我的学生的课堂作业：创建投射阴影。图9.33展示了作业完成的结果。这基本上利用了我们在第8章、第9章中学到的各种技术。

以下是具体的操作步骤：

1. 在前景图层中打开图像并确保没有背景。

2. 选择"选择>主题"。使用选取框选择前景对象。这种选择可能根据需要做出一些调整。

3. 将所选内容复制到剪贴板（选择"编辑">"复制"）。

4. 粘贴所选内容。这将自动创建一个新图层，将粘贴的对象放置在其上，并匹配其原始位置。

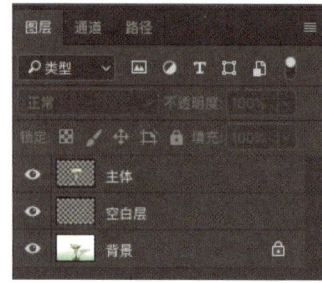

图9.34 最下面为背景层（不需要转化为图层），中间为空间层（主要保留阴影），而复制的主题图像位于最上面的图层

5. 创建一个新图层，并拖到背景图像和主题图像的图层中间，如图9.34所示。

如你所看到的，各个图层的堆叠顺序很重要。我将图9.34中的图层重命名，以便更容易查看发生的情况。要重命名图层，可双击图层名称。

1. 将中间图层重命名为"阴影"。

2. 按D键分别将"前景"和"背景"颜色选择器重置为黑色和白色。

3. 按Cmd键的同时单击主题图层中的图标，即可重新选择主题。

4. 在不取消选择图像的情况下，选择"阴影"层。

5. 按Option+Delete组合键。这将创建一个与选择的形状和位置完全匹配的纯黑色形状，并将其放置在"阴影"层中。

6. 在"阴影"层仍处于选中状态的情况下，选择"编辑">"变换">"扭曲"。

7. 选中顶部栏中间的点，然后向下拖动以创建阴影，如图9.35所示。单击"确定"按钮或按回车键。

8. 在阴影层仍处于选中状态的情况下，将"不透明度"更改为25%。

9. 选择"滤镜">"模糊图库">"倾斜/移位"，应用可变的模糊。

图9.35 与对象匹配的黑色形状被扭曲，看起来像玻璃投射的阴影

图9.36 抓住旋转点（左箭头）并旋转阴影，直到靠近玻璃杯的地方变得锋利而远离玻璃杯的地方变得更柔和

10. 旋转"倾斜/平移"模糊，直到最靠近玻璃杯的阴影变得清晰，而远离玻璃杯的阴影比较模糊为止，如图9.36所示。

11. 调整图层不透明度以确保适合。

上面这个案例说明了Photoshop不同功能之间是如何组合的。大多数时候，我们需要创建的效果都很简单：添加文本、裁剪图像、调整曝光度，等等。但是，Photoshop是一个非常强大的工具。你探索得越多，发现和享受的乐趣就越多。

> Photoshop是一种非常强大的工具——你探索越多，收获就越多。

本章要点

本章主要介绍了应用于静止图像的功能。在下一节中，我们将要讲解应用于运动图像的功能。

关于本章，以下是需要记住的内容：

- 合成图像是由多个图像或元素（例如文本）合成的图像。
- 图层的操作面板允许我们添加、排列、修改和删除元素。
- 尽管可以编辑背景图层，但将其转换为普通图层后会有更大的灵活性，包括更改位置和透明度。

- 选择"编辑">"自由变换",是一种修改图层上的元素的有用方法。
- 要将多个元素添加到同一图像,选择"文件">"放置",或将这些元素从桌面拖动到图像中。
- 选择要修改的图层的区域。
- 有许多不同的选择工具,每种工具都是为特定目的而设计的。
- 滤镜可更改图像或选定区域的外观。
- 模糊背景会使文本更易于阅读。
- 混合模式可将图层之间的纹理组合在一起。

说服力练习

你的练习是使用"没有含义"的文字在Photoshop中制作两个广告。这样做的目的是将情感与内容分开。接下来,观察如何通过合并图像和颜色传达信息。

创建两个Photoshop广告。一个是精品蛋糕店广告,另一个是管道供应商广告。每个广告:

- 必须仅使用 lipsum 上的拉丁字符或"文本"工具附带的拉丁字符。
- 你的单词的实际内容必须毫无意义。
- 你可以使用图像。
- 必须有一个带网址的行动倡议。

这个作业的目的是让你考虑设计,而不是写作;重视视觉效果,而非自己的满足感。

你需要考虑内容的外在形式,而不是消息的实质内容。任何设计方案都取决于你的构思。

他山之石

重现诺曼·罗克韦尔的创作过程

洛伦·米勒（和瑞秋·维克多）
《贾维斯·罗克韦尔》的制片人

《贾维斯·罗克韦尔》是我与瑞秋·维克多合拍的电影。它于2020年夏天发布，是贾维斯·罗克韦尔的传记电影。他是美国最著名的插画家之一，诺曼·罗克韦尔的长子。

电影讲述的是贾维斯如何偏离父亲的期望，成为一名现实主义油画家的故事。贾维斯几乎没有经过正规的培训，但是很早就表现出了艺术家的才华。尽管如此，贾维斯也注定和他年轻的兄弟姐妹一样，走上一条更加鲜明的独特道路。而他的兄弟汤姆成了小说家和诗人，彼得则成了雕刻家。

汤姆和彼得都称赞贾维斯对工作的专注。当他遇到低潮和困难的时候，他通过"POP"这种流行音乐来寻求解脱。而他的这种专注，恰恰是受到他的父亲诺曼在创作美国20世纪生活标志性画作过程中的影响。

当然这种专注不仅仅是基于对创作内容的专注，也包括了他的成长过程。贾维斯将他的父亲描绘成一个工作狂。基本上工作"一周八天"。诺曼的插画的制作过程类似于当代电影制片人使用的可视化构思和技术。诺曼的工作非常出色。但是这一过程也给他和他的家人造成了金钱方面的损失。他从来没有自称画家或艺术家。他使用了"插画家"一词。

诺曼为满足《星期六晚邮报》艺术编辑的要求，按时提交他绘制的标志性封面画。基本上每隔一个月就需要绘制一张全尺寸的画布。因此，他必须找到一种方法来加速完成这个绘画过程。把他脑海中的图像在近乎不可能完成的时间内完成。在47年的时间里，他成功地为邮报交付了323幅经典封面画。

当贾维斯到他父亲的工作室参观时，贾维斯的脑海里面一直萦绕着流行音乐。而与音乐相伴的，还有创作过程中的各种道具和服装。

诺曼把贾维斯也带入了插画的绘画过程。他把贾维斯看作儿童模特。这种角色扮演常常取代了家人在一起的时间。这也给贾维斯带来了身份认同的危机。贾维斯几乎用了一生的时间来摆脱这种影响。

通过说明插画绘制的详细过程，我们着重介绍诺曼专注的、精心设计的工作流程。这种工作流程使得诺曼能够养活家庭，并为他赢得了名声。同时，这个流程也成就了贾维斯，让他在成年后开拓出了一条完全不同的道路并最终取得了成功。

诺曼与路易·拉蒙一起在相机前构思设计模型（左）。年轻的贾维斯打印参考照片（右）
（由诺曼·罗克韦尔博物馆图像服务部提供）

首先，诺曼手绘出一幅需要创作的绘画的可视化构图。这个构图里面包含了他所设想的所有角色，以及一个基本构思环境。例如，小午餐室、车库、理发店或火车。

然后，他会安排照片中涉及的模特，通常是他的儿子，也可能是他的妻子、邻居、镇民，甚至他本人。

接下来，他将不遗余力地指导模特的姿势和表情。他说："指导模特本身就是一门艺术。"

同时他还聘请了一支专业摄影师的队伍，使用当时的高分辨率相机——Speed Graphic 5"×7"平板摄像机为模特拍摄多张照片。

接下来，他会在工作室旁边的暗室里面自己洗印这些参考照片。然后再在这些照片的基础上继续开展工作。你仍可以在罗克韦尔博物馆的网站上访问"数字影像"来查看这些照片。

他会在桌子或靠窗的座位上布置每个模特的照片。然后选择每个模特的最佳照片，以寻找最好的面部表情和身体姿势。

当时的处理设备：诺曼的Speed Graphic平板相机（左侧）。博物馆图像服务公司的托马斯·梅斯基塔和制作人洛伦·米勒在处理诺曼的Balopticon放映机，以便进行插页的拍摄（右侧）
（图像来源：Harlan Reiniger提供。©2019 Rachel Victor Films，LLC（左）.Loren Miller提供。©2020 Rachel Victor Films，LLC（右））

然后，他将每个角色裁剪并拼接成一个高度组合的照片剪辑。

这些"精心选择的编辑"替换了原始可视化构思草图的大部分，以致现在几乎找不到这些草图了。

接下来，他将自己拍摄的照片剪辑并打印出来，通过一台博士伦的放映机投射到全尺寸画布上。

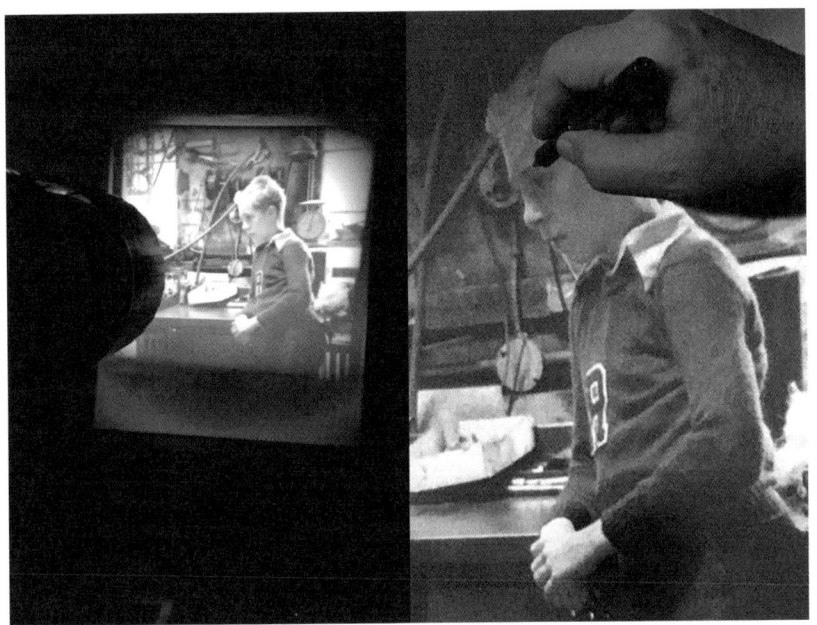

诺曼利用投影机将贾维斯的照片投射到画布上，并重新绘制（图像来源：洛伦·米勒 ©2020 雷切尔·维克多影片公司）

（图像来源：洛伦·米勒（Loren Miller。©2020 Rachel Victor Films，LLC）

接下来，他会使用炭笔在画布上细化呈现在画布上的面部和身体。

最后，他利用在艺术联盟的培训和实践中学习的专业油漆知识，用油漆进行填色。如果对比他的照片与最终作品，你会发现他保留了人物真切的表情，但同时也加入了大量虚构的内容。这不是一个地地道道的"数字化绘制"的过程，但是他的确在超短的时间内完成了绘画，并提供给邮报。

诺曼从来没有将这个过程保密。他甚至为美术专业的学生撰写了一本小册子，详细介绍了这一过程。许多艺术家也使用这个方法。

我们的目标是：通过制作的影像，让听众更好地了解艺术家诺曼·罗克韦尔和他的儿子贾维斯·罗克韦尔的创作之路。

第3部分
具有说服力的动态图像

学习目标

当我们从静止图像转换为视频时,我们从静止图像中学到的所有内容也适用于视频,但有一个很大的不同:在视频中,一切都在动!演员在动,相机在动,标题和图形也在动。正是由于这些元素都在运动,因此也需要把说服力的选项进行扩展。

在这个部分中,我们将讨论所有这些运动要素的含义。另外,关于采访和音频的两章内容也同样适用于大多数视频项目。

- 第 10 章:视频前期制作。如何计划视频拍摄和管理媒体。
- 第 11 章:创建引人入胜的访谈。如何提高你的访谈技巧。
- 第 12 章:声音对图像的促进作用。从录音装备到录音和音频编辑。
- 第 13 章:视频制作。如何拍摄有效的视频。
- 第 14 章:视频后期制作。从视频导入到最终输出的编辑流程。
- 第 15 章:运动图形。运动图形视频简介。

四个基本理论

- 说服本质上是让听众做出一种选择。
- 传递消息,首先要吸引并保持听众的关注。
- 如果要产生强烈的效果,那么一个具有说服力的信息必须具备令人信服的故事、强烈的情感、特定的目标听众、有号召力的行动。
- 六项优先法则和三分法可以帮助我们更好地吸引和保持听众的注意力。

六项优先法则

以下因素决定了观众的视线第一眼会关注哪里:

1. 运动
2. 焦点
3. 不同
4. 明亮
5. 更大
6. 前面

我最大的烦恼是制片人没有安排好,最终浪费了所有人的时间。拍摄需要周密的计划安排,并提前准备好设备等,这样一天中的拍摄才可能顺利进行。

——艾莉森·威廉姆斯
演员

第10章 视频前期制作

本章目标

视频和动态图像都与运动相关——通过人物、情感、时间、空间，以及最重要的画面来产生运动效果。本章我们将在之前学习的基础上讨论视频制作。你会发现从制作的角度看，静态图像和动态图像有着直接的联系，但是视频创建的图像数量显然更加庞大。

- 策划拍摄一段视频。
- 创建故事板，优化视频制作流程。
- 定义基础的视频术语及概念。
- 解释保存、媒体文件及媒体管理的含义。

> 如果我们不能在一开始吸引别人的注意，那么其余的努力都是白费的。

照片和视频的差别在于画面是否运动。这种表述显而易见又蕴含深意，所谓"让元素运动起来"，到底指什么意思呢？

正如我们从第1章中学到的，我们的目标是吸引观众的目光，而没有什么能比运动的画面更能吸引眼球了。几万年以来，人类都是狩猎者，或者被猎杀的对象。如果我们发现有物体在运动，首先想到的是我们能不能吃它，或者它会不会吃掉我们。这种深刻的本能反应是运动的物体能够吸引注意的原因；这是一种自我防卫机制，就像呼吸一样自然。

为什么这点很重要呢？因为，如果我们的主要目标是说服他人采取行动，那就必须先引起别人的注意。如果他们看不到我们的信息，那么其他的努力都是白费。

然而，在今天这个让人心烦意乱、充满焦虑和以自我为中心的社会里，想要吸引他人的注意越来越难。我们会关掉喇叭观看视频，也会收听没有图像的播客，甚至目光呆滞于未注册过的网站上跳出的广告内容。

解决这些干扰的最好办法就是，将它们替换成拥有运动画面的视频、带有音效的音频，以及引人入胜的图像。而画面的运动性是最重要的。画面能够吸引眼球，声效则可以激发想象。

关于摄像的两个重要概念

摄像机体现着观众的视角。
摄像工作不必追求完美，达标即可。

制作视频通常有两种方式：用相机记录，比如拍摄电影或视频。或是用电脑制作，比如动图和动画。在本章中，我会重点讲述视频的前期制作及策划过程，并讨论适用于动图和视频的一些理念。

两个重要理念

首先，让我们强调两个关于视频的理念。第一，摄像机体现的是观众的视角。这意味着不论你怎么移动镜头，都要像抓着他们的衣领那样让观众紧随着你。

第二，摄像工作不必追求完美，但需要达到一定标准以吸引观众的注意力。事实上，有些影片在拍摄时故意使用一些看似与审美相悖、"粗制滥造"的方式，使视频看起来更加逼真。例如由保罗·格林格拉斯执导的电影《谍影重重5》。但是，从极端角度看，手持摇晃的镜头拍摄出来的视频会显得不够专业。从创造的角度看，使用手持拍摄没有问题，但需要非常小心。因为镜头移动得太快或太突然，会让观众感到眩晕，并且因为受到太多的运动画面干扰而放弃观看。所以，拍摄时要谨慎些，因为看起来业余的操作并不会让视频看起来更"逼真"。

> 前期制作是一个策划视频的过程。

感知节奏

与视频打交道就会涉及"节奏"的问题。连贯的运动能带来节奏感，而无序的运动则没有节奏感。不同于专业演说家的演讲。连贯清晰的讲话也是有节奏的。我们每个人在说话、做手势或者移动时都带着节奏。我不确定这种节奏是来自我们的心跳、呼吸还是手脚。但可以肯定的是，这种节奏确实无处不在。它不仅存在于音乐或诗歌中，也体现在人物访谈、电影制作，以及视频编辑中。

正如你将在本章末"说服力练习"中看到的，一旦你开始寻找，这种节奏就很容易被发现。我们在第3章"说服性写作中"讨论过"各就各位，预备，开始！"的作用，但节奏比这更普遍。当两个人握手时，他们伸手、上下摇摆，然后再放下，动作连贯起来就像跳舞一样。当两个朋友同行时，他们的步调往往一致。在结束一场有说服力的演讲前，演讲者都会掷地有声地进行最后的总结陈述。

正如我们从字体、颜色和图像中看到其背后蕴含的情感一样，记录和编辑视频图像的过程也需要运用节奏的力量。

视频也涉及版权问题

我们在第7章"具有说服力的照片"中讨论过版权问题。如今版权保护的范围不仅限于文字，还包括图案、标志、照片、人们的观看方式，以及物体的着色等——版权保护延伸到各种创造性作品。如果你计划创建和发布一个媒体文件，花点时间阅读一下版权的规定。有条件能与律师沟通一下则更好。如果你预先花时间学习了相关规定，那么可以轻松避免下架通知、版权侵犯、法律诉讼，以及由此产生的成本等问题。

策划视频

不论是制作视频（第13章"视频制作"）还是动图（第15章"运动图形"），都离不开第一步：策划。通过真实拍摄或电脑创作的视频元素不尽相同，但两者背后的理念是一致的。

归根结底，在策划视频时，记住一点，那就是一切不会按你的计划进行。电影导演朗·霍华德说过："关于执导影片，有件事你需要知道。那就是每一个你涉及的项目，最终都会想尽办法去让你感到心碎。"

哎，我一直记着这句话。

策划工作包括一系列内容：

- 构想概念、信息、故事和剧本。
- 后勤工作，包括安排地点、道具，以及办理各种许可证等。
- 搭建团队，包括招募演员、工作成员和后勤人员。

以上几点极其重要。你需要提前做好策划，确保所有需要的东西都能按时出现在同一个地方，以便完成拍摄。这点非常重要，但不在本书的讨论范畴。

另外同样重要的是，在创意方面的策划：外观、镜头、场景布景、现场调度及拍摄画面，等等。因为有太多的选择，所以操作起来难度很大。一个八度有十二个音，但可以创作出一首音乐！图像、视频创作也是同样的道理，可供选择的创意层出不穷，因此很容易在做决定时迷失方向。

故事板：思维工具

故事板是一种有效的策划工具。它不是艺术创作，这点通过图10.1显而易见。但我们可以把它当作"思维草图"，以可视化的方式帮助我们思考项目。

只需简单的上网搜索，就能找到各种故事板创作工具，包括一些专业人士绘制的惟妙惟肖的插图。但别被它们弄分心了。优秀的故事板创作工具不需要非常精美，它只需要帮助你达到"想让观众看到什么"的目的即可。

例如，图10.1中的故事板由上下两排内容组成。上面一排画的是观众视角，或者说是摄像机视角。下面一排则是所谓的"平面图"视角，勾勒了人物、摄像机、布景，以及其他物体的位置和运动方向。我添加了对话注释，便于把台词和画面关联起来。

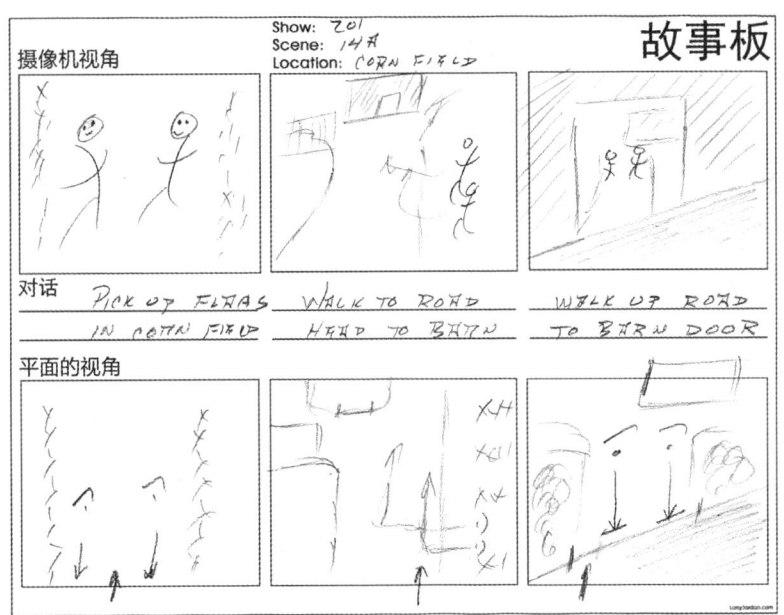

图10.1 故事板是帮助人们可视化思考的一个工具。第一排的三个画面是从摄像机视角看到的内容；第二排则是平面图视角，展示了拍摄该画面所涉及的人物及事物的具体位置和运动方向

通过这些草图，能让我与摄制团队和演员更便捷地进行沟通，包括拍摄类型、道具，以及摄像机的位置等。在开始勾勒想法时，团队的每个成员可以各抒己见，在确定具体的内容后才开始拍摄。这样，在拍摄过程中每位成员都能明白目前进行到哪一步，下一步又该做什么。

对于访谈类的视频拍摄，故事板的作用可能并不明显。但只要摄像机或人物开始移动，我们就可以使用多重场景和动态拍摄的手法。当拍摄团队不再只是几个抽出时间协助你的朋友的时候，故事板能让拍摄现场的沟通效率变得更加高效。

必不可少的工作流程

弗朗西斯·波诺娃的《焦点新闻 Z》和《失踪》两部影片分别获得了奥斯卡金像奖最佳剪辑，以及英国电影学院最佳剪辑。我在2003年与她有过一次短暂的对话，具体内容可以参见第14章"视频后期制作"的结尾部分。在那次15分钟的交流中，她的一个观点改变了我在教学、写作，甚至对待项目的态度。她说："我永远没有充足的时间去使作品达到令我满意的程度。"她的作品可是获得过奥斯卡金像奖！如果她都没有足够的时间，那我们更没有了。

这正是我重视沟通效率和工作流程的原因：时间永远不够用。灯光组忘了带延长线，化妆组要花更多的时间在演员的头发上，台词提示器频频出现故障。著名的罗莎娜·罗莎娜达娜曾说过："总会有些事情发生。"这意味着你总是没有充足的时间去完成一件事，也没有让你重做一遍的时间。

> 工作流是为了有效完成任务，而制定的明确的、书面的工作步骤（流程）。

这就是策划、筹备，以及工作流程为何如此重要的原因了。既然我们没有充足的时间，那么就要尽可能高效地进行时间分配。在前期策划、构思上所花的时间越长，执行拍摄和发布的工作效率就越高。

具备了这些认识，让我们了解一下创意类项目的简要工作流程：

1. 策划。明确目标、预算、观众、交付物、信息和故事内容。哦，还有截止时间。

2. 收集。收集用于完成该项目所需要的各种素材。

3. 创建。创建项目。

4. 批判。这步是最难的，审视创作的项目，然后进行优化。中途可以征求他人意见。

5. 修改。根据他人的意见对作品进行优化，然后在截止时间前重复批判、修改的过程。

6. 发布。向外界分享成果，如果策划内容最终都按计划落地了，那么项目就准备就绪了。

如果连表达内容、截止时间或者观众对象都不清楚的话，那么创建视频就没有意义了。你所做的就是浪费时间、原地打转。

视频术语定义

和大多数行业一样，媒体业也涉及许多专业术语。有时人们认为，我们不必为了显得"特别"而把语言复杂化。例如，我们不会把木质衣夹叫"Clothespin"，一直以来我们叫"C-47"。原因很有趣，请自行网络搜索。不用担心，我不会罗列所有的行业术语，但要了解本书中提及的行业术语。

编解码器（codec）：编解码器是"编码器/解码器"的简写，通过软件运算，能将现实中的声光转换成可在计算机上存储并回放的二进制数字。编解码器的数量不计其数！编解码器会在图像品质、编辑便利性，以及体积大小这3个方面进行优化。图10.2展示的是这3个方面最理想的状态。

图10.2 编解码器的三角关系：在我们处理媒体文件时，同时最多只能选择并达到两方面的要求

交付内容（deliverable）：包括你需要向观众传递主文件中涉及的相关内容以及技术规范。如果要在YouTube上发布视频，那么技术参数相当宽松。而如果要在Netflix上传文件，参数要求则会非常严格。因此，拍摄开始前要准确地核实交付内容对应的技术参数要求，这是非常重要也是明智的做法。

我们在拍摄和编辑视频时，可以选择编解码器，但最常用的编解码器包括：
- H.264、AVCHD以及AVCCAM
- HEVC
- MPEG2,3,4
- Apple ProRes
- 如RAW、Log-C及P2等专业格式

视频片段（clip）：视频片段是由一系列连续称为"帧"的静态图像在屏幕上快速闪烁而形成的，如图10.3所示。它可以包括画面、音频或两者皆有，也可以包括时间码、字幕，以及标签（元数据）等内容。

帧（frame）：一帧指的是视频片段（某一刻的）图像或图像大小。

定位（framing）：图像中各项元素相对于画面的定位方式。

帧数尺寸/画面大小（frame size）：画面大小的单位是像素，通常视频的大小为1920像素×1080像素（一般前面的数字代表水平宽度）。

图10.3 这是由埃德沃德·迈布里奇在1878年拍摄的首部电影。我们可以看到，影片是由一系列静止的图像通过快速播放而形成的动态效果（《奔跑的马》由埃德沃德·迈布里奇在1878年拍摄，版权归其所有）

第10章 视频前期制作 225

帧率（frame rate）：帧率决定了视频片段中每一秒出现帧的数量。典型的帧率包括24、25、29.97、30、48、50、59.94和60帧/秒（FPS）。要根据交付要求选择拍摄帧率。

横纵比（aspect ratio）：画面宽与高的比例，如图10.4所示。大多数高清（HD）视频的横纵比是16:9。较老的标清（SD）为4:3。

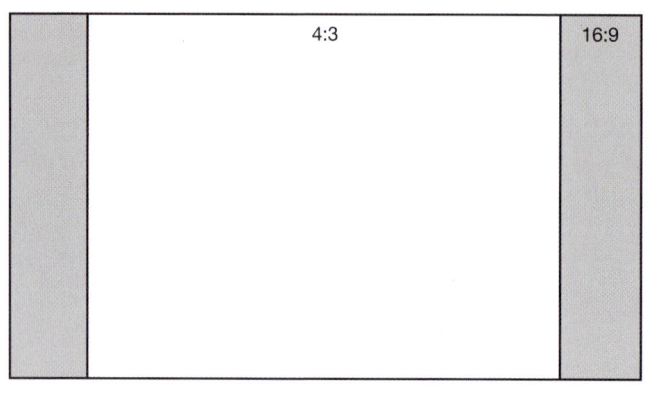

图10.4 横纵比实例。较宽的是16:9，如今经常用于电影、电脑及电视荧幕。传统的4:3则是我们20世纪50年代观看的电视的画面比例

时长（duration）：时长指全部视频或部分视频（称为视频"范围"）的长度，可用小时、分钟和秒来表示。

时间码（timecode）：时间码是一个"地址"，它记录着视频中每一帧的具体时间，以时间点来表示：小时:分钟:秒:帧。例如，时间码01:24:48:10的意思是1小时、24分、48秒、10帧。一天中的具体时间与时间码两者没有必然的关系。

转码（transcode）：从一个解码器转换到另一个解码器，例如，把H.264格式的视频转换成RroRes格式的视频。如果需要，转码可以改变视频的大小和频率，但一般情况下我们不会这么做。

> 苹果7以及后续的机型支持两种图像格式设置：高效率视频编码（HEVC）以及兼容性较好的H.264。这项设置决定着手机将以何种编解码格式进行拍摄。两者都拥有较高压缩率，尽管在视频播放和编辑时，HEVC格式对电脑硬件和操作系统的要求更高。我更推荐选择H.264格式，虽然文件体积更大一些。

压缩（compress）：（1）压缩是指去除音频、视频中相关数据，以减小其文件体积。我们通常会把主文件进行压缩后再发布到网络，因为原始文件太大了。（2）压缩也可以指调整音平，以减少强弱声音信道间的变化。音频的压缩不会删除数据，我会在第12章中讲述音频压缩的相关内容，以及在第14章讲到数据压缩。

相机原始文件（camera master）：由相机拍摄的原始媒体文件称为相机原始文件，在许多情况下会先对其转码再进行编辑。

媒体文件管理

媒体文件的管理是一个过程，让你在创作前弄明白该如何处理它们。花时间计划一下如何保存、移动以及命名媒体文件夹，而不是在最后慌乱中才想起来保存位置。

对于一个项目来说，媒体文件管理是一个挑战。因为不同于文字处理或Photoshop软件，各媒体元素不是保持在媒体项目中的，而是保持在系统的其他地方的，"关联"或指向媒体项目。

这意味着如果对它们进行移动、重命名、禁用，以及从桌面上删除等操作，那么存在于项目内部的这些超链接就断了。一旦如此，项目最后就会无法导出。事实上，甚至无法播放！

这几年里，我收到过无数封类似的电子邮件，发件人都是惶恐不安的剪辑师。他们在准备导出作品前，决定"清理一下"，选择重命名或移动某些文件，然后就造成了悲剧。

开始视频编辑前，对媒体文件进行组织和整理绝对是更明智的做法！这样从一开始就掌握了文件的位置，在即将完成项目前根本不用担心能否正常导出的问题了。

开始项目前，对媒体文件进行思考的另一个原因是，媒体文件往往很大！通常很小的一个项目就包含着几十GB的文件。我甚至有多个项目大小达到了几TB。媒体文件的数量会像春天的蒲公英一样不断增加，占据着庞大的系统空间。

> 通过媒体文件管理，能帮助我们在视频制作和编辑过程中进行规划：添加标签、保存、搜索，以及快速进入媒体文件。

高速大容量的存储设备必不可少

只有在需要保存媒体文件的时候，才知道它到底有多大。媒体管理可以帮助我们在视频制作和编辑过程中进行提前规划：添加标签、保存、搜索，以及快速打开媒体文件。正如许多剪辑师所发现的，要做到提前规划，说起来容易做起来难。

例如，过去我们的祖父母在电视上观看的标清（SD）视频，每帧包含345600个像素，一小时的视频文件大约13GB。而如今，在Netflix上观看4K视频，每帧包含830万个像素。根据编解码器和压缩率的不同，一小时的视频文件大小可以超过400GB！而大多数媒体项目涉及了成百上千个小时的原始素材！

图10.5显示了拍摄更大帧数的趋势，这意味着文件大小也将不断增加，从而需要更大的存储空间。更糟的是，由于新建数字文件十分便捷，在文件本身的大小日益增加的同时，也会让人不自觉地新建许多并不需要的文件。

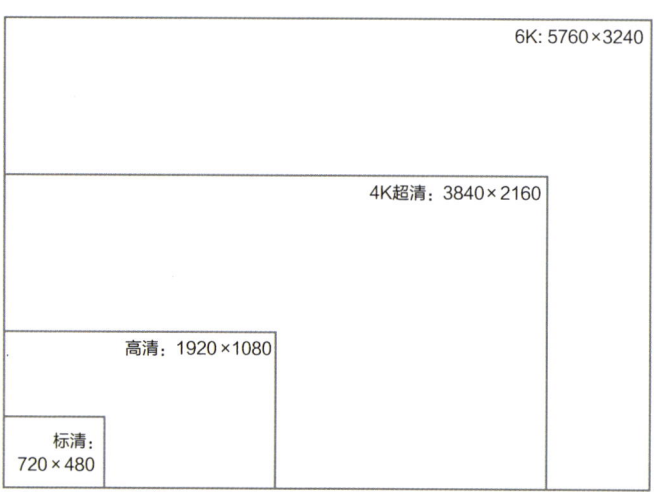

图10.5 显示了从标清（SD）到6K超清视频帧数大小的变化。最新的摄像机可以拍摄8K甚至更高帧数的影片，但由于尺寸太大无法显示在这页纸上

帧数尺寸仍在加大

6K帧数的视频用于制作和编辑（暂未用于最终发行规格），每帧拥有大约1900万像素，一小时长的视频大小取决于编解码器是否可以达到1TB。8K视频的体积则更是6K视频的两倍！哎……

例如，表10.1列出了使用苹果手机在不同帧数、帧率，以及时长的拍摄条件下产生的视频文件大小。

表10.1中的具体数字其实并不重要，重要的是那些视频大小的单位从几十GB增加到几百GB。你要想清楚在哪里保存这么多媒体文件，这点非常重要。

媒体文件管理经验包括：

- 媒体文件会占用大量的存储空间，以至于需要购买额外的存储设备来扩大电脑内置的存储空间。

- 媒体文件对存储速度的要求高。从移动硬盘到电脑的传输速度决定着视频播放的流畅度，这种速度通常需要达到每秒成千上万兆字节。
- 随着帧数的增加，对存储空间及传输速度的要求也会增加。
- 开始编辑视频时，需要预留比原始视频文件大 4~8 倍的存储空间，用于转码以及存储编辑软件所产生的工作文件。
- 绝大多数视频文件由于大小原因无法通过电子邮件进行收发。HEVC 格式的拍摄仅适用于苹果 7，以及后续更新的机型。

表10.1 苹果手机拍摄视频大小

源文件	一分钟 H.264	一小时 H.264	一分钟 HEVC	一小时 HEVC
720P HD@30帧/秒	60MB	3.5GB	40MB	2.4GB
10800P HD@30帧/秒	130MB	7.8GB	60MB	3.6GB
1080P HD@60帧/秒	175MB	10.5GB	90MB	5,4GB
1080P HD@慢速120帧/秒	350MB	21GB	170MB	10.2GB
1080P HD@慢速240帧/秒	N/A	N/A	480MB	28.8GB
4K HD@24帧/秒	270MB	16.2GB	135MB	8.1GB
4K HD@30帧/秒	350MB	21GB	170MB	10.2GB
4K HD@60帧/秒	N/A	N/A	400MB	24GB

表10.2为手机拍摄的视频格式以及常用的编辑格式对比，再看一下这些文件的大小。

表10.2 根据不同帧数和编解码器所拍摄的视频大小

源文件	一小时 H.264	一小时 PRORES 422
720P HD@30帧/秒	3.6GB	33GB
10800P HD@30帧/秒	7.8GB	66GB
4K UHD@30帧/秒	21GB	265GB

从来就没有"存储空间够用"的讲法。

再次强调,一旦开始拍摄,你要想好在哪里存储拍摄的媒体文件,这点非常重要。如果你未来计划开展密集的媒体拍摄或编辑,那么足够的存储空间、设备,以及用于视频编辑的高性能计算机同样重要。

> **云存储**
>
> 对于移动设备的用户来说,iCloud和谷歌Drive等是存储媒体文件的方式之一,这取决于计划使用和需要保存的媒体数量。这两种存储方式可以快捷地将文件从一个设备导入另一个设备。
>
> 然而,本地计算机和云盘之间的互联网连接通常无法满足编辑的要求。因此,可以使用云存储进行备份和传输,但仍然要把媒体文件复制到本地进行编辑。这也意味着需要预留用于文件线上、线下传输的时间。虽然现在有许多在线进行媒体编辑的工具,例如Bebop、Blackbird和Premiere Rush等,但目前我还是建议在本地进行媒体编辑。

存储空间从来就不够用

媒体剪辑师通常困扰于电脑配置,比如内存是否足够、图形处理器(GPU)是否够快,以及该选3.1GHz还是3.2GHz的中央处理器(CPU)。但他们却忽视了一个方面,那就是从提高视频编辑的效率来说,硬盘的读写速度和容量大小要比计算机本身的速度更为重要。

图10.6 存储设备的三角关系,与编解码器一样,一般我们只能同时满足两个方面的标准

一台高速的计算机当然是好的,但如果这样一台计算机搭配的是低速甚至容量不够的硬盘,那也无法发挥出全部性能。存储技术的变革速度之快,导致我们无法给出具体的型号或配置建议。但是,在计划存储需求时,仍有些通用指南可以参考。

与编解码器一样,存储设备也存在一个三角关系,如图10.6所示。存储硬盘需要容量大、速度快、成本低,但往往只能同时满足以上两个方面。

- 固态硬盘速度极快且便于携带,但其存储容量有限。
- 普通的单一硬盘存储容量大且价格低廉,但读写速度一般。
- 磁盘阵列存储容量大,运行速度快,但价格不菲。

在购买存储硬盘前，试着回答以下问题：

- 准备使用哪些编解码器？存储硬盘的运行速度至少要达到普通媒体播放速度的2倍。

- 计划拍摄多少内容？由于每次拍摄的内容都会比拍摄计划多，按拍摄计划量的2倍进行计算。

- 计划如何进行视频编辑？编辑工作会产生许多文档，预留拍摄内容4~8倍的存储空间，用来保存这些额外的文件。

以上规则并非一成不变。我办公室电脑的硬盘有超过90TB的存储空间，容量应该不小了，但实际上已经快满了。所以说，从来就没有"存储空间够用"的讲法。

> **备份必不可少**
>
> 我之前就说过，这里再次重复一遍：备份你的媒体文件！
>
> 是的，备份需要占用空间。是的，储存硬件需要花钱。不用备份？那是因为你还没遇到问题。但你能承担丢失所有媒体文件的风险吗？我不能。不论是复制到另一个硬盘，还是上传到iCloud或BackBlaze等网盘或本地服务器，确保备份至少两份媒体文件。备份的成本比重新拍摄可要低得多。
>
> 备份内容应包括所有媒体文件、工作文件和项目文档。

定位媒体文件

当我们创建一个新的Word文档时，输入文字内容，命名文件，单击保存，然后继续下一个任务。到了这里，也许你已经猜到处理媒体文件可没这么简单。你猜对了。

低成本的摄像机以数据块方式进行视频录制，并将它们保存在存储卡的不同文件夹中。手机会对这些文件进行整合后再复制到编辑系统。如果从移动设备直接复制文件到计算机，那么传输速度至关重要。例如，通过数据线、Wi-Fi或AirDrop连接的传输速度比从互联网上传/下载的速度更快。

如果要把摄像机存储卡上的内容复制到硬盘，首先在硬盘中创建一个文件夹并对其命名，然后复制存储卡上的所有内容（每个文件夹）到硬盘上的新文件夹中。许多相机默认会跨多个文件夹进行文件存储。如果不复制全部内容，那么某些媒体文件就可能出现问题。

> 计算机运行速度快当然很好，但是如果计算机运行速度快，但是存储速度很慢，或者更糟糕的是计算机根本没有额外的存储，这肯定不是一件好事。

第10章　视频前期制作

不要给相机存储卡中的原始文件夹或文件进行重命名。保留默认命名的文件夹。确保所有的媒体文件成功导入编辑系统。

相反，你可以对复制到硬盘上的媒体文件进行重命名。每个编辑系统（称为"非线性"编辑，如Apple Final Cut Pro X、iMovie、Adobe Premiere Pro、Premiere Rush、Avid Media Composer等）允许在程序中对视频片段进行重命名。

文件夹的命名规范

图10.7 易用的媒体文件夹命名体系

命名规范应该取决于项目的需要而定。图10.7展示了我偏好的一种命名规范，推荐用摄像机存储卡的文件夹命名。

首先，在硬盘上创建一个文件夹以便存储所有的媒体文件。将所有内容放在同一个文件中以便查找和备份。对主媒体文件夹进行命名，如"源媒体"。再根据不同客户、活动或主题分别创建文件夹，如把某个客户的文件夹命名为"瞬间制作"，如图10.7所示。

在客户文件夹中，给每个项目创建一个文件夹，一般用缩写加数字来表示。例如，在"瞬间01"项目中，"瞬间"是客户缩写，01代表该客户的第一个项目。

在每个项目文件夹中，我会给每张存储卡创建一个文件夹，如果是从iOS设备中拷贝来的文件，则给智能手机拍摄的视频创建一个文件夹。

客户代码包括拍摄日期、摄像机编号，以及存储卡号。例如，"瞬间03_201022_A01"具体代表的是：为瞬间制作创建的第三个项目，拍摄于2020年10月22日，由主摄像机拍摄，并且这是当天拍摄使用的第一张存储卡。

> **三思而后行**
>
> 讲了这么多内容，你应该能明白，在开始新的项目前，首先要考虑好文件命名和保存位置等问题。经验告诉我们，如果在视频拍摄和编辑前解决了这些问题，那么可以免去许多烦恼。比如你知道拍摄了一个视频，但就是找不到它了！

你可以根据需要调整对文件夹的命名规范。然而，请记住以下几点：

- 对于用于复制文件的目标文件夹，可以按自己的想法对其进行命名。
- 不要更改由摄像机自动创建和保存在存储卡中的文件夹或文件的名称。
- 将存储卡中的全部内容复制到对应的文件夹中，每个存储卡对应一个文件夹。
- 通过移动设备拍摄的媒体内容要复制到其对应的文件夹中，然后根据需要进行分组。不同于相机卡中的媒体文件，我们可以在 Finder 软件中对手机中的媒体文件进行重命名。
- 在编辑软件中需要对文件进行重命名的，选择对你有意义的名称。
- 留足比主文件大 4~8 倍的存储空间给编辑时产生的工作文件。
- 始终备份所有媒体和项目文件。自始至终都得如此。

> 如果你拍摄的视频片段找不到了，那和你没拍的性质是一样的。

本章要点

本章涉及了许多内容，重点如下：

- 视频制作与其他创作的一个关键区别是，前者中的要素是动态的，而且视频文件更庞大。
- 包括说话在内的所有人类活动都是有节奏的。
- 视频拍摄的策划包括在后勤和创意方面做的各种决定。
- 完成一个作品的时间从来都是不够的，项目策划和工作流程显得尤为重要。
- 视频领域涉及许多技术名词。理解其含义能够改善团队成员之间的沟通效果。
- 在启动任何一个项目之前，确保理解交付物中对技术及内容方面的参数要求，以及交付的截止时间。
- 编辑视频前，计划好媒体文件的保存位置、组织结构，以及命名规范。
- 如果拍摄的片段找不到了，那么性质等同于没拍。

说服力练习

运用故事板画出你最喜欢的一部电影中的前5个镜头(从片头之后算起)。目标是思考以下元素的位置:摄像机、人物和布景,以及镜头所指的方向。

试想一下电影真实故事板的样子。相比摄像机视角(图10.1中的上面一行),令我更感兴趣的是下面一行所展示的平面图视角,因为通过该视角可以清楚地看到所有相关元素的位置。

他山之石

视频技能对学生的重要性

维基·亚力克
首席工程师

19世纪末到20世纪初,南卡罗来纳州的麦考密克曾是一个繁荣的小镇,周围遍布棉花种植园。1922年,棉铃象鼻虫的出现毁掉了所有的庄稼。从那以后,麦考密克小镇陷入困境,并在很长一段时间里成了南卡罗来纳州最穷的地方。许多高中毕业生一辈子都在这儿生活和工作。

这座小镇的教育系统落后,但如果有就业项目的话,那么可以申请教育基金。我在芝加哥WLS电视台工作了20多年后,搬到了这座小镇,就职于当地一个自营的网络电台。我的一些经历和技能可以分享给当地的学校。

能够做到以声音和灯光为辅助使用动态图像,这是一个非常重要的技能。如果能建立一个学校广播工作室,就可以帮助学生增长见识,让他们有机会接触媒体和视频制作。这个项目也可以包括附近其他小镇的学生。这样学生们就能明白,他们在学校习得的技能可以在毕业后运用到实际工作中。

成立一间广播工作室涉及许多技能上的要求。硬技能如操作设备、摄像机、切换器、灯光、照明和音频等,以及软技能如写作、采访技巧、待人接物、编写节目提纲等。

我们幸运地在获得了一笔资助后开始搭建广播室。我们所选的都是可以使用几年的设备，比如PTZ摄像机，它可以通过HDMI连接音频，并由IP摄像控制器操作。这通常是大多数电视台的配置。每个镜头可以独立拍摄，不受切换器的影响，这对拍摄像小镇会议这样的活动是一个加分项。

切换器有虚拟端口设置，包括HDMI输入和数字流媒体，还能连接到国家天气系统。项目的进程可以通过切换器显示在学校的各个屏幕上。

我们设计的控制室同时也可用作配音和录制播客。另外还有几台高清摄像机，以及用于现场的有线麦克风。

对于如何使用这些设备，我们只是学习了冰山一角。大家各抒己见，目标就是让这些想法成为现实。我希望通过让学生接触这些技能，在未来改变或者指引他们的生活方向。

我给准备做采访的人的首要建议是,做好功课。我会做很多关于受访者的功课,比他自己了解的还多。

——芭芭拉·沃尔特斯
记者

第11章
创建引人入胜的访谈

本章目标

我们可以自己创建具有说服力的故事,也可以通过采访别人去挖掘故事。本章将从采访者和受访者的角度讲述访谈的过程。主要内容包括:

- 如何策划一次采访。
- 如何开展一次采访。
- 如何成为一名优秀的访谈嘉宾。

> 所谓采访，就是在有限的时间里与观众分享信息的过程。

创建具有说服力的故事有两种方法：自己撰写或者向别人学习。在第3章中，我们谈到了如何更好地讲述故事。在本章里，我们将讨论如何通过采访去发掘吸引人的内容。

采访是所有媒体的标志性活动。因为这样可以有效地挖掘信息。我做过几千次采访，包括在广播、新闻、现场活动，以及我的播客中。绝大多数采访是通过电话或Skype进行的。我一直很喜欢采访别人，因为每次都能从中学到新东西。

采访可以是视频或音频的形式。但形式并不重要，因为内容本身比视觉效果更重要。在当今播客时代，访谈为人们提供了一种快速又简单的方式去学习新事物。访谈的本质是对话：畅谈某一话题，引起思考和想象。

所谓采访，就是在有限的时间里与观众分享信息的过程。在扣人心弦的采访中，面部表情以及讲话声音都能表现出谈话者的情感和激情。但采访远不止这些。采访的目的，是从具体领域的专家那里获得无法从其他途径得到的信息。采访也能洞察出人物的情感，这些通过文字叙述或图像展示都是无法捕捉到的。

策划采访

作为采访者，你的角色是代表观众向受访嘉宾进行提问。因此，你是负责人。我常把采访比喻成跳舞，由采访者领头，嘉宾跟着跳。两者需要共同配合才能完成访谈。要有人控制采访的进程，要么是采访者要么是受访嘉宾。除非想让嘉宾主导，否则你需要一个周密的策划，让访谈朝着你想要的方向发展，如图11.1所示。

图11.1 所有的采访始于周密的策划——你想达成什么目的

第一步要做的就是确定目标。通过采访想达成什么目的，采访过程中涉及哪些重要内容，以及希望观众从中获得什么信息。要紧密围绕"谁，什么，何时，哪里，为什么"。事实上，我就是这样搭建访谈结构的。

在大多数情况下，采访不是审问。你做的不是"60分钟"这样的电视节目。而是和嘉宾谈论双方感兴趣的某个话题。嘉宾越感到舒服，你就越可能得到更好的回答。

你的提问要让受访者能较为详细地进行回答，而不是让他们感到难堪或不知所措。要尊重他们的职位，考虑其在公司或组织的级别，有些问题可能并不合适。我曾经在一个直播节目中问一位技术工程师，为什么他的公司在前一周申请了破产。这是一个恰当的问题，但考虑到实际情况他不适合回答。你提前准备了问题清单，但如果聊到有意思的内容，随时做好准备调整，稍后再回到清单上的问题。

策划虽然没有制作那么吸引人，但它依然很重要。不论是否有时间限制，通过漫无目的的闲聊来试图发掘采访主题是不可取的。你心中要有一个目标。这并不意味着不能在对话过程中去探索其他话题，但是优秀的采访者会清楚地知道访谈的方向，如图11.2所示。

图11.2 访谈可以很简单，两个人坐在桌边就可以进行

在我看来，策划访谈和准备脚本是有区别的。我会去策划，但不会去准备脚本。也就是说，我会准备好笔记，但不会提前告诉受访者。如果我采访的是一位艺术家，我甚至根本不知道他会说什么。但我会明确这次采访中是否会讨论她的生活、工作、成就或者正在做的事业。因为我的大部分采访只有几分钟的时间，因此需要聚焦于能否快速地抓住问题的本质。提出一些有针对性的问题，这样可以让受访者集中注意力。

我总是提前准备问题，每分钟一个问题，并且做好录音。对于不少直播访谈，录音时间会更长。对采访内容进行录音，有更大的机会去消除障碍和避免不必要的评论。我所有的采访录音都不会超过20分钟，这促使我集中精力获取所需要的素材，而不是"钓鱼探险"。这源于我在便携式录影带时期的工作经历，每盒录影带只能存储20分钟的媒体内容。

图11.3 采访也可以像直播节目那样非常复杂，比如BUZZ数字制作公司对2017年NBA比赛进行了长达32小时的直播报道

有针对性地提问，可以让嘉宾更聚焦。

两个人的工作

如今的许多视频团队只有一个人。提问者同时负责摄像、照明和音频。我的建议是，在可能的情况下，你的团队至少应该由两个人组成：一位负责硬件，另一位聚焦于受访者和访谈内容。在你操心摄像机是否对焦准确或者声音是否清楚的时候，是很难关注访谈本身的。多一个人提供技术帮助，你的访谈质量会有很大的提升。

进行采访

制订了采访计划，就该进行采访了，如图11.4所示。在我看来，只要嘉宾一出现，采访就意味着"开始"了。受访嘉宾一进来，你就要把注意力集中在他们身上。首先介绍摄制组，然后让他们集中精力做最后的调整。作为主持人，你要在一开始就与嘉宾建立融洽的关系。

无论嘉宾们多有经验，在访谈前几乎都会有些紧张。他们担心自己的外表，担心一会说什么，以及担心主持人会如何剪辑访谈的内容。面对摄像机也是他们紧张的一部分原因。因此，你要做的事情就是想办法减少他们的紧张情绪。

向他们解释访谈的流程，告诉他们坐在哪里，眼睛看向哪里，并向他们保证这次访谈不至于把他们害死。不要笑，你一定会感到吃惊，当我对着嘉宾说出"不要担心，本周还没人在镜头前死去……"后

图11.4 拉里·乔丹采访电影制片人席琳娜·卡塔尼亚在NAB 2018现场直播（图像来源：数字制片公司 Buzz / Thalo 公司）

他们露出一副如释重负的表情。他们会礼貌一笑，这会让他们感到放松。

提问既是一门艺术，也是一种科学。提问的艺术在于要用心聆听嘉宾。演员把这种感觉称为"入戏"，即全神贯注于嘉宾和他们的观点。提问的科学在于，如何组织问题向嘉宾提问。

我很少按事先准备的顺序提问，而且经常会在讨论的过程中提出新的问题。换句话说，事先准备的书面问题是基础，可以在需要的时候发挥作用，但它们只是一种补充，不能替代你去积极地倾听嘉宾。

沉默不是坏事，至少在录音采访中是这样的。有时不要急着提出下一个问题，让嘉宾有时间去思考上一个问题，然后稍停片刻，再进行详细说明。

任何采访的核心目标，是从嘉宾分享的信息中发现故事内容，然后让观众为之动容。为了达到这个目标，我对所有的采访都建立了明确的结构。

> 作为访谈者，你的任务是代表那些未来到现场的听众，提出他们想提出的问题。

不泄露提问的内容

我从不与嘉宾提前分享访谈的问题，因为那样的话，他们会尝试去记住问题的答案。如果是死记硬背的话那可太糟糕了！但我会分享采访的主题和领域，不涉及具体问题，仅此而已。此外，如果嘉宾的回答有误，那么我不会再提问同样的问题，因为他们第二次的回答也将是平淡无奇的。相反，通常我会在一两个其他问题之后，用不同的方式对上面的问题再次提问。

采访的结构

在正式录制采访前,我会提醒嘉宾在回答问题时把问题本身也包括进去。在大多数情况下,他们确实这样做了,尽管对问题本身的复述往往并不那么尽如人意。但是,只要他们重复了我的问题(之后再开始回答),总是会先停顿一下,然后在绝大多数情况下,说出对于问题的完美回答。我不知道其中的原因,但事实就是这样。我在40多年的采访生涯中一直使用这种方式。

在采访时,我的第一个问题总是,"仅为了录音记录而不是采访,请告诉我您的姓名、职位和公司。"我并不期望得到标准答案,但这样可以让嘉宾用一个简单的开场白来做个热身,使他们放松心情,并暗示自己说:"情况还不错,我能做到。"

采访就在这个时候开始了。询问"发生了什么事?""谁做的?""什么时候开始注意到这点的?"避免一些使用"是"或"不是"作为回答的问题。例如,永远不要用"能否""是否应该""是否曾经""是否将""是否已经"等开头进行提问,因为一旦嘉宾回答"是"或"不是",你只会得到一个没有用的回答,而且还得匆忙地想出下一个问题。

使用"什么"、"谁"或"何时"开头的问题进行提问,这样能让嘉宾深入阐述发生的事情。他们不是在征求意见。大多数回答从情感上来说是中立的,复述事实,建立共同的认识。这些也为之后的采访打下了基础。

在嘉宾经过了放松、热身,以及讲故事之后,是时候转移到"如何"以及"为什么"之类的问题上了。这些问题会探究嘉宾带有感情色彩的意见。如果太早地转到这些问题,嘉宾可能会感到怯场。但当他们意识到你是一个倾听者,会专心地聆听,而且不会给自己带来麻烦的时候,他们会自然地分享自己的观点和感受。这时,你就可以提出这样的问题,"对此你有什么感受?"、"为什么这是必要的呢?",或者"为什么说一切都崩溃了?"。

> 有时在我得到了一个并不是很满意的回答之后,我会追问对方"为什么?"然后保持安静。

有时在我得到了一个并不是很满意的回答之后,我会追问对方"为什么?"然后保持安静。一般来说,嘉宾和我进行访谈时会感到比较自在,并试着表明正和我一起合作去完成此次访谈。一句"为什么?"会触及他们内心深处,从而揭示背后的情感。这正是我采访中所追求的。

每次采访结束前，我都会问嘉宾："还有什么我该问但没有问的吗？"我并不是万事通，而且在通常情况下，这个问题会引起嘉宾强烈的反应，这出乎我的意料。很多时候，这甚至成为整个采访的亮点。只要嘉宾认同你们是在共同贡献这次访谈，那么上面的这个问题会给你带来意想不到的信息和惊喜。

采访的时候，我总会仔细注意开始和结束的语音片段。一般情况下，采访开始于嘉宾对"什么"之类问题的回答，结束于对"为什么"之类问题的回答。

采访结束后，在对摄制组喊"卡"之后，你应该马上告诉嘉宾采访已经结束。即便这次采访很糟糕，你也要恭喜他们完成得很好。让他们知道自己在镜头前有多帅，请他们放心，因为他们的表现很好。

虽然阿谀奉承和欺骗谎言之间只有一线之隔，但告诉嘉宾他们的表现很差不会对访谈起到任何的帮助。所以，不妨让他们带着良好的感觉离场。同时，确保在嘉宾离场后再与团队讨论技术问题。

当然，在采访过程中如果出现了音频或视频方面的问题时除外。如果发生了这种情况，我会在嘉宾回答完某个问题后，指示工作人员中止采访，然后把问题解决掉。不要在嘉宾回答时打断他，那样会破坏他们的注意力，从而使他们又紧张起来。因为他们会觉得问题出在了他们身上。

我在这章的开头部分说过，访谈是一个在有限的时间内与观众分享信息的过程。当你提前做了功课，设定了目标，准备好了问题，并让嘉宾感到放松，然后通过提问获得了可靠的回答的时候，你和你的观众都会从中受益。同时，你的嘉宾也会认为你是一个天才！

> 每次采访结束前，我都会问嘉宾："还有什么我该问但没有问的吗？"

不要回避尖锐的问题

在所有的采访中，除非你的能力有限，否则你有一部分责任去挑战嘉宾的陈述。要促使他们深入思考，就要提出尖锐的问题。你没必要表现出敌对的情绪；相反，你所代表的是观众：他们想了解什么信息？他们想让你提出什么问题？轻而易举就能回答的问题对大家都没有好处，要把问题抛出去！但凡接受过几次采访的嘉宾都有能力做出回应和解释：公司为什么做出这项决定、这个问题是如何发生的，或者计划如何去解决，等等。作为采访者，你的角色是代表观众向嘉宾进行提问。

成为一名优秀访谈嘉宾的10条法则

我的访谈经历广泛,从与嘉宾探寻异国度假胜地到与CEO探讨最新科技前沿。我已经记不清具体制作、导演和主持访谈的次数了,少说该有几千次吧。作为一名受访嘉宾,你要做出完整的回答,并且跟着主持人的思路不掉队,如图11.5所示。

图11.5 作为一名受访嘉宾,你要做出完整的回答,并且跟着主持人的思路不掉队

我采访过不少所谓的"名人"或"专业嘉宾",但他们有些并不专业。大多数是来自公司或组织的行业高管。大部分嘉宾都很有意思。但有些人甚至无法说出完整的一句话,也有些人紧张到汗流浃背,我为向他们询问姓名都感到抱歉。

几年前,我做了一个关于贸易展览的播客,在4天的时间里进行了总共104次采访。之后,我在博客上发表了一篇名为"成为一名优秀访谈嘉宾的10条法则"的文章。虽然这些法则侧重于技术方面,但实际上适用于任何行业。还记得WII-FM(What's in it for me?)吗?你的回答要让听众有所获益,而不是显得自己有多厉害。以下是文章的重点。

访谈提供了一个良机,让你向全世界推介公司产品,解答用户所关心的问题。换句话说,你已经为访谈做好了努力和一切准备。下面这10条法则可以帮助你在访谈中取得成功。

- **你是谁**。简要清晰地阐述你所在公司的业务。如果其中没有"解决方案"之类的词语、超过3个字母的缩略词或者带有连字符的专业术语的话,还能为你额外加分。你无法用语言解释清楚的东西,观众是不会花精力去弄明白的。

- **为何是你**。解释为什么你的产品、服务或想法比别人更好。潜在客户会把你与竞争对手进行比较,所以给他们一些选择你的理由。这点也适用于试图提高知名度的场合。观众为什么要注意你呢?

> 如果你无法用通俗易懂的语言去解释清楚,那么听众是无法自己想办法理解明白的。

- **访谈是对话**。不要回答"是"或"不是",即使采访者用"是否"向你提问。我遇到过一位嘉宾,不论我怎么调整提问方式,他总是以"是"或"不是"来回答我的问题。另外,我也经历过类似的几位嘉宾,在我提问完第一个问题后,便开始了一段长达 9 分钟的独白,中间几乎没有停下来喘口气!上述两种情况的访谈都不能算作是一场对话。更糟糕的是,他们往往很无趣。采访结束后,我向嘉宾们道谢,然后和他们的公关代表聊了几句,建议他们在下次访谈前多加练习。

> 访谈是一场对话,而不是独白。

- **准备故事**。准备好解释你的产品在现实中是如何工作的。要想产品取得成功,没什么比举一个成功的案例更让人信服的了。我曾经采访过一家相机镜头公司的首席执行官。当谈及镜片是如何制作的时候,他讲了一个精彩的故事,解释了不同种类的玻璃会如何影响镜片的感光度。太酷了!就是那个故事,让我在那次节目中把他的部分放在了一个更重要的位置。

图11.6 斯蒂芬妮·鲍尔·马歇尔把注意力都集中在热情地分享她的故事上(图像来源:数字制片公司 Buzz / Thalo 公司)

- **放松身心**。接受采访不会危及生命。我重复一遍,没有人会在访谈中死去。要顺其自然。如果主持人表现得严肃,你就严肃。如果他表现活跃,你也活跃。热情是在访谈中应该展现的最好态度。如果你对自己的产品都不感到兴奋,其他人更不会了。多展现你的个性,同时随性一点,如图 11.6 所示。

- **不抢主持人的风头**。对我来说,我的嘉宾就是明星。但并不是所有主持人都和我拥有同样的认识。花些时间理解主持人想要什么:是故事、战略定位、具体技术还是展示机会等?你的目标是获得邀请参加访谈,提高知名度固然是一件好事,但不能为了证明你比主持人更有趣、更聪明、更古怪而选择这样做。

- **了解你的产品**。在贸易展览期间,我曾有四位嘉宾,那时他们进入公司只有一个月左右的时间。因此他们不了解自己的产品,不知道价格和功能。我不会再邀请他们了。带上准备好的笔记,但不要照本宣科。访谈是进行对话,不是做报告。作为嘉宾,你仍然需要去了解产品或服务。听众想要的是具体可靠和实用的信息。

- **简化语言**。事实上，只要正常说就行了。不需要过度简化，但如果无法用少于两个缩略词的一句话进行解释，那么建议你再多加练习，直到做到为止。

- **拒绝广告**。任何称职的主持人都会给你营销时间。但不要试图在广告中耍滑头。那样会打破访谈的正常节奏，让那些自我推销听起来显得多余。此外，不要说 Twitter、Facebook、LinkedIn，以及电子邮箱地址、邮局信箱、电话号码、展位号码和实际地址等细节。呼吁大家们登录公司网站或通过社交媒体联系即可，保持信息简单。

- **专注信息**。主持人的目标是完成一次内容有趣、引人入胜的访谈。你也要设定一个目标，但不是"快来买我的产品"之类。没人会因为看了一次采访就去购买你的产品。相反，你在访谈中的目标应该是"让更多的人对产品产生兴趣，下一步从公司网站获取更多信息。"作为嘉宾，你的角色是给主持人及观众带来一场引人入胜的访谈，既要充满有趣的事实陈述，又要热情地将其展现出来。我敢保证，当你做到这几点后，观众们会不约而同地登录网站去了解更多的信息。

本章要点

本章涉及的主要内容包括：

- 访谈是吸引观众及与其分享信息的一种方式。
- 访谈需要策划。
- 主持人要对访谈负责。
- 不要问"是否"类的问题。
- 嘉宾在访谈中也有一定职责

说服力练习

对你的朋友进行一次采访，主题是关于他们的兴趣爱好的。不必对采访进行录音。尝试准备不同的问题，观察哪个能够为你提供最好的答案。让他们在回答时重复你的提问。观察这些问题是如何影响采访进度的，以及他们回答的具体内容。当你提出关于谁、什么、何时、何地、如何，以及为什么的问题时，这些问题背后产生的情感价值有何区别？

他山之石

解码采访中的语言

拉里·乔丹

你是否思考过嘉宾在访谈中谈及的那些营销语句的含义?下面是我对那些"秘密访谈"的破译指南。

"我司是一家在行业内领先的一流企业",这句话除了让CEO感觉良好以外,没有任何意义。任何"一流"都可以只包含一个成员,行业领域也是如此。会有哪个公司会说他们出售的是二流商品?

"我们有一套杰出的解决方案",意味着他们曾经读过一本营销书,上面提到所有的产品都应该去解决问题。这句话的陷阱在于,说的时候他们假设首先能够理解你遇到的问题。这只是一种让自己显得很厉害的营销手段罢了。

"我们提供一站式服务"意味着他们会做很多互不相关的事情,但单独来看没有一件可以做得特别出色,这样你就不会发现有人和他们竞争了。

"这是专门为媒体和娱乐行业设计的"意思是这些设计使用了图像或声音,因此总有某些好莱坞人士会为此感兴趣。

"我们的产品是企业级的标准"意思是产品起售价2万美元。

"我们有来自客户的强大支持"意味着当产品出现问题时,客户打电话报修时的态度还算友好。

"我们的产品面向客户"意思是很有可能他们并没有客户。

"我们的产品被用于奥运会、超级碗、世界大赛"意思是产品起售价5万美元。

"我们的产品为专业用户设计"意思是产品的操作界面只有那些被迫用它谋生的人才会搞明白如何使用。

"我们的产品被用于主流演播室和广播公司"的意思是,产品起售价10万美元,而且需要一支训练有素的IT团队来负责操作。

"我们有个很棒的产品,你应该会喜欢"意思是他们有一个很酷的产品,值得你一看。

电影配音不仅是门艺术,更蕴含着科学。

——杰伊·罗斯
克里奥奖得主,声音设计师

第12章
声音对图像的促进作用

本章目标

本章中，我们将定义关键的音频术语，然后讨论从设备挑选到音频输出的整个工作流程。虽然播客、YouTube或广播的音频制作在参数和细节方面存在区别，但是制作的流程是一样的。我们将重点讨论以下内容：

- 音频相关技术用语。
- 正确选择音频设备。
- 录制音频。
- 编辑音频。
- 混合音频。
- 输出、压缩，以及发布音频。

提高图像质量的一个最佳方式就是提高声音的质量。为什么？因为图像仅仅展示了"现实"，但声音可以激发想象力，获得前者无法取得的效果。甚至对于音频播客来说，音频的质量决定了听众是否买账。

音频的另一大作用是煽情，这方面又是图像无法做到的。图像能够吸引眼球，但声音可以激发情感。这好比是看图和听歌之间的区别，两者之中只有音乐能让人踏着脚步舞动起来。

说服他人不仅需要向人们传递信息，而且还要吸引他们的注意力并保持足够长的时间。这样他们才能听到并看到你的信息，然后做出是否采取行动的决定。没有什么比糟糕的音频更让人讨厌的了。

人们可以开心地观看蹩脚的视频，YouTube就是最好的证明。但绝不会收听糟糕的音频。你一定深有感触！如果YouTube视频的声音是空洞、低声或失真的，那么你能忍受观看这种视频多长时间呢？

这让我联想到曾经看过的一部IMAX电影。在约24米的大荧幕上，电影图像看起来确实光彩夺目！但是音量太大了，而且声音有些失真。两分钟后我就起身离开了，要求影院退票！

那么，我们该如何避免蹩脚的音频呢？或者更重要的是，该如何制作优秀的音频呢？说起来很简单：在制作过程中采集最好的音频，在编辑和混音时将其保存好，然后在导出、压缩发布时保持音频和高品质。这几步中有可能出错吗？

事实上，容易出错的地方太多了。但是，不论是播客、动态图像、视频还是音频的制作流程都是相同的。

> 我们的目标：在制作时采集最好的音频，并且在编辑和混音时将其保存好，然后在导出、压缩、发布时保持音频的高品质。

音频相关术语

首先，让我们介绍一下与音频相关的术语。

创意音频术语

从创作的角度描述编辑中的不同音频组件：

- 对话。人们说话或叙述时发出的声音。对话可以提供"事实"并解释情况。

- 音效。强化图像或对话内容的声音，比如关门声、脚步声或者嗖嗖声。音效能让图像看起来更加逼真和可信。
- 音乐。任何场景中激发情感的声音。不需要广为人知的曲调，简单的和弦就能做到。对话催人思考，音乐给人感受。
- 声音设计。对于包含各种音效的听觉"环境"的创作过程。例如，星际迷航中进取号发出的声音。屏幕上的图像一般都会搭配声音。

> **音频的力量**
>
> 如果想了解音频对说服力所起到的作用，可以翻到本章最后去阅读关于斯坦·弗雷伯格的故事。斯坦·弗雷伯格和大卫·奥格尔维是现代媒体广告的两位奠基人。

我说过音乐能勾起我们的情感。这并不是说对话或者音效就不能，它们也可以做到。但在声音的世界，每个元素都扮演着不同的角色，共同为某个场景产生情感上的意义和影响。

图像吸引我们的目光，声音激发我们的情绪。

音频工作流程术语

以下是音频工作流程中的4个主要步骤：

- 录音。捕捉音频的过程。
- 编辑。类似于文本编辑，去糟粕取精华的过程。
- 混音。类似于乐队中各种乐器共同完成一首曲子，结合对话、音效和音乐形成一个完整作品的过程。
- 导出。将混音转换成单一音频文件的过程，用于发布和回放。

技术音频术语

技术音频涉及的术语很多，最重要的几个主要包括：

- 声波。声音在空气中的传播方式。声波不同于速度（频率）和高度（音量）。

图12.1 这就是波形。按时间顺序表示的音量大小,峰值的地方表示音量更大

- 波形。声音大小的可视化表现,按时间的先后顺序排列,如图 12.1 所示。
- 音量。声音的强弱,单位是分贝(dB),可用分贝仪进行检测。
- 音频水平。一个用来调节音量大小的控件,单位是分贝。
- 频响。从低音到高音的音频范围,单位是赫兹(Hz),如图 12.2 所示。并不是所有的频率都可以被人们听到。声响与频率之间呈对数关系,意味着频率每增加一倍,音调会提高一个八度音阶(音乐专业的人能明白)。低音吉他的低 E 调是 40 赫兹,口哨声的频率约为 30000 赫兹。

> 总体来说,女性的声音比男性高一个八度。

- 人类听觉。指一个听力正常的 18 岁年轻人可以听到的频率子集,范围一般从 20 赫兹到 20000 赫兹。孩子和狗可以听到该频率范围以外的声音。随着年龄的增长,我们会逐渐失去听到高频音的能力。
- 人声。人类听觉的一个子集,范围从 150 赫兹到 8000 赫兹,具体因性别和年龄而异。人声的这个频率范围非常重要。元音 "a"、"e"、"i"、"o" 和 "u" 都是低频音。辅音一般是高频音。人类的听力可以跨越 10 个八度音阶,但人声只有 5 个八度。总的来说,女性的声音比男性高 1 个八度音阶。

图12.2 人类一般能听到的频率范围,从左边的低音一直到右边的高音。声响与频率是对数关系。(图像版权 1985-2020,SOS出版集团及其发许可证者)

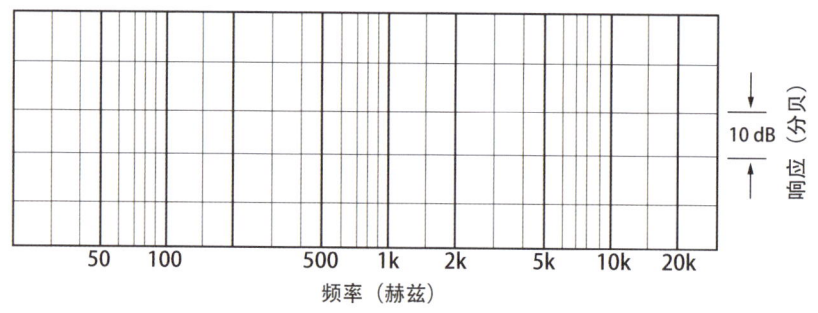

频率让声音可辨认

字母"f"和"s"之间的区别是嘶声,男性声音的频率约为6000赫兹,而女性声音的频率约为7200赫兹。如果你听到了嘶声,意味着听到的是字母"s"音;相反则是"f"音。问题是美国的通信系统为了节省带宽,无法加载较高的频率。所以,即使你有完美的听力,在电话上和朋友聊天时你也听不出f和s的区别。因为没有能够区分两者差异的频率。我将在本章关于"混合"的部分更进一步讨论如何操作频率。

- 音频通道。在一个音频片段中包含独立音轨的数量。单声道只有一个音轨,立体声则有两个音轨,如图12.3所示。

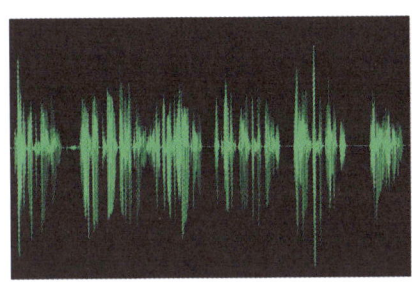 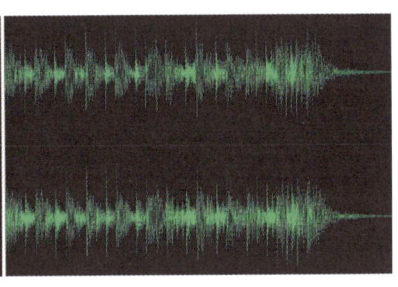

图12.3 单声道剪辑(左)和立体声剪辑(右)

- 编解码器。正如我们所看到的数字图像,编解码器能将来自真实世界的声波转换成二进制数字,在计算机中保存和播放。典型的音频编解码器包括 WAV、AIF、MP3 和 AAC。

你会发现,音频制作主要是通过各种不同的创意去处理编解码器、频率及音量的。

选择正确的装备

录音用的麦克风(mic)会对音频质量产生巨大的影响,甚至超过使用放大器、混音器、录音机、后期制作的总和。

麦克风技术的发展比较缓慢,毕竟人类耳朵的工作方式没有发生改变。如今依旧热销的高品质麦克风,其设计多年未变。录音室出现一个多年前的麦克风很正常,其原因就是这些麦克风的声音太棒了。

> 录音用的麦克风(mic)会对音频质量产生巨大的影响,甚至超过使用放大器、混音器、录音机、后期制作的总和。

不要使用摄像机的麦克风

你可以使用摄像机的麦克风进行录音，前提是不在乎音质。摄像机的麦克风记录环境音的效果还不错，但要收录人声就是另一回事儿了。为什么？因为很多时候它们距离录音对象太远了，所以收录的声音听起来很空洞，而且有回声，音量也很轻。

这是录音的一个难题。为了拾得最好的声音，麦克风要尽可能靠近说话的对象。但为了获得最佳画面，摄像机又要与人物保持一定距离。我们总是牺牲声音而侧重画面效果。但是，麦克风必须靠近说话者才能获得高质量的音频。

音频技术发生的变革，不在于麦克风如何发出声音，而是在于它们如何连接，以及如何使用计算机进行操作。这些领域的发展十分迅速。

我会在本章推荐一些与音频相关的设备，以及拥有良好口碑的制造公司。但是说到音频设备，没有什么比讨好耳朵更重要的了。如果实际听起来不错，那就是好的设备。

> 只有麦克风靠近说话者的时候，声音效果听起来才是最好的。

关于麦克风的一个关键问题就是，只有它们靠近说话者的时候，声音效果听起来才是最好的。麦克风的最佳摆放位置是离嘴巴2.5~10厘米的地方。参见本章"关于麦克风位置摆放的其他说明"。这样既捕捉了人声的细微变化，也将房间的噪声降到了最低。但是如果把麦克风靠得太近了，往往会破坏麦克风使用者的外貌。

电台DJ喜欢"吞"麦克风——因为离嘴太近了，看起来就像要把麦吞下去一样。因为许多手持和桌面麦克风容易产生"靠近"效应。当麦克风靠近嘴巴时，低音会得到增强；额外的低音被认为是种性感。要解决该问题，可以在结束录音后的混音中添加一些低音，以避免因为麦克风离嘴太近而产生砰砰的声音。

使用低切滤波器改善声音质量

如果麦克风支持低切滤波器（其符号如图所示），在录制对话时可以开启该功能。这样可以有效减少人声部分中的低频，从而提高声音辨识度。但是，在录制音乐时要关掉该滤波器功能。

麦克风类型

麦克风一般分为5种类型，各有优劣，主要包括：

- 摄像机麦克风。
- 领夹式麦克风。
- 耳机式麦克风。
- 手持式麦克风。
- 枪式麦克风。

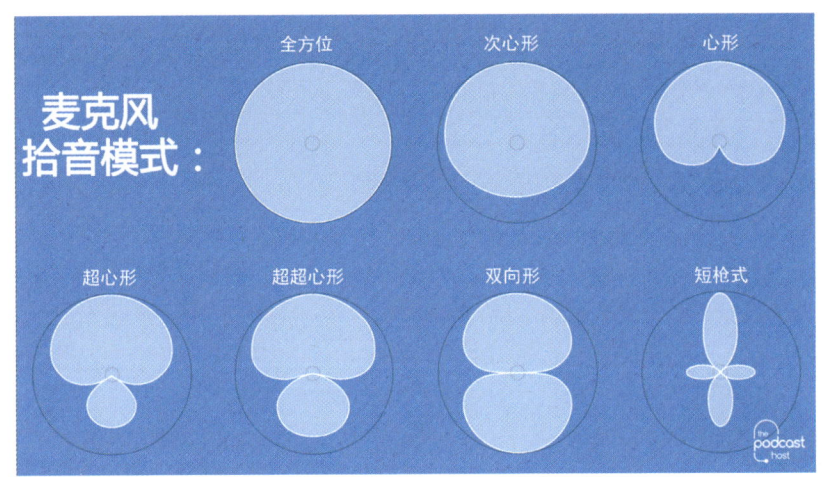

图12.4 不同的"拾音模式":麦克风的拾音范围。注意观察短枪麦克风是如何降低侧面噪声的(图像来源:ThePodcastHost.com)

上述5种麦克风都是为特定的情况而设计的,我将分别进行介绍。另外,每种麦克风都有不同的"拾音模式",如图12.4所示,即各自存在对声音最敏感的区域。

枪式麦克风用于嘈杂电影片场的原因之一是它能够忽略(拒绝)麦克风旁边的声音。但是,声音聚焦意味着录音时要把麦克风对准讲话者才能准确拾音。

枪式麦克风在嘈杂的电影拍摄片场中最受欢迎,因为这种麦克风可以忽视侧面的杂音。但这种"聚焦"的特点意味着录音时要把麦克风对准说话的人,这样才能有效地进行拾音。

例如,枪式麦克风只能"拾取"前方的声音。而摄像机麦克风的拾音范围更大,意味着可以同时"拾取"人声和环境音,这有助于录制现场表演。但领夹式麦克风最适合在工作室或安静的环境中使用。

一般来说,麦克风的心形拾音效果要好于全方位模式,因为前者能够减少从麦克风后面或周围传来的噪声。

图12.5 森海塞尔MKE-2领夹式麦克风。这种麦克风可以夹在衬衫上,它体积小巧且设计成可见状态。领夹式麦克风广泛使用于视频拍摄(图像来源:Adorama Camera公司)

假设人物大部分时间看向正前方,那么放置领夹式麦克风的最佳位置是差不多下巴处第二颗扣子的位置。

摄像头麦克风使用起来最便捷,但不是好的选择。之所以简单方便,因为它就在摄像机上面。但它的收音效果不好,因为它距离人物太远了,更多收录的是室内噪声,使人声听起来很弱。摄像机麦克风适合捕捉环境声,而不是人声。

如果拍摄对象大部分时间是正面朝前的,那么领夹式麦克风的最佳摆放位置是衬衫的第二颗扣子处,也就是下巴下面一点的地方。

领夹式麦克风,如图12.5所示,适用于允许露出麦克风的场景下使用,比如人物采访、新闻广播或谈话节目。它们具有体积小巧、质量上

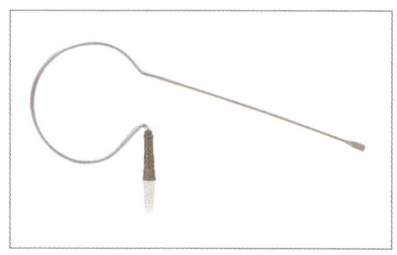

图12.6 Countryman E6耳机麦克风

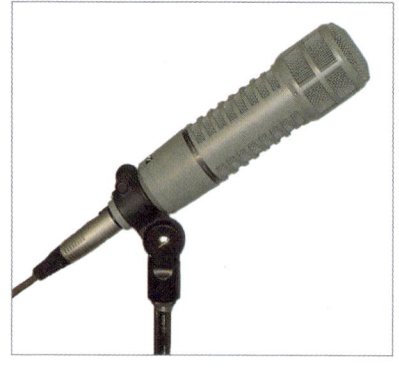

图12.7 连接在支架上的电声RE-20台式麦克风

乘、操作方便和经久耐用的特点。任何一种领夹式麦克风的拾音效果都要好于摄像机麦克风。但是，在某些场景尤其是现场活动或者当说话对象声音比较轻的时候，经常存在声音反馈的问题。此外，领夹式麦克风也容易拾取衣服的摩擦声和房间里的噪声。

耳机式麦克风适用于公众演讲、剧场表演，以及演员和观众相隔较远的室内演出，如图12.6所示。它也被用于播客主持。耳机式麦克风一般放在离嘴约2.5厘米的位置，便能拾取干净的人声。但是，这意味着人们可以看到麦克风。耳机式麦克风在抗干扰方面表现突出。Countryman、DPA和AKG等都是不错的耳机式麦克风品牌。

台式麦克风是主要的麦克风类型。不论是播客、电台广播还是脱口秀节目，都离不开某种形式的台式麦克风，如图12.7所示。它们可以提供丰富的低音效果，避免出现砰砰声和嘀嗒声，同时又拥有最宽的频响范围。

台式麦克风或支架麦克风也在音乐行业占据着主导地位。它们的样式多达几百种。

和挑选喜欢的颜色一样，选择麦克风是一件非常主观的事情。我就钟情于电声的RE-20麦克风。

图12.8 手持式麦克风是现场表演的必备选择。我的最爱：舒尔SM-58

如何正确挑选麦克风

在组建视频工作室时，我试图决定该使用哪款麦克风。于是，我租了10款不同的领夹式麦克风，并召集朋友进行了一次盲测，看哪款更受欢迎。在对各款麦克风进行不断地切换测试后，最终他们选出了以下两款：适合男声的是Tram tr-50S，适合女声的是森海塞尔MKE-2s。

这个故事告诉我们，没有哪一款麦克风是适合所有人的。如果你准备做大量的录音工作，通过测试比较可以发现最适合你的麦克风。这时麦克风租赁就能发挥作用了。

手持式麦克风在表演中随处可见，如图12.8所示。说话对象拿着它靠近嘴边可以确保拾音效果。手持式麦克风做工扎实不易损坏，还能搭配各种颜色和装饰，堪称音频设备的瑞士军刀。和桌上麦克风一样，手持式麦克风也有几十个制造商。

我在某段时期内拥有过10支的舒尔SM-58。作为一款"小角度拾音"麦克风，意味着使用时需要将它靠近你的嘴巴。舒尔SM-58非常适合在嘈杂环境中记录采访音频，因为它结实耐用，声音层次丰富，人声效果突出。

短枪式麦克风是在需要录音但又不能露出麦克风，或者电影拍摄片场时的最好选择，如图12.9所示。使用时要记住，一边要将它们放在距离嘴巴0.6米~1.2米的位置，同时还要确保麦克风不会出现在拍摄镜头里。大多数情况下也能使用领夹式麦克风，只要你不介意露出麦克风。然而，在不适合露出麦克风的时候，短枪式麦克风就是最好的选择。一般分为两种长度：20厘米和45厘米。两者的差别在于，较长麦克风的拾音范围更窄。著名的短枪式麦克风制造商包括Røde、Azden、Audio-Technica和Sennheiser等。

图12.9 罗德品牌的短枪式麦克风。当你不希望露出麦克风的情况下可以使用这类麦克风（图像版权1997-2020 B&H Foto and Electronics Corp）

当短枪式麦克风不能太靠近人物，导致无法拾音的情况下，录音师就会在演员身上藏一个领夹式麦克风，或者使用"自动对话替换"（ADR）功能，以便稍后在录音室进行相关操作。

为什么要投资麦克风?

简而言之，一分钱一分货。相对昂贵的麦克风拥有更好的低音、更宽的频响、更坚固的结构，以及更精良的电子传感元件。一般来说，如果麦克风使用频繁但又没租录音室的话，那么我会花大约250美元到600美元去购买一支主麦克风。高品质的麦克风会让声音听起来更加悦耳。录音棚使用的麦克风价格高达几千美元，例如诺伊曼U87。

正确挑选音频线缆

直到最近专业级别的麦克风才换成屏蔽XLR接口，而普通音频设备则通过RCA或屏蔽插头及XLR接口进行连接，如图12.10所示。这些接口可用于较长的线缆，屏蔽后不会发出嗡嗡声及其他噪声。RCA接头很便宜，但容易出现杂音，因为没有屏蔽功能。尽量不要使用RCA接头连接音频设备。

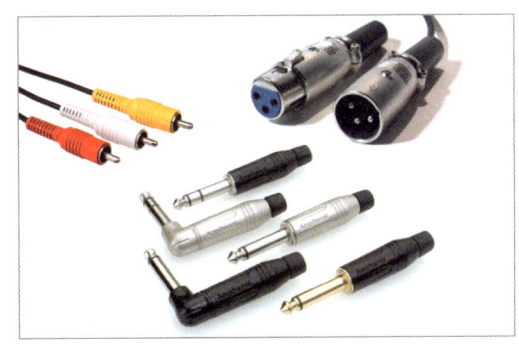

图12.10 3种主流的模拟音频接头：RCA（左侧）、屏蔽插头（底部），以及XLR接口（右侧）

最近工作室开始流行使用IP（AoIP）信号进行音频传输。该技术能将麦克风收录的模拟信号或其他音源转换成以太网数据。这样一方面增强了信号传输的灵活性，另外如果操作正确甚至可以做到无损传输，同时AoIP技术有助于减少噪声。

模数转换器

我更偏好使用传统XLR接口的麦克风，因为这样既能方便连接其他设备，又能在声音质量以及价格方面取得平衡。但这些麦克风产生的音频都是模拟信号，意味着需要将其转换为数字信号才能在计算机里进行编辑。这里有两个方法：直接在麦克风内集成相关硬件或者使用独立的模拟/数字转换器。

内置了模拟/USB转换器的新型麦克风层出不穷，方便通过USB直接将麦克风与计算机进行连接。但目前为止，这类USB麦克风的质量普遍一般。随着播客逐渐流行，市场上对高品质USB麦克风的需求将不断增长。

我选择使用"模数转换器"的独立设备进行操作。它可以将麦克风的模拟信号转换成数字信号，并通过USB与计算机进行传输（USB 3.x的传输速度足以达到音频文件的要求）。

图12.11 模数转换器：Focusrite Scarlet 2i2（图像版权 2018 Focusrite Audio Engineering Plc）

类似的模数转换器有多种可选，价格从100美元到200美元不等。虽然要花钱，但能用合理的价格获得高质量的音频文件还是值得的。我推荐的转换器品牌包括：

- Focusrite，如图 12.11 所示。
- 斯坦伯格。
- 百灵达。
- PreSonus。

我不赞成使用价格不到100美元的模数转换器，因为那些设备使用的是把信号数字化的软件，所以声音听起来很轻。

> **不要掉进音频接口的无底洞**
>
> 专业人士一旦谈论起音频的话题，都会津津乐道于各种音频线缆，以及传统接口和镀金接口之间的区别。简单来说，为了完成工作，使用信誉良好的线缆和接口就足够了。另外就是不要使用RCA接口，因为那会产生太多的杂音。

> **有线还是无线**
>
> 使用有线麦克风连接录音设备，优点是不会有杂音和信号差的风险，声音效果会很好。缺点是人物的活动范围会受到线缆长度的限制。
>
> 如果录音对象不会四处走动，建议还是使用有线麦克风。它能提供最高的声音品质、最少的杂音。对于播客主持人更应该使用有线麦克风。
>
> 无线设备可以让说话者远离录音器，而且通常设备价格越高，无线距离就越远。无线麦克风使用便捷，通常声音质量不错，而且坚固耐用。但取决于具体的使用环境，容易出现信号干扰和丢失的问题。大部分数字无线系统要求发射器和接收器处于一定范围内，以获得最佳无线效果。无线麦克风的成本更高，因为需要分别搭配一个发射器和接收器。最后再次强调，不要购买那些便宜的设备，因为它们无法带给你高质量的声音。

最后介绍一个麦克风类型：移动设备麦克风。它们主要来自以下制造商：

- Røde。
- Blue。
- 舒尔，如图 12.12 所示。
- Apogee。

这些用于移动设备的麦克风大部分属于领夹式麦克风。它们最大的优点是可以通过USB或Lightning接口直接连接手机等智能设备。将麦克风靠近录音对象可以对拾音起到积极的作用。这类麦克风的价格一般在100美元到200美元之间。所以，如果你需要定期录音并且经常使用智能手机，那么这类麦克风有助于减少随身携带的装备。不论如何在进行重要的项目前，都要评估一下麦克风的声音。

图12.12 为智能手机专门设计的麦克风，体积小巧，可通过USB或Lightning与手机相连（图像版权1996-2020, Amazon公司以及附属公司）

这类麦克风与之前讨论的麦克风在工作原理上非常相似；差别是移动设备麦克风内置了模数转换器。

混音器和多声道录音设备

大多数时候，麦克风直接与摄像机、计算机或者录音设备相连。但如果需要同时对多个对象进行录音，则有以下两种选择：

- 将所有麦克风收集的声音汇总到一个混音器，形成实时的现场混音。现场活动或直播表演一般都使用这套系统，但需要投入更多的设备。

- 利用多声道数字音频录音器，将每个麦克风记录到各自的声道，然后在音频编辑和混合时进行处理。一般电影拍摄和制作会使用这个方法，但这需要在编辑和混音方面花费时间。

上述两种方法都可以获得高质量的录音，区别只是时间和预算上的问题。如果需要马上获得混合声音，那么混音器是唯一的选择。如果愿意购买设备用于现场混音，那么可以省下编辑的精力和时间。如果有时间去编辑和混音，那么多通道录音是更好的选择，因为在编辑和混音过程中你可以拥有更多的掌控，同时不必购买混音硬件了。

我用了Mackie1402VLZ混音器10年。随后换成了百灵达。大多数播客主播非常信赖罗德混音器，如图12.13所示。所有这些混音器都适用于直播流媒体、播客，以及广播节目。

此外，你还需要外放扬声器及耳机。但你应该知道如何根据预算和品味去选择适合的设备。

图12.13 罗德集成播客制作设备，以及为小型制作而设计。它的品质和灵活度都非常出色（图像版权1997-2020 B&H Foto and Electronics Corp）

数字化录音

我们已经连接并开启了所有设备，这时就可以开始录音了。谈到录音，有3种选择：

- 将音频录制到摄像机。
- 直接在计算机上录制音频。
- 在单独的录音设备上录制音频。

将音频录制到摄像机是最简单的方法，但它的限制是只能使用两个麦克风。另外摄像机的音频电路并不太好。这是在紧要关头的选择，但不是首选。

注意事项

在购买耳机或扬声器时，要注意它们的频响曲线是否平坦。你可能喜欢听低音音频，但在混音时需要听清其中的语音部分，而不是扬声器对声音的渲染。听众不会与你使用同样的扬声器。

你可以使用想要的耳机或扬声器单独去听音频。但在混合音频时，建议使用频响曲线平坦的监听扬声器。音频制造商一般会提供扬声器的频率响应曲线，这样你就心里有数了。我推荐的监听扬声器品牌包括雅马哈、M-Audio和JBL。如果你预算充足，那么可以考虑Genelec的扬声器。

录音测试不能少

我再次强调,在开始人物录音并进入正式工作前,务必对录音设备进行测试!好不容易请来的嘉宾,却在录制时因为某个设备连接不当,导致前功尽弃。还有什么比这种情况更糟糕的呢?我们也许会失误,但开始前对录音设备进行测试,趁别人还没发现前及时纠正,就能在录制时避免错误。

如果注重品质,直接将音频录制到计算机里是最好的选择,这点尤其适合播客。我在几百次采访中都是这样操作的——通过麦克风或Skype直接将音频记录到计算机。当然,你得在现场准备一台计算机来完成录制。

使用独立的数字音频设备进行录音,在提供极大便携性的同时可以带来优秀的录音品质。我是Zoom、Marantz和Sound Devices的粉丝。这些品牌提供了从中等到高端价位的各种录音设备。我最常用的是Zoom的H4nPro,如图12.14所示。

任何独立的录音设备应支持多个麦克风及增益控制器,同时还允许将录音生成未压缩的音频文件,如WAV或AIF格式。

通常,在录制音频时可以设置录音的电平。目的是不让音频"失真",使声音听起来刺耳或有爆音。我建议将录音电平的最高值即讲话人的最大音量设置成-12分贝。是的,音频的电平是用负值表示的!

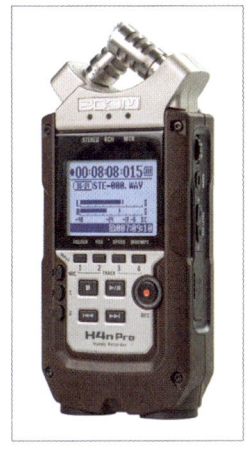

图12.14 Zoom H4n Pro,独立数字录音设备(图像来自2020 Zoom North America)

音频电平

音频电平使用分贝来测量。一般来说,1分贝是正常人能感知到的最小变化单位。这就是为什么我不会对电平中零点几分贝造成的差别过于在意。

0分贝是测量音频信号时允许的最大音量。这点让我觉得好笑,0表示最大音频电平!音量是呈对数变化的;意味着当电平从0分贝下降6分贝到-6分贝时,这时感知的音频音量是最大音量的50%。再降低6分贝到-12分贝,电平再次降低一半到最大音量的25%。反之亦然,音量每增加6分贝,感知的音频音量就增加一倍。

这意味着,当我们进行录音或混音时,应更关注最大音量而不是最小音量。低音信道的音量多少都可以,但是高音信道的音量一定不要超过0分贝。

这样录制的音频音量就能控制在一个合理的范围内，避免因叫喊声造成声音失真。因此，根据你的设备情况，建议在录音过程中定期监测电平的高低。

通常麦克风离录音对象越近，低音的拾音效果越好，同时噪音更少。

另外请放心，录音电平和混音电平两者一定是不同的。经过混音的音量水平总会更高一些。为什么？因为在混音时，提高电平比消除声音失真更容易做到，毕竟录音时的电平都比较高。

以下是录制高质量音频的几点建议：

- 尽可能把麦克风靠近人物。
- 一般来说，麦克风离得越近，低音越好，噪声越少。
- 除非需要录制环境音，否则不要使用摄像机麦克风。
- 一定要做录音测试，检查录音电平和音频质量（确保没有奇怪的杂音）。
- 将录音电平的峰值设置在 –12 分贝左右。
- 如果录音设备有自动增益功能（AGC），关闭该功能后的录音效果可能比开启更好。
- 纯粹的音频录制可以使用台式麦克风，录像时使用领夹式麦克风，如果不想露出麦克风，那就使用枪式麦克风。

关于麦克风位置摆放的其他说明

不要把麦克风放在嘴的正前方。我们做一个小实验，把手放在嘴的正前方，然后念出"p"、"t"和"k"的音。是否感觉有股气吹向你的手？如果把手换成麦克风，那么空气会发出爆破声，这也是为什么上面那些字母称之为"爆破音"。"d"、"g"和"b"的发音也容易产生爆破音。

现在，把手从嘴的正前方移到侧面，重新念出那些字母。这次就不会感到有股气了。

注意看图中主持人放置麦克风的位置，这样可以避免爆破声和其他问题。

这样做的好处是，它能把声音从口腔向周围扩展。把麦克风放在嘴的一侧（上面或下面），可以获得和放在正前方一样的高质量声音，同时不用担心爆炸声毁了你的音频。

噗声滤除器可以让声音变干净

如图12.15所示，噗声滤除器是一块多孔的织物片，放在说话人嘴巴与麦克风之间来阻挡爆破声和其他噗声。它可以让声音通过，同时过滤掉呼气声。

你也许会问，如果真是这样的话，那舞台上的歌手为何还是直接对着麦克风唱呢？首先，我认为这样歌手可以知道麦克风的准确位置，并且在表演时手里有样东西可以拿。其次，许多麦克风都内置了减少爆破声的噗声滤除器。再次，现场音乐会的声音质量本身就比录音棚里录制的声音质量要差一些。为了证明这点，下次观看在工作室录制的叙事语音或音乐歌曲的幕后视频时，可以观察一下麦克风的摆放位置。一般会在演唱者和麦克风之间放置噗声滤除器，麦克风被放在距离演唱者嘴部正前方偏高约15厘米的位置，这样可以有效避免爆破音。

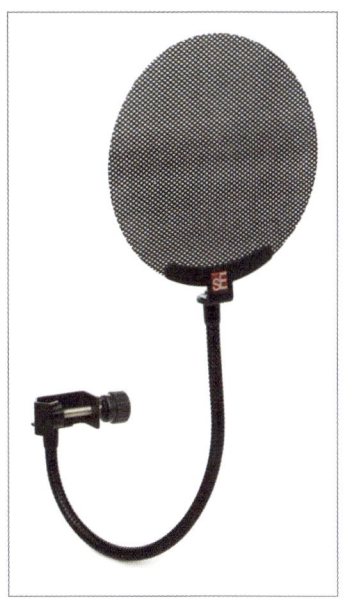

图12.15 麦克风的噗声滤除器

音频编辑

不管是录制获奖感言还是戏剧演出，完成录音后下一步就是编辑工作。经过挑选保留喜欢的内容。虽然关于音频编辑的内容超出了本书的讨论范围，但与介绍视频剪辑时一样，我会归纳重点内容。

以下是与音频编辑及混音相关的术语解释：

- 音频通道。指在一个音频片段中包含独立音轨的数量。从本质上说，每个麦克风都会把声音记录到自己的通道。因此某些音频片段可能只有单声道人声或立体声音乐，而有些则可能包含了16个人声，每个声音由单独的通道进行记录，并保存在同一个音频片段中！

- 采样率。采样率是指每秒从音频信号中记录数码位的数量。当模拟信号转换成数字信号时就会产生数码位。用于视频的音频采样标准一般为48000个（通常称之为"48K"）。采样率决定着频响范围。

> 采样率也决定着频响。奈奎斯特定理指出，采样率除以2等于音频片段的最高频响。

- 位深（不要和采样率混淆）。位深表示音频中对声音强弱变化的精细程度。位深对交响乐至关重要，因为交响乐的动态范围要远远大于摇滚乐。位深越大，声音强弱间变化的精细程度就越高。用于视频的音频，录音时的位深标准一般为 16 位，音频编辑和混音时的位深标准为 32 位。
- 剪辑 / 精修。对音频片段开始和结束的位置即片段的长度进行调整。
- 入点。指音频片段开始的地方，有可能就是音频本身的开头，也可能不是。通常称之为"入点"。
- 出点。指音频片段结束的地方，有可能就是音频本身的结尾，也可能不是。通常称之为"出点"。

音频中的位深

音频位深类似于图像位深，决定了音频片段的动态范围以及最大和最小音频通道之间的变化幅度。缺点是随着位深的提高，文件大小也会增加。然而和视频文件相比音频文件相对较小，所以在考虑项目整体的存储需求时，对提高音频位深的影响不大。

表12.1 不同位深下音频文件的大小（以一小时48K的WAV格式文件为例）

音频位深	单声道	立体声
8位	164.8MB	329.6MB
16位	329.6MB	659.2MB
24位	494.4MB	968.7MB
32位	659.2MB	1.287GB

所有的音频屏幕截图都来自Adobe Audition 2020。

图12.16展示了一个典型的双通道录音。上面是主持人的音轨，记为音轨1；下面是嘉宾的音轨，记为音轨2。这两根音频通道是同步的，意味着在时间上保持一致。但每个通道可以设置不同的音频电平、长度，以及过滤器。

图12.16中较高（或较宽）的波形代表此时有人正在讲话，短的（或窄的）波形代表此时无人讲话或是相对安静的时候。

在播放音频时，音频仪表显示声音的绝对电平，如图12.17所示。我们可以清楚地看到0分贝的位置，超过该刻度意味着电平太高，低于该刻度的部分则可以显示音频播放过程中电平的变化。

音频编辑主要涉及以下操作：

1. 把所有用于混音的音频添加到时间线上。

2. 调整音频片段的顺序，确保故事的流畅。

3. 修剪和平滑音频的开始和结尾，消除噗声和不连贯的声音。

一般来说，编辑音频和编辑视频一样，应先聚焦于故事本身。然后根据需要组织故事结构，再考虑如何剪辑和调整电平设置等问题。因为这样可以节省时间。为了让音频听起来更悦耳，剪辑需要花费时间。但如果一上来就开始剪辑某个音频片段，然后在最后发现根本不需要这个片段，那么本来可以花在讲故事上的时间就被浪费了。

提到讲故事，你得了解自己的工作素材。过去的书面记录既费钱又费时间，剪辑师们便养成了听录音做笔记的习惯，希望能把所有内容都记录下来。

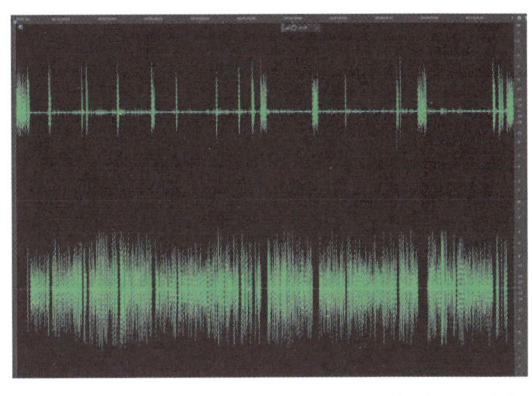

图12.16 这是一段准备剪辑的双声道录音：第一根是主持人的音轨，第二根是嘉宾的音轨

峰值仪表

在音视频编辑软件中，数字音频信号的电平单位是dBFS。但许多专业混音师更倾向于使用平均电平单位即LKFS，大多数音视频编辑软件中的电平单位是"峰值"。峰值代表声音的即时最大音平。峰值和平均电平相差约20dB。如果没有提前明确音频的电平单位，那么会在沟通上造成不必要的麻烦。我在本书中使用"峰值"作为电平单位。

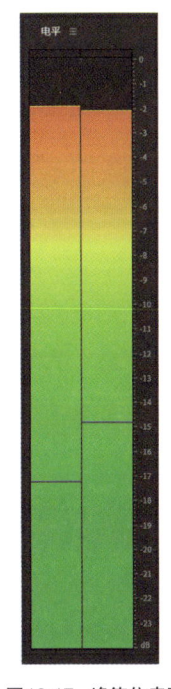

图12.17 峰值仪表可以衡量音频的绝对音量。注意右侧标记的分贝水平

第12章 声音对图像的促进作用　　265

基于云计算的在线录音转文字技术迅猛发展，制作音频采访的文字记录只需几分钟和几块钱。该类服务的提供商包括：

- 亚马逊的 Transcribe。
- 谷歌的 Speech to Text。
- Rev。
- Trint。
- Speedscriber.com。
- SimonSays.ai。
- Transcriptive.com。

如果不涉及处理音频的文字素材，那么可以给所有的录音文件创建一个书面文本，然后进行类似"纸面上的编辑"，即使用文本来确定如何编辑音频。这样可以提高编辑效率，因为编辑文本比编辑媒体文件更加快捷。

确定好故事内容后，就可以把音频片段插入时间线并进行编辑了，如排序、剪切和混合，如图12.18所示。

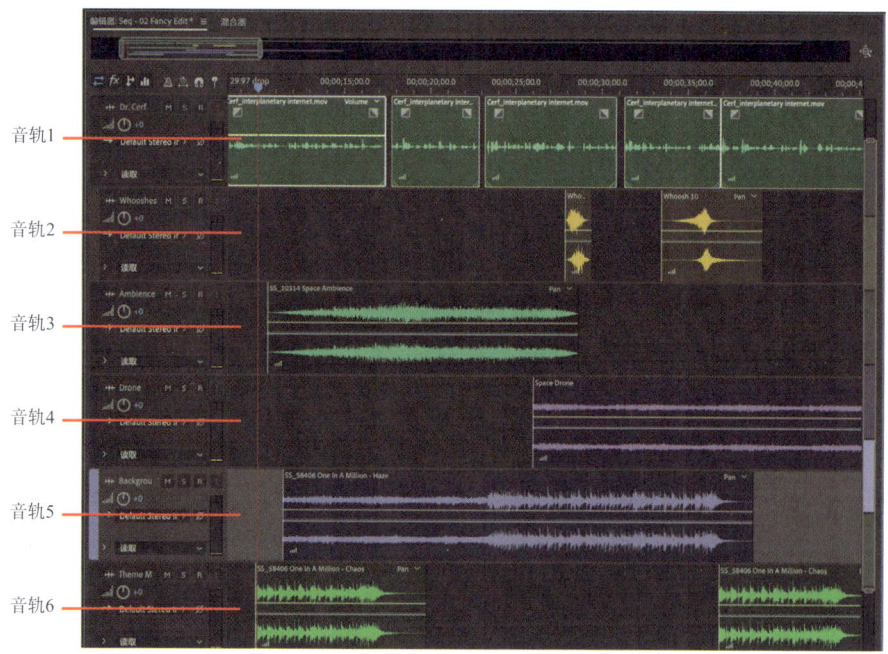

图12.18 插入时间线的音频片段

如果编辑的是一个纯音频文件，那么最简便的方法就是直接在Adobe Audition或Avid ProTools中进行编辑。这是两款基于Mac系统开发的热门软件。

如果编辑的音频是视频中的录音文件，那么建议使用Apple Final Cut Pro X、Adobe Premiere Pro、iMovie或者Premiere Rush等视频编辑软件，这样可以同时处理音频和视频。在完成视频编辑后，将音频导入相应的编辑软件并进行最后的整理。

对于音频的"整理"，专业人士叫作"撒糖"的工作并不是必要的。但当你比较过整理前后的音频之后，就会喜欢上这种操作，并把它运用到自己的项目中。

编辑音频时，重要的一步是把相似的片段放在同一根音轨上。例如，我把男性的对话放在音轨1，女性的对话放在音轨2，音效从音轨3开始，音轨1上的音乐在音效之后开始播放。这样排列的原因是，电平和音效设置可以适用包括音频片段的整条音轨，而不是某个音频片段。因此，对同一条音轨上相似的片段只需添加一次效果即可，这样节省了程序的运行时间。

在图12.18中，我按上面的方法对音频片段做了整理及排序：音轨1放人物对话，音轨2到音轨4放音效，音轨5和音轨6放音乐。注意，只有对话是单声道，音效和音乐都是立体声。

现在，各音频片段已在时间线上摆放就位，该进行剪辑了。简单来说，剪辑就是拖动音频的开头或结尾，分别向左、向右滑动以显示或隐藏相关内容，如图12.19所示。

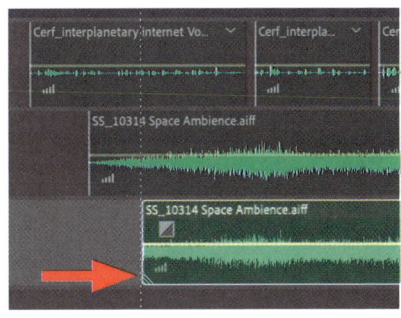

图12.19 拖动片段的两端来修剪音频

我们也能对音频片段的中间部分进行剪辑，操作方法和在文字处理软件中使用高亮标注的方法类似。这样可以去除咳嗽、口吃等不想要的部分。

这点很重要。我们费尽心思进行编辑和剪辑，目的就是希望听众能够聚焦故事，避免受到口吃、杂音或断句的干扰。只有让他们倾听了故事，而不是发现某些瑕疵，才能说服他们去采取行动。

干净的音频更有说服力，人们不会听到一半就走。多花些时间在音频的编辑上，厘清结构，做到合理流畅，这样听众才会听到最后，从而达到你想要的目的。

花时间让音频内容听起来有条理，声音平顺、干净会让观众聆听到最后。

混音

完成了故事、录音、编辑和剪辑，剩下的就是混音。混音就是通过加入声效和音乐，设置最终音频的电平，完成项目最终的声音。

与其他创意工作一样，混音既是艺术也是技术。你可以通过实践学习艺术，同时理解背后的技术原理以提高艺术水平。

不同音频片段同时播放时音量会增大。

> **扬声器是你的朋友**
>
> 制作完混音后，注意使用扬声器而不是戴上耳机听。通常耳机可以带来完美的立体声效果，但扬声器能让你听到一些通过耳机无法获得的声音。扬声器是混音的首选设备，除非听众用耳机听你的混音。

混音的第一步是设置音频的电平。通过上下拖动音频片段中间的细线进行操作，如图12.20所示。拖动的时候，音频仪表会显示当前的电平读数。创建混音时，音频仪表的峰值应保持在-3分贝和-6分贝之间。

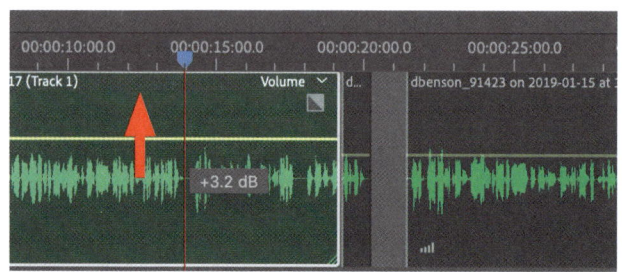

图12.20 拖动每一个音频片段中的水平线可以改变电平，向上为增加，向下为减小

不同于在Photoshop中处理图像，音频电平是可以叠加的。这意味着如果多个音频片段同时发声，电平音量将会增加。而在Photoshop中，如果增加图层或其他元素，那么合成图的颜色并不会变得更亮。音频电平的工作原理非常复杂，我们只需知道音频片段的叠加会提高整体的音量即可。

我们可以拖动片段角落的灰色小框添加渐入、渐出的声音效果，如图12.21所示。我经常使用渐入效果来减少说话人张口前的喘气声，或者给片段中最后的音乐添加渐出效果。我们也可以按自己的想法调整渐入、渐出的曲线，使它们变得更陡或更缓。

开始混合音频前，要确定创建的音频文件是单声道还是立体声。播放单声道音频时，一般左右两个扬声器会同时发声，声音从扬声器中间传出。而播放立体声音频时，一般左扬声器播放音轨1，右扬声器播放音轨2，营造出一种错觉的声波感，也叫"声场"。

最常见的混音方法是，分别录制各种单声道音频，如人声、房间噪声及音效，然后创建一个立体声混音，这样便可以在声场中安排各种音频的发声点。但并不是所有的混音都需要立体声效果。尤其是播客，立体声并非是好的选择。

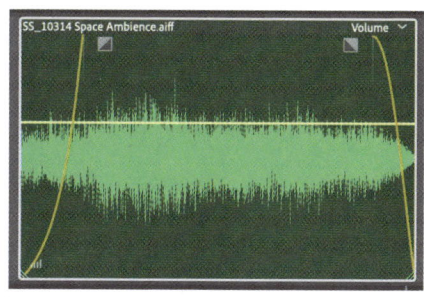

图12.21 给音频添加淡入、淡出效果（如黄色曲线所示），改变淡入、淡出曲线的形状可以改变淡入、淡出时的速度和声音

我来解释一下。如果要收录一个人的讲话，比如采访、播客或者非音乐表演，请问他有多几张嘴？是的，只有一张嘴。那么应该用几个麦克风收录声音呢？是的，还是一个。既然每个麦克风会将声音收录进独立的通道中，那么在编辑该音频时，在软件中会显示几个通道呢？是的，也是一个。

如果是两个人的对话，不能将其中一人的声音放在左通道，另一人的声音放在右通道。这样的话，如果听众的右扬声器坏了，那么其中有一人的所有声音就都会听不到。把两个扬声器的声音调整为从中间传出，这样如果使用的是单声道而不是立体声，那么声音听起来会更加自然。

一般法则：如果需要利用声场，那就创建立体声混音，也就是声音会在左右两个扬声器之间传播。

相对电平和绝对电平

音频电平的调整其实是一个"相对"的概念。增大或减小音频片段的音量，是相对录音时的声音水平而言的。一般倾向于减小音效和音乐的电平，同时增大对话中人声的电平。

音频仪表中显示的则是绝对音频电平，反映了播放视频片段或混音时具体的音量。调整完所有音频的电平和音效后，再使用音频仪表进行调整。

你的耳朵会在混音过程中感到疲倦，所以要借助音频仪表，因为数据不会说谎。

因此，通用法则如下：如果需要利用声场，那就创建立体声混音，也就是声音会在左右两个扬声器之间传播。立体声可以完美地呈现不同位置的乐器所发出的声音，或者在戏剧中展现某位演员从左边进、右边出的效果。

但是，如果音频中只有一个人的人声，那就没必要使用立体声了。是的，除非音乐有助于我想要表达的信息，否则对于人声以外的音乐我也使用单声道。

对于互联网而言，使用单声道的另一个重要原因是单声道文件的大小是立体声文件大小的一半，同时加载速度是后者的两倍。

图12.22显示了一段简单的混音。最上面是对话，用于讲故事，中间部分是音效，最下面的是音乐。调整好音平后，即可完成音频同步和剪辑，同时对所有的音效添加了渐出效果。

在最终的混音过程中，可以使用不同的效果创建声音。虽然过滤器和特效很重要，但没什么比音频的电平更重要的了。正如我之前提到的，如果在导出音频的过程中发现电平超过了0分贝，那么声音就会出现失真。听众可不愿听到这种奇怪的声音。

为了避免声音失真，建议电平调整的顺序是，对话＞音效＞音乐。

> 混音时的目标是使所有音频片段一起播放时，其电平峰值保持在−3分贝和−6分贝之间。

如何控制平移

我们是按音轨（音频的摆放位置）而不是音频片段进行平移的。平移的设置包括"全左""全右"。平移不适用于单声道项目。事实上，平移的控制界面本身也不会出现。在这里，我把音轨上的所有片段整体向左进行了偏移。完整的平移范围是±100。

混音时要明确使用单声道还是立体声。默认情况下麦克风是以单声道方式进行录音的。声音进入麦克风后，保存在音频片段的某个通道中。是的，也有立体声麦克风，但它也是每个通道收录一个信号。

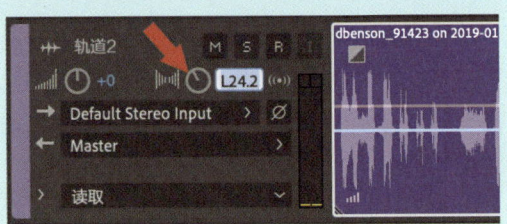

平移控件可以操控左右扬声器的出声位置

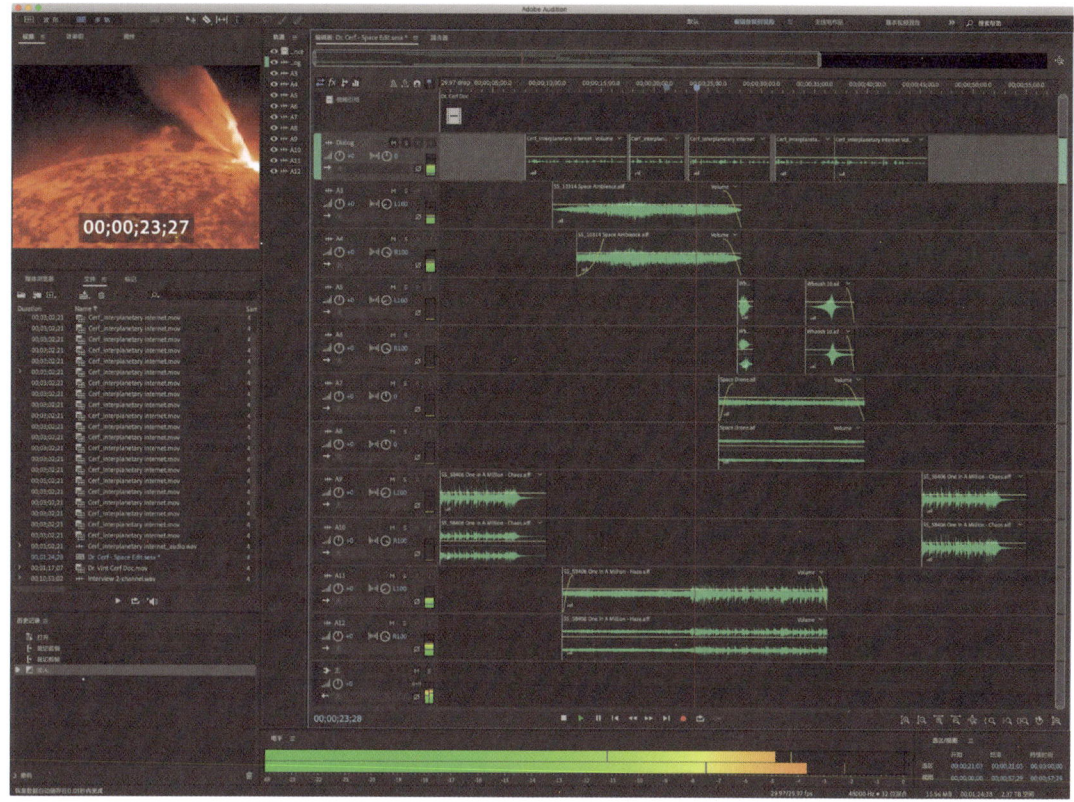

图12.22 一段简单的合成，包含由对话、声效及音乐等组成的11条音轨以及一段视频（太阳的图像来自Nasa）

混音时的目标是当所有音频片段在一起播放时，其电平峰值保持在-3分贝和-6分贝之间。相当于约-16LKFS，适用于互联网播放。

添加音效

当调整好音频的电平后，就可以添加音效了。正如你所想象的，我们可以添加各种音效。在本章中我会介绍两个适用于对话的音效。

我在本章开头提到了两个重要的概念。第一，麦克风对录音质量的影响比放大器、混音器、录音设备，以及后期制作的影响合起来还要大。

第二，在导出最终的混音时，音频仪表测量的电平峰值不能超过0分贝，否则会出现声音失真。

在编辑和混音的过程中，可能会因为疏忽导致电平超过0分贝。但只要不导出最终的混音就没问题。但是，如果在最终导出过程中发现电平超过了0分贝，此时音频就会出现失真，听众不愿听。失真问题需要花费高昂的代价才可修复。事实上，直到几年前都还无法修复这类问题。

正如上面介绍的，可以通过上下拖动音量线（皮筋之类的东西）来调整电平大小。这样做没问题，但很耗费时间。

> 在导出最终的混音时，电平峰值绝对不能超过0分贝；否则会出现声音失真。

相反地，如果在录音时就把声音控制得当，那么在处理电平时只要使用一个滤音器即可。我这里推荐Final Cut Pro X中的限幅滤音器。对于ProTools、Audition和Premiere，我更推荐多波段压缩器，尽管它的操作界面不太友好。

数据压缩与音频压缩

压缩类型分为两种：数据压缩和音频压缩。数据压缩通过删除数据使文件变小。音频压缩指通过降低声音强弱间的变化来改变音频电平，即减少最大通道和最小通道之间的变化幅度。音频压缩不会删除数据，也不会改变文件的大小。

多波段压缩可以提高音频中轻音通道的音量，同时不改变高音部分的通道。它会持续产生作用，初始配置完成后不再需要其他人为操作。更妙的是，它会增加不同频率的数量使声音听起来更加饱满，并且声音位置更加靠前。这种音效的关键作用在于，它可以避免因电平过高而造成声音失真的问题。

一般来说，多波段压缩适用于人声对话，因为音乐数据已经压缩过了，而音效不需要压缩。另外作为一个基本规则，人声对话的声音听起来要更干净，没有杂音等干扰。所以不要在音频软件中添加类似混响、翻边、合唱或其他酷炫的音效。这些适合音乐、卡通片和其他非标准的音频混合。

要应用滤音器，选中包含对话的音轨，然后应用效果。具体步骤因软件而异，但是音效总是作用于独立的音轨或母线的。

> **什么是母线？**
>
> 　　由所有音轨共同组成的一条独立"路径"称为母线，我们可以直接将效果作用于母线，而不必分别应用于其中的每条音轨。就像校车从不同的地方接上孩子最后抵达学校一样，一条音频母线把各音轨连接起来并到达同一个目的地。在复杂的混音中母线起到了重要作用，它能帮助更好地组织各音轨，然后一次性地对它们应用相关效果。但在本例中，母线的使用给混音稍微增加了一些难度。

　　如图12.23所示，第一次看到多波段压缩器的界面时，心里也在想：这么复杂我不会用啊！别担心，其实只需进行以下3个设置：

- 将预设菜单设为"广播"。
- 将边界值设为"−3dB"。
- 取消勾选墙式限幅器。

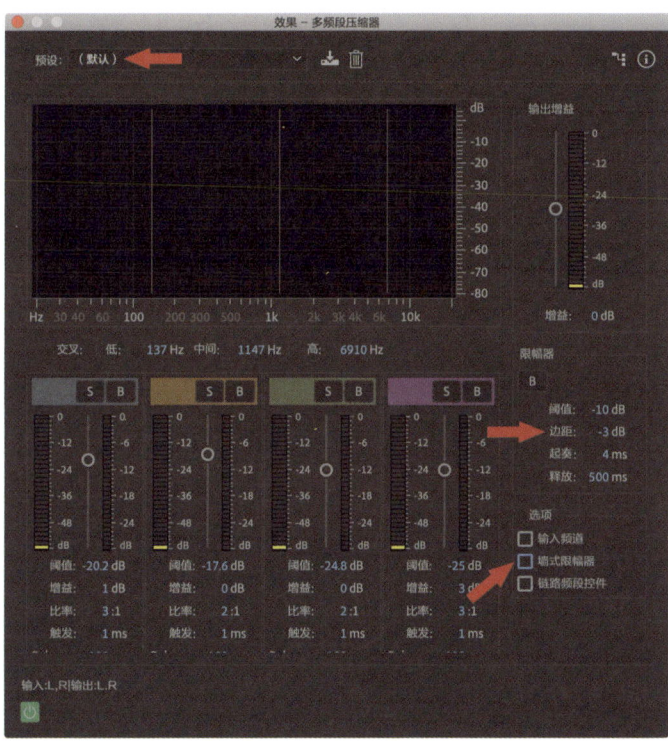

图12.23 不要紧张！这是Adobe Audition的多波段压缩器

通过网络查询得知有几十种多波段压缩器。我会在第13章中介绍如何使用Final Cut Pro X 的限幅滤波器。

完成设置后再播放音频。人声对话部分是否听起来有所增强？很神奇吧！你可以在音效关闭前后进行比较。更酷的是，该音效同时也调整了电平，节省了大量人工调整的时间。

多波段压缩器或许是最有用的滤波器，这也是我首推的原因。但另一个滤波器也能在混音时发挥作用：参量均衡器。EQ是"均衡器"的缩写。它允许对声音中的特定频率进行调节。就像在图像中添加不同的颜色来创建特定的外观，我们也可以"塑造"音频的特定频率，如图12.24所示。大多数时候，我们通过EQ把音频按听众的喜好进行塑造。

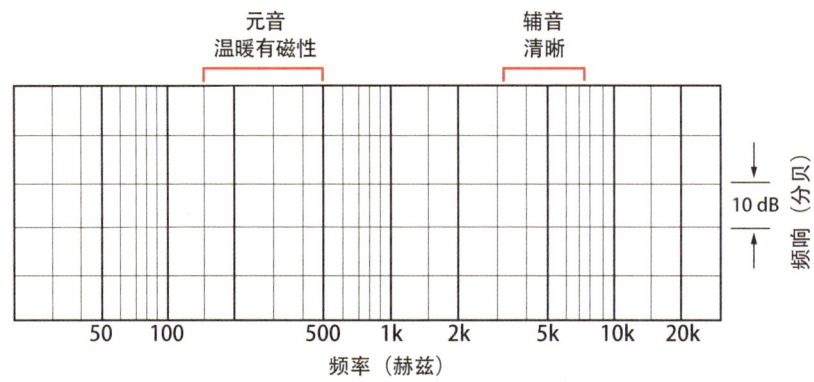

图12.24 这张图显示了人类听觉响应范围（50~20K，单位为赫兹），以及其中元音和辅音所对应的范围。元音影响声音的质感，如使声音听起来温暖有磁性；辅音则影响声音的清晰度。（图像版权1985-2020，SOS出版集团及其发许可证者）

频率调节的用途很多。增强低频使声音听起来更加温暖。这些都可以使用EQ来实现。

如果混音的受众者是听力不太好的老年人，那么对频率的控制尤其重要。可悲的是，随着年龄的增长，我们会逐渐失去听到高频音的能力，这意味着很难听清人们的讲话。调节EQ可以解决该问题。

> **音效自上而下**
>
> 音效的应用是有先后顺序的，一般根据音效列表的排列自上而下（如果是横向排列，则从左到右）。也就是说，多波段压缩器应放在列表的最后，即其他音效的后面以防止声音出现失真。虽然先介绍了多波段压缩器，但在实际操作中，要在添加完其他音效之后最后使用多波段压缩器。

可以在其他均衡器效果（菜单）中找到参量均衡器，其应用方式与多波段压缩器相似。

参量均衡器的设置界面更加简单，不像多波段压缩器那么复杂，如图12.25所示。幸运的是，只需调整几个设置即可。对男声、女声的调整存在差异。一般来说，不必再对孩子的声音进行调整，因为它们已经很高了。

图12.25分别显示了男声（上图）和女声（下图）的典型设置。两种设置都可以使声音听起来更温暖、更清晰。

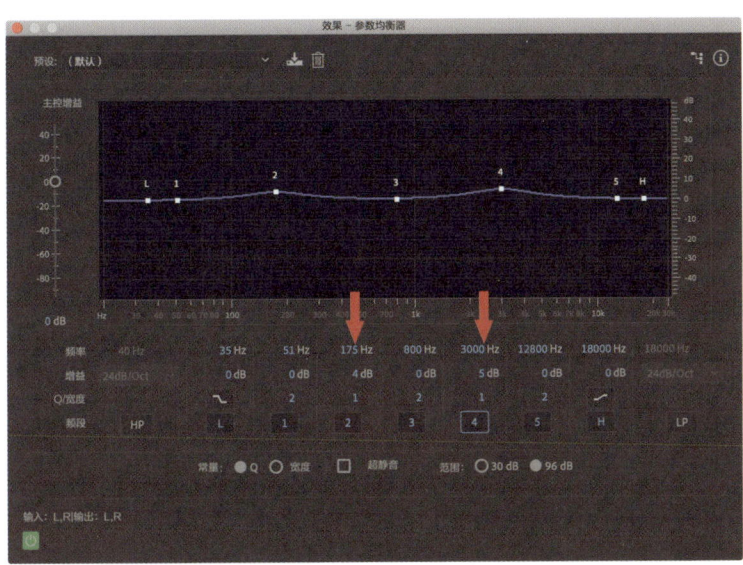
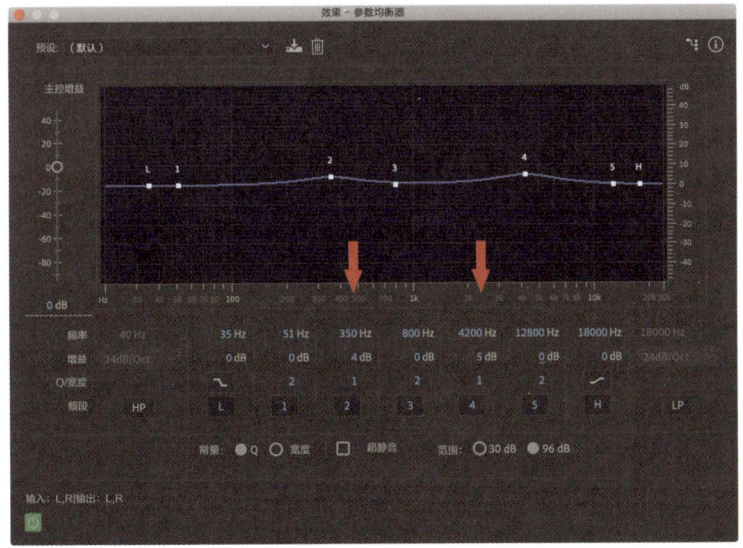

图12.25 参数均衡器对于"正常"声音的设置：男声（上图）及女声（下图）

第12章 声音对图像的促进作用 275

出于好奇，钢琴键中央C的频率是261.6赫兹。大多数乐器演奏的曲调频率是440赫兹。

表12.2 用于人物对话的EQ设置

设置	男性	女性
频率从200Hz调整为	175 Hz	350 Hz
增益从200Hz调整为	3dB~5 dB	3dB~5 dB
曲线Q/宽度从200Hz调整为	1	1
频率从3200Hz调整为	3000 Hz	4500 Hz
增益从3200Hz调整为	4dB~6 dB	4dB~6 dB
Q曲线/宽度从3 200Hz调整为	1	1

设置音频片段的EQ时，Q值决定着曲线的形状。Q值越高，曲线越陡。通常低Q值（0.8~2）适合人声。

参量均衡器在Audition、Premier、Protools以及Final Cut Pro X中的，又称为宽EQ滤波器，其中的设置和操作与参量均衡器完全一样。

这些设置的作用是增强低频音，让元音听起来更加性感、温暖和讨喜；然后增强高频音，让辅音听起来更清脆和清晰。两种情况可以同时改变曲线的形状，通过更宽的频率范围来达到平滑变化的目的。

调节频率类似于修改灰度值，不能提升单个频率，而是调整某个频率范围，有时是宽范围，有时是窄范围，但总有一个范围。增加或降低EQ设置并没什么不好，大家都是这么操作的。不过要把握尺度不要做得太过。就像烹饪，少许香料就能起到画龙点睛的作用。过多的低频设置反而会使声音听起来发闷。

你不一定非得按照我的建议来进行设置。我一般会增加高频参量以提高声音的清晰度，同时保持低频参量不变。音频调整后需要听一下效果，再决定是否采用。

你可以任意调整频率，通过改变Q曲线或者修改增益来获得想要的声音。

导出为一个压缩文件没问题，但是不要对压缩文件再次压缩，那样音频质量会变得很差。因此，更好的选择是导出为一个母版文件以满足未来的各种压缩用途。

输出和压缩

混音完成后，就到了输出和压缩环节。这里的压缩指"数据压缩"，即减少文件大小。在完成音频前，从头到尾再听一遍，确保声音达到要求。同时检查音频的电平是否超过0分贝，声音衔接是否自然，内容是否具体，等等。以防在做好了混音并输出后，再发现这些本该避免的问题！

我的建议是将项目导出为一个未压缩的音频，即WAV或AIF格式文件。这样就获得了一个高质量的主文件，直接存档或者压缩后在社交媒体上发布。

未压缩（代表着"最高质量"）的音频编解码器：AIF和WAV。两者都拥有相同的音频质量，虽然业内似乎更倾向于WAV使用格式。图12.26列举了对导出WAV文件的相关设置。

主要设置如下：

- 格式：WAV（或AIF）。
- 采样率：48000 Hz。
- 位深度：16位。
- 选择单声道或立体声以符合项目和混音要求。

一旦母版文件（混音后输出的高质量版本）导出后，就可以导入动态图形项目作为原声音轨，或导入视频项目作为混音，又或者将其压缩后上传到社交媒体。

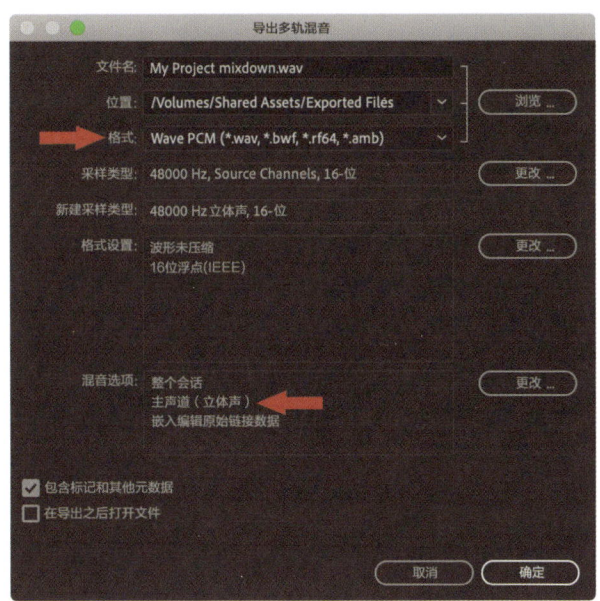

图12.26 在Adobe Audition中对导出WAV文件的相关设置

关于YouTube、Facebook或Instagram等社交媒体，它们都会重新压缩媒体文件，转换成现阶段兼容的各种格式。我了解到YouTube会把用户上传的每一个视频重新创建成20个不同格式的版本。这就是为什么YouTube会显示"正在处理"视频的原因。

母版文件 音频混合后最终导出的高质量文件。

48K还是44.1K？

如果压缩文件是为了便于从流媒体或互联网下载，那么使用48K或44.1K的采样率不会在音质上造成差异；但是一个44.1K的压缩文件要比48K的小10%。我会在视频和社交媒体上使用48K，在自建网站上为了文件更小使用44.1K。48K和44.1K的采样率都超出了人的听力范围。

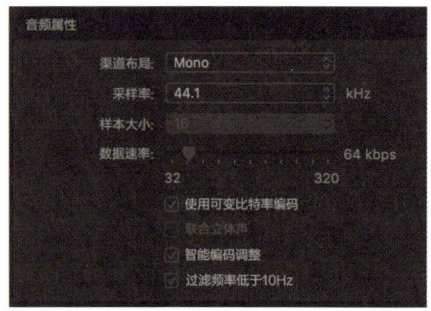

图12.27 苹果压缩器中用于当地网站的一个单声道音频压缩器设置

图12.27中的压缩器设置展示了如何压缩文件的同时尽量不降低音频质量。表12.3列举了根据音频的用途建议的压缩设置。

可以调整设置进一步压缩文件的大小,但鉴于如今的互联网带宽,没必要压缩到几年前的大小。也可以将音频文件转成AAC格式。两者的压缩率相同,但是MP3的兼容度更高。

表12.3 不同用途的音频压缩设置

用途	解码器	压缩设置
视频编辑软件	WAV	无压缩
社交媒体	MP3	采样率48K
		立体声384Kbps
		单声道128Kbps
流媒体/网站	MP3	采样率44.1K
		立体声128Kbps
		单声道64Kbps

本章要点

本章的内容很多!如何将这些内容以不同的方式进行应用,我会在介绍视频编辑的章节中告诉大家。

本章的重点包括:

- 选择合适的麦克风完成录音工作。
- 麦克风是为不同的声音和任务设计的。领夹式麦克风适用于大多数的视频工作。纯音频的录制可使用台式麦克风或耳机式麦克风。
- 所有音频都是由不断变化的频率和音量组成的。
- 编解码器是音频的核心,也是静态图像的核心。

- 一定要做录音测试，确保一切运作正常。
- 录制音频时的电平峰值应在 −12 分贝左右。
- 混音时的电平峰值变化应在 −3 分贝和 −6 分贝之间。
- 输出最终混音时，电平峰值不能超过 0 分贝，避免造成声音失真。
- 编辑音频时，首先考虑的是讲好故事内容，然后再处理技术上的事情。
- 播客最好混音成单声道，而不是立体声。
- 根据音频的用途，调整输出和压缩设置。

最后一点，音频和视频一样拥有无限的魅力。音频能激发人们无穷的想象。给自己足够的时间去探索，从中发现通过音频可以让图像看起来更加完美。

音频在说服力方面可以起到独一无二的作用。随便问一个播客主播就知道了。

说服力练习

基于在第11章学到的内容设计一次采访，主题是与你的一位朋友谈论他的兴趣爱好，想好提问的内容，然后用手机做采访录音。

将麦克风贴近受访者的嘴；然后分别移到距离1.5米和3米的地方。观察声音的质量会发生怎样的变化？哪个距离给你带来最佳的现场感受？主持人与受访者的距离对后者在情感上有什么影响？分别站在距离受访者0.9米的地方，从不同位置（如前、后、左、右）感知他的声音有何不同。

他山之石

斯坦·弗雷伯格对广播的解释

斯坦·弗雷伯格（1926–2015）是一位美国的作家、演员、录音师、音效师、喜剧演员、电台名人、木偶戏演员和广告创意导演。

下面的故事摘自于一篇关于斯坦·弗雷伯格的硕士论文，作者是得克萨斯理工大学的隆达·比曼·马丁。她是斯坦·弗雷伯格的好朋友，所以能够获得文中提到的原始素材。

斯坦·弗雷伯格（1926-2015）是一位美国作家、演员、录音师、音效师、喜剧演员、电台名人、木偶戏演员和广告创意导演（图像来源：匿名公开照片）

1985年5月1日，美国国会通过了一项决议，纪念"当今一位伟大的讽刺喜剧人斯坦·弗雷伯格"。决议写道："他开创了幽默、讽刺广告的先河，既营销了产品，又娱乐了大众。"

弗雷伯格曾获得过21项Clio大奖（相当于广告业的奥斯卡），他最先提出在广播电台中以幽默和轻松的风格去播放广告并获得了肯定。

他说："如果一家公司有了一个笑柄，很显然他们不会太在意，对吧？ 因为他们一定会拿出一款优秀的产品，否则就经不起玩笑了。这就是理论。"

他最著名的电台广告是给广播广告做营销。为什么？因为他想证明音频可以创造出与视频同样的效果，但前者的预算要低很多。谈到激发想象力，音频起到的作用是无与伦比的。下面是他的脚本——记住这只是个带有许多音效的音频而已。

声音1：电台，我为什么要在电台做广告？什么都看不见，也没有图像。

声音2：你可以通过电台做一些电视上做不到的事情。

声音1：会有那么一天。

声音2：好吧，请听这个——

嗯……好了，各位请听：我想把奶油搅拌成200多米高的山一样，然后倒进密干涸的歇根湖。那里的湖水早已被抽干，里面是热的巧克力浆。快看，加拿大空军载着10吨黑樱桃酒从空中飞过，在来宾的欢呼声中把美酒倒入到奶油湖中。

好吧，播放山脉的声音。（音效）

播放皇家空军的声音。（音效）

播放群演的欢呼声。（音效）

现在想在电视上试一下上面这个吗?

声音1:这个……

声音2:你看,广播电台是一个特殊的媒体,它能激发人们的想象力。

声音1:电视不能激发想象力吗?

声音2:可以,但最多激发10寸的想象。

如果我们用"音频"代替"广播",然后再把电视机尺寸变大,斯坦弗雷伯格的那个道理依然成立。

斯坦·弗雷伯格把讽刺引入广告,呆板的广告代理将其运用到商业广告,从而给广播带来了革新(图像由美国广播公司电视提供)

电影关乎的是画面里外的东西。

——马丁·斯科塞斯
电影制片人

第13章
视频制作

本章目标

我们在第7章中提到了照明和构图,在第12章中讨论了音频。本章将接着第10章"视频前期制作"说起:我们完成了策划,现在要做的是将它付诸实践。具体来说,本章主要讨论的是视频设备和人物站位。学习目标是:

- 审核制作计划。
- 展示基本的视频设备并解释优缺点。
- 描述各种人物站位。
- 讨论如何与没有经验的演员合作。

> 本质上，所谓制作就是录制他人愿意收听和观看的声音和图像。

我刚写完关于摄影的章节，就收到了安娜贝尔的短信。"求助！"她写道，"老板想为Facebook录制一段视频并且由我负责。我该怎么办？"

"拿手机拍摄。"我回答，"如果想让视频看起来更美观，那么使用横屏拍摄。将手机置在三脚架上，这样拍摄时不会抖动。使用领夹式麦克风录音而不是手持式麦克风。把拍摄对象安排在靠近北窗的位置，但注意不要把窗户拍进去。用白色泡沫板替代反光板来消除阴影。最后，让他坐在会议桌边身体微倾，避免正对镜头。"

她听了我的建议，花了大约150美元买了一个小型三脚架和一个领夹式麦克风。最后，拍摄的画面和声音都很棒。

视频制作就是把想法变为现实。它并不需要花很多钱，但也不是拿着摄像机按下录制按钮这么简单。

我第一次拍摄采访时请了4位工作人员，另外花了25万美元购买视频设备。现在大家都可以使用智能手机进行视频制作。这也是我写作本书的原因之一：不再只有拥有高额预算和大型摄制组才能制作出优秀的视频。

美好的回忆

提到安娜贝尔的视频创作，一人负责拍摄，另一人举着白板，第三人在镜头前说话，这些让我想起了我的一次制作。

多年前我在WJZ电视台工作，有次在市中心巴尔的摩举办了一场长达3个小时的儿童节直播活动。我是该活动的联合制片人和导演，主持人是当时还是新人的脱口秀主持人奥普拉·温弗瑞。

一共有85名工作人员分布在市中心的6栋大楼里，活动人员名单中有12名中学生，节目包括十几个现场表演，以及海绵宝宝的原创动画。策划这项活动花了整整3个月的时间，这是我导演过最有趣的项目之一。几年后，奥普拉被招进《早安芝加哥》（一档晨间脱口秀节目），当时她将这档儿童直播节目当成代表作品进行展示。

这是其中一台拍摄巴尔的摩儿童节的摄像机。那时的摄像机和现在的稍有不同

今天，制作说服性的视频需要考虑核心三要素：摄像机、灯光和声音。视频制作涉及处理各种复杂的问题，但是借助今天的设备，低预算下依然可以拍出高质量的视频。这就是本章所要讨论的内容。

> 制作说服性的视频需要考虑核心三要素：摄像机、灯光和声音。

视频制作策划

所有项目中，挑战最大的是学习新知识。但是说到视频拍摄，你已经知道该如何上手了。

首先，我要强调：认清你的交付内容！要满足项目格式等要求。这是你最后交付给客户、老板的主文件。有些格式要求比较模糊，有些会非常具体。首先要明确交付要求，然后尽可能按要求去拍摄。

对于交付内容的关键性技术指标包括：

- 横屏还是竖屏。
- 帧幅大小（以像素为单位）。
- 帧率（这是最难转换的规格）。
- 编解码器。

制作视频时，上述这些参数设置起来很简单。但是如果在制作时搞错了，编辑时就很难进行转换或调整。

求助！我要拍段视频

制作就是记录声音和图像的过程。它介于前期制作（策划）和后期制作（剪辑）之间。制作过程可能非常复杂，而且花费高昂，但其核心是拍摄大家想要收听和观看的声音和图像。对安娜贝尔的老板来说，他只需要对着镜头简单地说几句话就行了。拍摄好莱坞大片要复杂得多。

记住，拍摄视频时需要团队协作。你不需要知道所有问题的答案，可以向团队成员和拍摄对象寻求建议。可以找朋友进行试拍，从而发现问题并予以改进；彩排很关键。如果你面对的是首个视频项目，并且这个项目涉及个人职业发展的话，那么建议雇佣一位专业人士给你提供建议。这样做没有坏处。

墨菲定律

当你开始拍摄时,你需要记住以下事项:

- 为混乱做好准备。
- 改变设置前检查所有的拍摄画面。
- 把相机存储卡里的所有媒体文件复制到硬盘。
- 做好备份,拍摄结束后对所有媒体文件进行备份。
- 整理好媒体文件,方便日后查找。

> 视频拍摄的墨菲定律:任何可能出错的事情终会发生,而且是在最坏的时候出现。

视频制作也适用墨菲定律——"任何可能出错的事情终会发生,而且是在最坏的时候出现。"工作人员迟到、演员忘记台词、忘带停车证、镜头装不上、灯坏了没有备用灯,等等。任何可能出现的问题都会发生。

"提前做好计划"说起来容易,但让重金聘请的摄制组在工作时间无所事事,只因等一根转接线,这样的事让我很恼火。

另一个重点是拍摄场景之后做的事情。在做任何事情之前,检查一下实际的拍摄情况,包括图像、对焦、声音、音量,等等。

因为技术故障而浪费精彩的镜头,这种事情太常见了。如果在拍摄现场就发现了问题,还能通过重拍来解决。但如果直到视频编辑的时候才发现问题,那么留给你的选择就很有限了。因此,在进入下一个镜头之前,确认好之前的拍摄内容。

根据拍摄设备不同,一旦确认好某个拍摄镜头后,尽快将媒体文件复制到两个以上的存储设备中。做好备份错不了,因为墨菲定律随时可能发生。

对于所有的数字媒体来说,媒体文件管理是必不可少的一个环节。

摄像基础装备

接下来,我会介绍摄像设备的种类以及它们的优缺点,并提出使用建议。

摄像机主要分为5个类型:

- 移动电话
- 摄像机
- 数码单反相机
- 电影摄像机
- 无人机摄像

移动设备

人们一直对什么是"最好的"摄像机争论不休。古老的真理:最好的摄像机是能随身携带的。对大多数人而言,那就是移动电话了,如图13.1所示。

手机和平板电脑非常普及,其摄像头也在不断改进。虽然移动设备很受欢迎,但也有局限性,如表13.1所示。

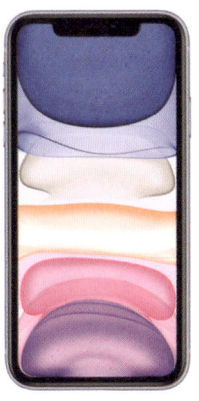

图13.1 苹果手机(图像来自苹果公司)

表13.1 用移动设备拍摄的优缺点

优点	缺点
现在许多设备支持4K视频录制	默认使用广角镜头
许多手机相机支持百万像素拍摄	过大的景深使得画面上的所有物体都对焦了
持续改进的图像处理软件	可选的额外镜头有限,更换不方便
拍出的人物肤色效果不错	放大后容易模糊,出现像素化的照片
基本上拍摄的照片都不跑焦	一般自动拍摄,虽然可选视觉特效,但在设置上相对有限
	移动设备的录音功能比较弱

我们的目标是控制拍摄的图像。使用手机拍摄,易用性是提高了,但控制度却降低了。移动设备普及率高,但并非是唯一的选择。还有其他拍摄视频的专业设备可选择。

摄像机

摄像机,在移动设备的基础上又向上了一级,如图13.2所示。它们支持单人操作、无须额外的设备,为独立制作人设计。成本和单反相机接近,拍摄内容可保存在MicroSD卡中。表13.2展示了摄像机的优缺点。主要的摄像机制造商包括JVC、佳能、松下和索尼等。

图13.2 这是一台集成了镜头和录音功能的摄像机(图像来自JVC公司)

表13.2 用摄像机拍摄的优缺点

优点	缺点
集成的镜头可覆盖从广角到微距	无法更换镜头
内置麦克风和支持音频功能	拍摄静态图像一般
支持两个以上麦克风同时录音，音频电路优秀	使用高压缩率的视频格式
支持各种视频录制格式和图像设置	比单反偏少的图像控制
比移动设备拥有更强的图像控制	

> **数码单反：从一项技术到泛指相机类型**
>
> DSLR（数码单反）是一项和相机原格式有关的技术。后来演变成为指代一系列被设计用于拍摄高品质静态图像和视频的相机。有人喜欢称其为可更换镜头相机（ILCs）。我在本书中称其为数码单反相机，技术再怎么发展，这个叫法更广为人知。

数码单反相机

摄像机再往上是数码单反相机，全称叫数码单镜反光相机，是一种特定的相机技术数码单反相机，如图13.3所示。

原本设计用于拍摄高质量照片，如今已支持拍照和摄像功能，如表13.3所示。一般分为两种类型：有反光板和无反光板。无反光板相机使用了最新技术，可以减少相机的体积、重量，以及内部的移动部件。这些有助于控制相机体积、提高图像质量，以及监控。单反相机用于视频拍摄时，往往需要花更多时间在设置、取景和对焦上，因为它们的显示屏很小，而且镜头的景深不够。

图13.3 这是一台单反相机的机身，镜头需单独购买（图像来自佳能公司）

表13.3 用数码单反相机拍摄的优缺点

优点	缺点
支持大量的可更换镜头	机身和镜头单独出售
可拍摄高质量的视频和照片	比移动设备更贵
更好的景深控制	自带的录音设备效果差，一般搭配其他数码录音设备
成本低于高端摄像机	有些设备在录制20分钟的视频后机身开始发热
更多的拍摄设置	不适合那些要求快速设置的视频拍摄、闪拍或长时拍摄
支持外部存储和更高质量的照片	经常出现监控和对焦问题
	需要很多外设才能完成录像

> 所有新项目的最大挑战是学习新知识。

因其体积小巧、价格适中，以及成像质量高，数码单反相机也被广泛用于拍摄播客。数码单反相机的制造商包括佳能、尼康、索尼，以及Blackmagic Design等。

电影摄像机

处在"摄像制作链"中最高级的是电影摄像机，如图13.4所示。主要制造商有Arri、索尼、RED、松下和Blackmagic Design等。

购买这些配置度高的摄像机是一笔大投入，但它们可以拍出绝佳的图像，如表13.4所示。

图13.4 电影摄像机是媒体制作的高端设备，可拍摄最高品质的图像，以及提供各项设置（图像来自Arri公司）

表13.4 用电影摄像机拍摄的优缺点

优点	缺点
配置度高	价格高昂
可最大化控制图像	对操作者有一定技术要求
支持各种镜头和编解码器	需要将音频录制和数码录音设备分离
适用于日常拍摄高端专题片、电视节目和商业广告	需要很多外接设备才能充分发挥特点

无人机摄像

图13.5 无人机摄像同时具备了灵活性和高画质的特点，但失去了录音功能

无人机摄像是相机的一个特殊类别，如图13.5所示。它们结合了灵活性和高画质的特点。随着政府加强监管，以及明确了操控人员和飞行范围等要求，使得无人机在刚问世时发生的那些险象已经大幅减少了。大疆是主要的无人机制造商，此外还有Yuneed、UVify和Parrot，如表13.5所示。

应该如何选择相机呢？这取决于项目需求。对安娜贝尔来说，便捷的苹果手机就能满足她的需求。如果要在快速移动的同时获得更佳的声音和图像质量，那么摄像机是更好的选择。如果对图像控制有更高要求的话，单反相机可以满足需求。另外，如果有足够的设备和人工预算，那么电影摄像机拍摄的影像是无与伦比的。

表 13.5 用无人机摄像拍摄的优缺点

优点	缺点
非常适合在一些不易进入的地方进行广角跟拍	无法录制音频
高质量图像	螺旋桨会发出噪声
	不适合在小房间拍摄或拍摄特写镜头
	需熟悉飞行操作相关法规
	电池容量会限制飞行时间
	使用高压缩比的视频格式

相机辅助设备

在结束硬件讨论前,还有以下设备需要了解:三脚架、云台、滑轨和万向节云台。这些设备可用于架设相机。

三脚架

手机和许多摄像机能轻易拿在手上,但问题是拿不稳。随着画面尺寸增大,视频会在大屏幕上显示。因此镜头的抖动会让观众感到头晕,或至少让人容易分心。你可不想有人在观看视频时突然呕吐起来。

如果只是想稳定相机,那么所有的三脚架都可以做到。窍门是拍摄时平稳地移动相机。三脚架是否牢固决定了拍出的图像是否能用。图13.6是主流三脚架的样式。

图13.6 三脚架能避免使用相机拍摄时出现摇晃(图像来自Manfrotto)

三脚架的制造商很多,包括Libec、Manfrotto和Sachtler。Joby公司的八爪鱼架造型很酷,适合搭配轻巧的相机。它灵活轻便,能够在一些传统三脚架无法使用的环境下固定住相机。

如果决定购买了,那就去找一个结实到可以承受相机重量的款式。如果打算经常携带三脚架,那么碳纤维材质能减轻重量,但会增加成本。如果计划做很多滑动或倾斜拍摄,那么三脚架中间的"撑杆"可以防止相机在移动时出现抖动。

云台

三脚架云台连接着相机和三脚架。图13.7展示了两种不同的设计。如果只需拍摄静态照片,那么一个简单的球形云台(球头)就可以了。但如果打算在拍摄时移动相机,那么流体云台必不可少。这种技术能让相机前后倾斜并在平移相机时不出现抖动。不管购买哪种类型的云台,首先一定要确保它够结实,能够承受住相机的重量。云台的主要的制造商包括Libec、Manfrotto和Sachtler等。

图13.7 云台将手机与三脚架相连。上图的球形云台适合拍摄照片,下图的流体云台则适合拍摄视频(图像分别来自Manfrotto和Sachtler)

滑轨

视频是用移动的画面来吸引观众的，滑轨能让相机更加平滑地移动。在很多情况下，缓慢移动相机能更方便地安排人物站位及静态打光。滑轨就能起到这种作用，如图13.8所示。通过把相机固定在连接三脚架的滑轨上，就能实现平稳的滑动。让我惊讶的是，小幅度的移动就能给画面带来巨大的变化。将植物或者蜡烛作为前景，然后慢慢地移动相机，从镜头中缓缓地露出在背景中说话的人物。这种技巧很容易把观众的注意力带到人物的对话中去。

图13.8 装在三脚架上面的导轨能够平滑地移动相机，拍出有意思的画面（图像来自Libec）

万向节云台

正如无人机摄像为空中拍摄提供了灵活性，万向节云台为地面上的相机提供了灵活性。如图13.9所示，这些云台可以稳定拍摄画面，最大程度上减少左右晃动。如果不能减少上下晃动，那就意味着操作者要学会平稳的走路方式。

虽然不像三脚架那样稳定，但万向节云台允许相机用一种其他设备无法使用的方式去完成人物跟拍。制造商包括GoPro、Glidecam、大疆等。

所有这些装备的目的都是为了稳定相机，这样观众就能把注意力集中在故事上，而不是因为画面晃动到让他们想是否要跑到水槽边呕吐。

图13.9 这是一台Ronin-S的万向云台，能让操作者走动时稳定相机拍摄（图像来自DJI）

新方式：租而不买

如果计划拍摄大量视频，那么最好是去购买相关装备。这样可以随时使用，更重要的是你了解具体的使用方法。

但是，如果只是偶尔做一些项目或者还在考虑购买具体装备的话，租一台适合的相机是更好的选择。这就给了你一次在正常拍摄条件下的测试机会，看它是否能达到你的要求。

对我来说，租设备最大的优点是有机会让你使用那些也许买不起的设备，同样也可以让你在工作中使用到最新的摄影技术。

> **好的装备需要好的操作者**
>
> 购买或租用到合适的装备只是完成了工作的一半。另一半是要找到精通装备使用方法的操作者。在你和团队成员精通拍摄视频前，找一位专业人士协助你，让项目看起来更加出色。专业的视频制作者大多是自由职业者；他们会乐于和你建立一些短期的项目合作。与专业人士一起工作的优点在于你可以专注想要表达的内容，而他们会确保将这些内容以影音的形式更好地呈现出来。

正如在讨论音频时提到的，我按照上面的方法最后给工作室配备到了合适的麦克风。我当时租了10个不同的麦克风并叫上了我的拍摄对象，然后邀请同事们对所有麦克风进行评测。让我惊讶的是各种麦克风发出声音的差异性，以及团队成员对声音评测意见的一致性。过去许多年了，我仍在使用那些麦克风。

租设备的缺点是，要重新学习它们的使用方法，然后项目完成后还得还回去。另外就是在你需要的时候有可能租不到设备。

之后的拍摄画面，尽管我不会特地提，注意观察它们是如何使用了三分法则。

人物站位

一旦有了需要的设备和操作者，就可以和拍摄对象开始工作了。让我们一起来看看镜头前的各种站位方式。即使相机、拍摄对象在移动，六项优先法则和三分法仍然适用于引导观众去观看整个视频。

人物摆姿

比较一下图13.10中两张照片人物在姿势上的差别。微微转动拍摄对象的身体，使他们侧面对着镜头，这样画面看上去更活泼。如果你愿意，他们的身体当然可以正对摄像机，但身体微微倾斜一些看起来更自然。

我一直使用这个技巧。如果拍摄对象是坐着的，那么我会请他们把膝盖和镜头间的角度放成约30°，即使他们得转动一下椅子。如果他们是站着的，那么我会让他们稍微转动一下身体。

图13.10 观察画面中人物正对镜头（上图）以及身体微微斜对镜头（下图）的区别，身体微倾的效果看起来更好

从同一位置去拍摄特写镜头和广角镜头的常见做法是错误的。

> **避免使用转椅**
>
> 让紧张的拍摄对象坐在转椅上，注定拍摄不出好结果；他们会不停地转动身体。拍摄时确保椅子和拍摄对象的身体都不能移动。

发现最佳的特写镜头

我们拍摄的并不都是采访视频，也叫作"讲话的脑袋"（对讲话者头部的特写镜头）。我们在第7章中学习了180°法则。如图13.11所示，连接两位主要讲话者的鼻子可以形成一根虚拟的180°水平线。几十年前，那些没有经验的摄影师在拍摄电影或视频时经常把相机放错位置，于是就想到了这个办法。

正如之前学到的，在拍摄人物对话时，所有的相机镜头要放在180°水平线的同一侧。人们忽略了最佳特写镜头其实就在靠近这根线的位置，而最佳的广角镜头应摆在中路位置。从同一位置去拍摄特写镜头和广角镜头的常见做法是错误的。

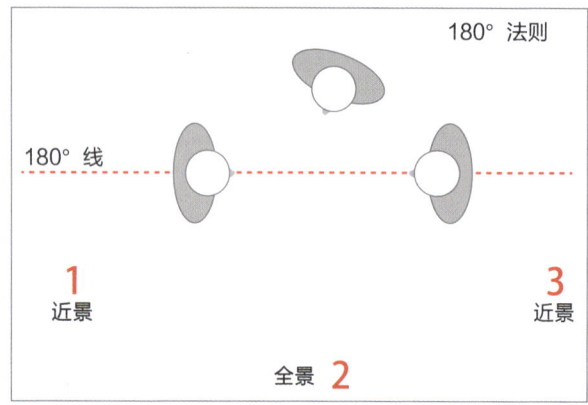

图13.11 180°法则指两位主要拍摄对象的连线。使用不同的机位来拍摄所需的画面

在图13.12中，左侧的金姆与艾莉森正在对话。摄像机被放在他们中间进行拍摄。金姆看着右边的镜头，而艾莉森看着左边的镜头。注意，即使他俩在面对面地讲话，但都微微地转过身体对着镜头。图13.11中2号机位拍摄的镜头画面。

> **摄像机的左右方向**
>
> 为了避免混淆，"摄像机的左右"指的是拍摄画面的左右，也就是刚好和拍摄人物的方向相反。

图13.12 金姆和艾莉森正在对话

图13.13 摄像机从金姆的肩膀位置给艾莉森一个面部特写,后者仍然看向镜头的左侧

图13.14 摄像机移到艾莉森的后面,同时靠近水平线的位置,给金姆一个面部特写

图13.13展示了将机位移到更靠近水平线的镜头画面。这个位置是从金姆的肩膀拍向艾莉森的,给了她不错的脸部特写,同时她朝着与广角镜头中同样的方向看去。如图13.11中1号机位所示。

换一边来看,将摄像机移到艾莉森的肩膀位置,然后给金姆拍个特写,她正看着镜头的右边,与开场时用广角镜头展示的角度保持一致,如图13.14所示。通过将机位不断接近但不超过180°水平线,可以获得画面活泼的特写镜头,同时不会让观众混淆方向。如图13.11中3号机位所示。

> 观察灯光是如何强调屏幕的指向的,两人脸上都是一半亮一半暗但左右位置不同。

一旦超过180°水平线,就会混淆观众的方向,如图13.15所示。金姆此时正朝着另一个方向,暗示她已经不再和艾莉森对话了。因为金姆和艾莉森不可能在对话时同时看向屏幕的左侧。

> 有时你会故意迷惑观众。尤其在拍摄动作、追逐和争辩的场景时。但多数时候,我们要确保拍摄对象的方向在广角镜头和特写镜头里保持一致。

我们再拍一段视频,这次的内容是他俩的争吵。让我们观察如何通过改变机位、画面构图,以及焦点来引起情绪上的变化。

图13.15 超过180°水平线意味着金姆看向了错误的方向,并且与灯光的打向也不匹配

图13.16 广角镜头交代场景：人物的站位及目光朝向

图13.17 拉近镜头的画面强调面部的表情细节，同时虚化背景

图13.18 镜头靠得非常近，画面聚焦于望着画面外的艾莉森。她的情感被置于画面中央

这里的3个镜头的画面不是通过放大实现的，而是改变拍摄机位分别拍摄。移动摄像机时，画面背景会发生变化，并逐渐失去对焦。记住，人们永远会关注画面对焦的地方。有时可以直接放大画面，有时需要从物理上改变机位拍摄，两者是有区别的。

如图13.16所示，金姆和艾莉森两人正在吵架。我们是怎么知道的？因为他们都没有看着对方。这里用的是广角镜头，可以显示周围的环境以及两人的位置情况。调动情绪，通过拉近镜头和调整景深让观众知道谁是画面的主角。

如图13.17所示，在镜头拉近后，背景开始变得模糊，这就是景深的奇妙之处，它能够引导人们的视线。更近的镜头能看清人物脸上的情绪变化。

如图13.18所示，继续把镜头拉近时，艾莉森成了画面中唯一的对焦点，并占据最多的画面部分。我们的目光自然看向她。另外，通过让她看向画面的设计，体现了她内心的抗拒。这样的画面产生令人压抑和被疏远的感觉，使得观众在情感上受到更大的冲击。

不是只有人物微笑的画面才能引人注意。我们的目标是吸引眼球。情感则是抓住眼球的关键。

另一个能够用来激发情感的情愫：孤独。注意观察距离、光线和画面的留白，如图13.19所示，是如何烘托艾莉森的孤独的。镜头使用的是广角，人物脸部的光线很暗，房间是空的。即便如此，这张照片还是遵循着三分法。

图13.19 广角、偏暗及孤单——强调她的孤独感

带着影响力进场

另一种吸引观众注意的技巧是人物的进场和退场。现实生活中，我们通过房门进出房间。剧院的大多数入口呈水平排列，意味着人物将从与镜头平行的方向进场。但在视频拍摄中，通常安排人物从摄像机的位置进出场。

图13.20中，艾莉森和金姆的人物大小是一样的。金姆处在画面较亮的位置，但艾莉森在走动。我们不知道先看画面中的哪个人。事实上，因为艾莉森的画面较暗，我们更倾向于把焦点放在画面右侧的金姆身上。也许拍摄意图就是这样，但分不清焦点的根本原因是我们没有弄清楚人物的进场。

图13.20 艾莉森从画面的左侧进场然后走向吧台

人物在镜头附近做出的动作会更吸引人们的注意，正如图13.21所示。演员在镜头前移动时会改变在画面中的大小，除了移动本身，这种变化比简单的横向移动更有吸引力。在本例中，艾莉森从镜头旁边的右侧位置进场。她是画面中最突出的部分。然后当她走近吧台与金姆交谈时，人物的大小发生了变化，由此把观众带入她们对话的场景。

图13.21 艾莉森换了服装重新站位，从镜头旁边的位置进场，这样画面看起来效果更好

道具：拍摄对象的好帮手

注意图13.20和图13.21中，金姆手里拿着一块道具抹布正擦着吧台。安排一些小道具给拍摄对象，这样能够让他们手上有点事情可以做，从而引起观众的注意。

在另一个例子中，注意观察道具对画面的影响，如图13.22所示。演员可以不需要任何道具，但当他们拍摄时有道具配合的话，就能完成更多的事情。

> 道具能给拍摄画面提供焦点，同时带来额外的意义。

图13.22 注意观察增加道具前后对画面的影响

所有这些关于人物摆姿的创意都很简单，而且适用于许多场景，比如人物采访、广告、戏剧演出。记住，整个拍摄环境——包括摄像机、灯光、声音、人物、布景及道具都在向观众强调你所要表达的信息。

与经验不足的拍摄对象共事

本书讨论了很多关于如何与拍摄对象一起工作的问题。如果你正在拍摄自己的首个视频，简单一点：让拍摄对象对着镜头不动。这样方便给人物打光，因为给走动的人物打光会困难得多。

有时经验不足的拍摄对象会感到紧张和害怕。他们正在做一些非同寻常的事情，因此被恐惧环绕。他们不想让自己出丑。对着摄像机说话是一件伤脑筋的事。我经常对着镜头讲话，但有时还是会感到紧张。

> 与经验不足的拍摄对象共事的关键是让他们感到安心。

与经验不足的拍摄对象共事的关键是让他们感到安心。拍摄时感到紧张是很正常的事情。诀窍就是让他们关注其他"目标"而不是镜头本身。

我们的目的是让拍摄对象在镜头前看起来光彩夺目。在大多数情况下，这也意味着他们一般不会感到太放松。一把柔软舒适的椅子也许会让人觉得舒服，但坐在上面的整个人身体会蜷缩在一起。最好使用硬板凳，这样可以让他们的坐姿更加端正。同时这种不舒服可以让他们去思考其他事情而不是在镜头前表现得很紧张。

在采访中，我会请嘉宾看着我，而不是去关注旁边的工作人员或各种设备。他们当然做不到，因为分散注意力有助于让他们冷静下来。此外，我会在他们抵达后带领他们参观片场，这样在拍摄时就不会感到陌生了。参观完之后，我会请他们面对我坐下，尽量避免再让他们看见那些设备。

做到这些的前提是我在拍摄片场可以这样做。但如果我在控制室或场外，则会确保舞台经理有办法让拍摄对象放松下来。

我会经常对拍摄对象的表现给予表扬，即使他们做得并不太好。当他们已经尽了最大的努力，但还是达不到我的标准时，那就不是他们的问题，因为是我决定安排他们上镜的。这与体育运动比较相似。运动员想知道的是——"教练，我做得怎么样？"，我的工作是指导他们完成我想要的表演、采访、演示。

还有一件事。安排一个人在开机前最后检查一下拍摄对象的发型和装扮，确保他们的仪表端庄。

> **彩排最重要**
>
> 没什么事比彩排更重要了。要在所有拍摄对象进入片场前，连接并测试所有相关设备。如果在录制一个精彩的场景或一段重要的采访时，因为一个小设备出现故障导致所有的拍摄内容付之东流，那么没什么比这更糟糕的了。
>
> 是的，我遇到过这种情况，让人难受极了。
>
> 视频拍摄要面临巨大压力和时间上的限制。提前测试好设备，与拍摄对象进行彩排，练习镜头的移位。尽可能做好各方面的准备。

> 视频拍摄会面临巨大压力和时间上的限制。提前测试好设备，与拍摄对象进行彩排，练习镜头的移位。尽可能做好各方面的准备。

本章要点

本章在前几章的基础上讨论了视频制作，它是介于最初的计划筹备（制作前期），以及完成剪辑（后期制作）的一个中间环节。

本章重点：

- 每段视频都在讲述一个故事，不仅涉及其中人物的讲话，还有整个画面的效果。
- 关于制作具有说服性图像的所有内容也适用于视频制作，而后者的优势是视频中所有的事物都可以动起来。
- 根据交付要求设计和制作视频。
- 拍摄的三要素是摄像机、灯光和声音。但很显然，从制作设计到人物化妆，同样发挥着重要的作用。
- 摄像机的类型可分为移动电话、摄像机、数码单反相机、电影摄像机和无人机摄像。不同类型的摄像机的拍摄用途各不相同。

- 你的首个重要项目，可以考虑租用设备和雇用专业人士，从而获得更加优秀的作品。
- 与拍摄对象共事时，舞台走位、现场调度及道具使用都可以帮助他们在镜头前表现得更好。
- 练习如何使用设备，与拍摄对象一起进行排练，允许过程中出现问题。
- 与缺乏经验的拍摄对象共事时，关键是要让他们感到安心。

说服力练习

拍摄一段朋友或家人之间对话的视频。遵循180°法则；然后打破这个原则，观察始终在水平线一边拍摄与越过后拍摄的区别。

哪个机位的拍摄能让观众知道发生了什么，哪个机位的拍摄又让他们感觉迷惑？什么时候你想让观众感到迷惑？

他山之石

一知半解害死人

拉里·乔丹

我曾在麦迪逊的威斯康星大学研究生院学习广播、电视与电影制作，毕业后去了蒙大拿州唯一拥有两台摄像机的KGVO电视台工作。那时另一家电视台只有一台摄像机。这是很久以前的事了，那时的摄像机非常昂贵。

我是负责米苏拉市晚间新闻的导播。但说实话，那时我还担任街头记者、制作人员，以及是唯一经常拍摄有声电影的人，其他人拍的都是无声电影，因为那样制作起来更容易。

研究生毕业后能在一家广播电视台负责拍摄并担任导演，简直让我开心坏了！

有一天，当地一家药妆店请我们为香奈儿5号香水制作一段电视广告。我主动向制片经理提出负责灯光，因为我在大学读的就是灯光专业，对其"无所不知"。

那个年代，RCA TK-43型摄像机在演播室架起来后高1.5米、长1.8米，重近400多千克，并安装在一个底部带有3个滚轮的工作台上。有一次，我在移动摄像机拍摄一个特写镜头时，不小心失控撞到了片场的其他设备，把正在播音的主持人吓坏了。这些摄像机实在太沉了！

早期摄像机的另一个特点是需要大量的光线。我们在演播室使用的照明设备其功率达到了几千瓦!

为了制作这个广告,药妆店给了我们一个香奈儿5号香水的瓶子,里面装着有色酒精溶液来作为道具使用。拍摄液体时,我使用第7章提到的三点照明法从下往上打光。于是我把瓶子放在玻璃板上,下面放了一盏工作室的照明灯。随后我给天花板上的照明灯加上了开关、填充物及背景光。每盏灯的功率在1000瓦特到2000瓦特之间,但它们与香水瓶子的距离不同,从而控制照明强弱和阴影。

图像来自香奈儿网站

离开演播室后我走进主控室,准备给摄像机装上录影带后进行拍摄。当我看向监视器时,香水瓶看上去非常漂亮,瓶身闪着金光,整个画面的效果看起来很好。

我把一盘录影带装进摄像机,随后按下了录制键。同时再回头看向监视器——什么也看不到。屏幕是黑的。

我有些担心,于是回到演播室。这时候发现制片经理戴夫·麦克莱恩正在用扫帚扑打足足有3.6米高的火苗!我赶紧取来灭火器迅速把火扑灭了。

我怀着满腔热情想给香水瓶打光,于是把装满溶液的玻璃瓶直接放在了1500瓦特的勺形灯上。灯光产生的热量炸裂了玻璃瓶,里面的溶液直接滴到了3200摄氏度的钨丝灯上,造成了爆炸。

最糟糕的是,大火被扑灭后,演播室留下了难闻的气味。那晚我们不得不在停车场做新闻播报。那时正是1月份。

显然,当时我如果少点热情或准备更充分些,就能避免那件事情的发生。不过,在爆炸前那个香水瓶的画面看起来真的很美……

如果非要把下棋和拍电影扯上关系，那就是前者可以培养耐心和自律，帮助人们在关键时刻从各种选项中做出决定。

——斯坦利·库布里克
电影制片人

第14章
视频后期制作

本章目标

本章旨在介绍高效的剪辑工作流程和剪辑技术,以此将拍摄的图像变成人们观看的视频。

本章目标:

- 分享适用于所有剪辑软件和视觉叙事的剪辑流程。
- 探索流程中的每个步骤,学习基本的剪辑技巧。
- 了解如何使用苹果的 Final Cut Pro X 讲故事。
- 学会在剪辑项目时思考问题。

> 剪辑的目的是通过拍摄的各种素材来创建一个清晰、动人的故事。

这就是证据：镜头在画面间飞快地切换，中间有大量让人注意力分散的视觉特效。结论：这位编辑不靠谱。如果是在动作片中快速切换镜头还说得过去，但采访类视频这样剪辑就不合适了。古人曾说："并不是因为你可以做到，就意味着你应该这么做。"

剪辑是通过拍摄的各种素材来创建一个清晰、动人的故事。要做到这点，编辑人员有两个选择：要么展示自己的才华，要么隐藏自己平庸的事实。

什么是"合格"的剪辑

剪辑是通过将一系列视频片段进行组合来讲述某个故事的。那么什么是"合格的剪辑"呢？

当编写本章的时候，我在网上搜索了"不合格视频剪辑"。根据得到的结果，我总结出了不合格剪辑的特点，如表14.1所示。

表14.1 不合格剪辑的特点

音频	画面	内容
糟糕的音频混合	闪帧，前后两个画面在技术上没有衔接好	节奏太快
音频与视频不同步	跳剪，画面没有理由地突然切换	节奏太慢
选择的音乐与视频基调不符	转场不合格，图像在消失效果结束前就被切掉了	拍摄的画面太近或太远
	图像、字体大小、样式不统一	保留一些好看但没用的画面
	镜头画面取景不好	
	颜色不好	

> 有意思的是，我发现排在"前三"的问题都出在了音频上。音频真的对视频太重要了。

这是一份令人沮丧的清单。但是有一个简单的方法就能解决这些问题：放慢速度、集中注意力。如果混音不对，那么你能直接听出来。但是在视频回放时，要全神贯注于屏幕上"实际"显示的内容，而不是你"期望"看到的内容。最后问自己：我的故事讲得有道理吗？我会不会讲得太快了？我有没有用一些无关的图像或声音分散了观众的注意力？

放慢速度，集中注意力——你会花上几天甚至几周的时间来剪辑一个项目。但观众只看一次。尽可能清晰地分享你的故事，因为你无法保证观众看的时候会全神贯注。

> 放慢速度、集中注意力可以解决大部分问题。

找准节奏

视频剪辑中核心的一个概念是"节奏"。演讲有节奏，音乐有节奏，运动也有节奏。人们会对节奏做出反应，因此在剪辑中也要体现节奏，不论是对话还是镜头画面的时长、快慢和顺序，都要讲究节奏。

在剪辑视频时，图像用于反映正在发生的事，对话用来讲述故事，音效用来让画面可信，音乐则用来激发情感。出现在视频里的画面都是经过深思熟虑的。你可能没想到突然坏掉的道具、一句即兴发挥的台词或是一个有趣的并置镜头会在剪辑时引起你的注意。但是，一旦放到了剪辑软件的时间线上，那就代表你希望保留它们。

我已经写了8本关于剪辑的书。但要用一章的内容让你掌握一款剪辑软件是不可能的，所以我想分享剪辑的思考方式，让学习和使用剪辑软件变得更加快捷和简便。

为了更好理解，我将以苹果公司的Final Cut Pro X软件为例做剪辑示范。为什么是它？因为多年在教学Final Cut Pro X、Adobe Premiere Pro和其他剪辑软件时，我发现Final Cut Pro X对于业余剪辑师来说，学习和操作都更加快速简便。苹果、Adobe、Avid、Blackmagic Design公司提供的专业级剪辑软件可以用于剪辑从家庭录像到大型商业电影的影像。

看到的画面

多年来，我的学生向我证明了一点，他们在剪辑视频时看到的是自己希望看到的内容，而不是屏幕上实际播放的内容。我不知道有什么简单的办法去纠正他们这个错误，但可以参考第3章中图3.4的内容。无法看到真实的信息容易让人落入陷阱。

剪辑的时机

沃尔特·默奇剪辑的多部影片曾获奥斯卡最佳剪辑奖，包括《启示录》《英国病人》等。他撰写的《一眨眼的工夫》中有100页探讨了两个画面间剪辑的最佳时机。简短的答案是：在拍摄对象眨眼的时候。

> 我常把苹果的Final Cut Pro X叫作"Final Cut"或者"FCP X"。另外，也许你已知道，这里的X读成Ten。

那么，其他剪辑软件能否适用你的项目呢？大概率是能的。它们能带来令人满意的结果吗？也许可以。选择让你最称心的剪辑软件。在本书中我使用的视频剪辑软件是来自苹果公司的Final Cut Pro X。

学习并使用专业剪辑工具的另一个原因是，当芯片坏了并且项目交付迫在眉睫时，你需要一款兼具功能性和稳定性的软件帮助完成工作。如果剪辑的是家庭录像，那么任何剪辑软件都可以胜任。但要完成商业作品，那么建议还是选择一款可靠的剪辑软件。

在绝大多数情况下，剪辑视频要求计算机具有更高的配置。首先需要一个高功率系统，特别是编解码器压缩媒体文件的效率越高对系统的要求也越高。剪辑速度取决于中央处理器、视频处理器、内存、硬盘、操作系统，以及剪辑软件……剪辑视频时，计算机的每个部件都承受着压力。剪辑似乎很容易，但其实在计算机内部进行着巨大的运算。

> 我经常使用"剪切"一词来指代"剪辑"，因为前者最早用于电影胶卷，先用刀片切断，然后再粘起来。

剪辑是一项创造性很高的工作，因为同样讲述一个故事，不同人的方式可能千差万别。即使是调整某个视频片段从哪儿接、两个镜头间怎么切，都需要花费好几个小时斟酌后再下决定。

除了创意和技术要求，剪辑也是一项逻辑性很强的工作。整理故事、跟踪剪辑、管理媒体等，所有这些挑战被整合到了同一件事情上：剪辑。

> 作为一名编辑，你需要平衡创意和技术两个方面。

作为编辑，你需要平衡创意和技术两个方面，从观众的角度看你所讲述的故事是否有节奏感，是否流畅。同时确保没有任何剪辑冲突、跳剪或者对观众视觉上的干扰。

本章将介绍剪辑的过程。我会提供一些创意方面的建议，但是正如大多数创意工作一样，最好的学习方法就是去做、去看、去评，然后再次尝试。

剪辑流程

时间永远不够用——无论是筹备策划还是拍摄制作，剪辑更是如此。创意工作没有终点，但是任何工作都要在规定时间内完成。这意味着我们要尽可能高效地利用时间，建立一套适合自己的工作流程。

多年来，我设计了12个步骤的剪辑流程来回答"我现在应该做什么？"的问题。我在给中学生教学时，发现他们最先想学的是特效制作。大学生们则会想要先学习如何剪辑。

但是我们第一步真正应该学习的是策划。剪辑流程始于策划，以确保集中精力与热情。表14.2列出了剪辑的12步工作流程，本章将依次分别展开介绍。

在第10章中，媒体管理被定义为根据存储卡和其他源对视频片段进行整理。我们剪辑时整理的素材是与拍摄主题有关的场景。对大多数剪辑工作而言，在剪辑软件中如何创建、整理视频片段与它们在硬盘上的保存位置是没有联系的。

表14.2　12步工作流程

创建故事	润色故事
1.　项目策划	7.　添加转场
2.　收集媒体文件	8.　添加文本和效果
3.　整理媒体文件	9.　创建最终的音频合成
4.　构建故事	10.　完成画面调色和色彩校正
5.　在时间线上整理故事	11.　项目导出
6.　修剪故事	12.　项目存档

术语解释

在介绍剪辑流程之前，先解释苹果Final Cut Pro X 软件中的5个术语：

- 资源库。这是 Final Cut Pro X 用于视频剪辑的主阵地。它包含了媒体文件的必要信息及剪辑方式。虽然只是桌面上的一个图标，但资源库实际上是一个"超级文件夹"，可以包含各种内容。

- 事件。这是 Final Cut Pro X 对文件夹的有趣叫法。其中包括了需要剪辑的项目、视频、音频和静态图像。一个事件中的文件数量没有限制要求。事件可以被保存在媒体库里，但不能把一个事件保存在另一个事件里。

- 项目。这里包含了如何剪辑媒体文件的各种说明。项目可通过时间线打开。时间线把视频片段关联起来后保存到项目。时间线最长可支持 12 小时，包括成千上万个片段。项目和事件一样都被保存在库中。

我经常会用到"硬盘"这个术语。它指各种连接到系统的存储方案：内部SSD、内置硬盘、外置硬盘、外置SSD、外置RAID及服务器卷等，我把它们都称为"硬盘"。

> 脚本提供了创作想法，故事通过拍摄被记录下来，然后通过剪辑呈现。

- 媒体文件。此处的"媒体文件"是指剪辑片段，包括静态图像、视频、音频、时间码、字幕等，一个片段中可包含各种元素。媒体文件非常大，可以保存在库里或库外。
- ProRes 422。这是 Final Cut Pro X 中默认使用的编解码器。ProRes 是一系列优秀的编解码器，由苹果公司开发，被各种公司使用。

> **过渡编解码器**
>
> 我们经常把相机拍摄的原始媒体转换成过渡（或叫中间）编解码器来编辑。这样能带来更好性能和更快的导出速度，提高图像质量用于颜色分级和效果制作。Final Cut Pro X 提供的优化媒体功能让这一切变得简单，我会在后面介绍。导出前，我们把项目转换成第三个编解码器用于最终的项目发布。

第1步：项目策划

我在第10章中详细介绍过策划视频。这里我只想再提醒一点，就是我们要理解信息、了解观众、确保设备正常运行和熟悉使用方法，并确保掌握剪辑内容、时长及交付格式要求。

> 与其他软件不同，Final Cut Pro X 会自动即时保存修改后的文件。这意味着工作时不必担心文件的保存问题。

第2步：收集媒体文件

这是第13章中提到的关于视频制作过程的内容，我们会在这个环节拍摄新素材，并且从之前的项目或库中收集已有的素材，共同形成讲述故事所需的内容。

这也是在第10章中讲到的媒体文件管理的内容。我们把拍摄的内容转移到硬盘做好备份，然后给文件命名，这样就能知道具体的拍摄内容和保存位置了。

> **非线性剪辑（NLE）**
> 计算机软件能以任何顺序（非线性）访问和剪辑媒体片段。早期电影剪辑因为没有计算机而无法实现。还可以把NLE想象成视频剪辑软件，只是NLE读写速度更快。

保存媒体以后，我们需要找到特定的镜头画面。这里可以借助各种系统，比如简单的纸质列表、电子表格、Kyno、axic及KeyFlow Pro等媒体管理软件。也可以把所有的镜头画面都记在脑子里，但最终我们会发现交给软件管理更便捷。对于简单的项目，电子表格就可以了。

第3步：整理媒体

下面正式开始剪辑，我们使用Final Cut Pro X 而不是Finder进行视频片段的整理。

媒体软件的界面配色趋于深色化，Final Cut Pro X的界面如图14.1所示。它支持双屏显示，但设计之初用于单屏显示。界面主要分为4部分：

1. 资源库边栏和浏览器。用来浏览和整理视频片段。

2. 检视器。用来播放视频和查看项目。

3. 时间线。用于剪辑片段创建项目。

4. 检查器。用来调整视频片段和效果。

我们通过浏览器和检视器来查看和整理视频片段，然后加入时间线进行剪辑。最后我们使用检查器添加效果。

本章使用的视频均来自Hallmark广播公司。

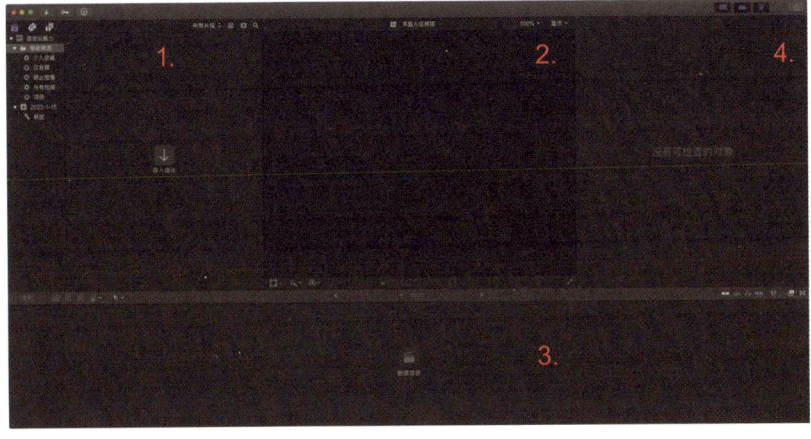

图14.1 Final Cut Pro X的操作界面

导入媒体文件

导入媒体文件是整理片段的第一步。不同于Photoshop将所有素材保存在同一个文件中，把媒体文件导入视频剪辑软件，其实导入的是一个"链接"，明确媒体文件在系统的保存位置。媒体文件和剪辑指令单独存在，在Final Cut Pro X 中称之为"项目"。

保存文件

Final Cut Pro X 支持在内置硬盘、本地外置硬盘和服务器上保存媒体文件。但是在大多数情况下，资源库不能保存在服务器上。本书假设所有文件都存储在外置硬盘上。

打开Final Cut Pro X 软件。如果首次运行，它会询问新建资源库还是打开已有资源库。选择新建一个资源库进行命名（我使用了"说服力"命名），然后单击"保存"按钮。默认情况下，这些资源库会被保存在个人主目录下的Movies文件夹中。但较大的媒体库或媒体文件最好保存在外部存储设备上，因为其容量通常比内置的大很多。

如果要导入媒体文件，选择"文件">"导入">"媒体文件"即可（快捷键：Cmd + I组合键）。如图14.2所示，媒体导入窗口用于导入片段及包含片段的文件夹。也可以直接把片段从桌面拖入Final Cut Pro X，但媒体导入窗口能更好地控制导入。

图14.2 媒体导入窗口。存储设备列在左侧，媒体文件显示在中间，右侧是导入设置

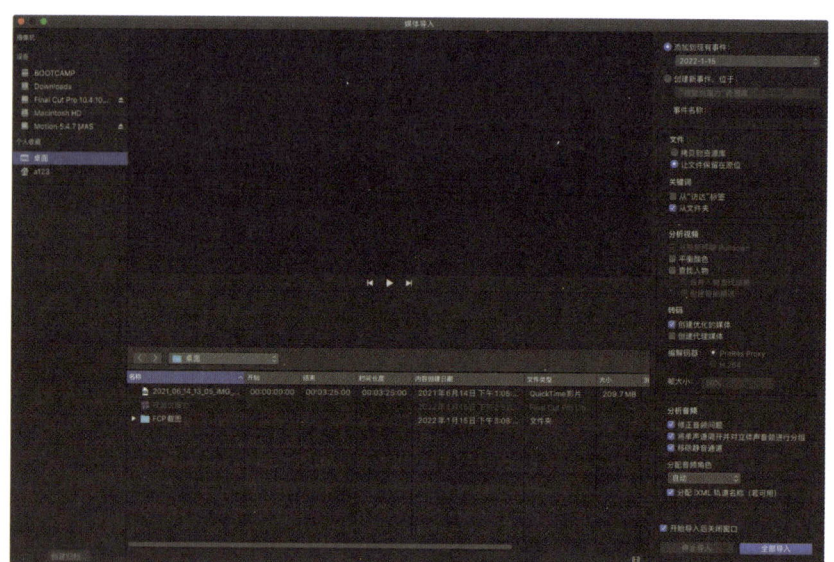

观察构图

顺便说一句，观察图14.3中飞行员的特写镜头。它从低于视线水平的角度进行拍摄，塑造出英雄般的形象。根据三分法进行构图；飞行员是焦点，也是画面中最大的元素。电影制片人就差在他的额头上画一个红色箭头并注明——"先看这里！"

不用说，身穿飞行服的飞行员可以提高他的可信度。同时背景中还有一架飞机。这个镜头在构图上非常严谨。

图14.2中左侧显示的是连接到计算机的所有存储设备，可能有数据线连接的苹果手机。以我为例，我会把培训用的所有媒体文件保存在一个名为"培训媒体"的文件夹中。这类似于第10章中提到的源媒体文件夹。单击左侧的硬盘驱动器或文件夹可以查看相应内容，并显示在底部窗口的中间位置上。双击可以打开文件夹。

单击窗口底部中的任意片段即可选中。整个视频片段会以幻灯片的视图显示，同时以大图方式显示这段视频开始的画面，如图14.3所示。

图14.3 选中片段会以电影胶片的形式显示全部内容，同时还会显示带有播放头的较大画面

把鼠标指针放在胶片上左右移动可以快速浏览视频的内容。按下空格键开始播放；再次按下空格键可中止播放。出现在电影胶片上的那条竖线称为"播放头"。

播放头代表检视器中正在播放的当前画面的一根竖线。它会和片段或项目播放时同步移动。

这是查看视频片段最快速的方法——选中、速览，再选中下一个。

选取导入片段的方法：

- 选择单个片段。

- 选择某个范围内的首个片段并按 Shift 键，然后选择最后一个片段，这样就选中了其中的所有片段。

- 选择首个片段，然后按下 Cmd 键继续选择其他片段（这个过程称为"非连续选择"，选中非连续的内容）。

第14章 视频后期制作 311

- 单击文件夹名称旁的向左箭头。可以返回上一级。然后选择整个文件夹导入所有文件。导入整个文件夹有许多好处，我会在谈到关键词时进行详细介绍。

位于媒体导入窗口右侧的导入设置看起来有点复杂。但和我们相关的只有三项设置。一旦完成设置，Final Cut Pro X会进行记忆并用于下一次导入。图14.4展示了具体导入设置。

第一项设置：选择正确的事件。

所有媒体文件必须保存在事件中。记住"事件"只是Final Cut Pro X 对于"文件夹"的另一种叫法。打开导入窗口前，选中的事件会显示在界面的最上方，也可以在下拉菜单中选择其他事件。首次创建时，事件的名称默认是日期。别担心，我会在后面教你如何快速重命名。

第二项设置：文件。

- 将文件拷贝到资源库。将所有媒体文件复制并保存到资源库。对于新手或者需要将同一个资源库在不同计算机之间移动时，我建议这么操作。资源库会因为媒体文件变得很大！因为全部都要复制，所以需要更大的存储空间。

- 在原处保留文件。把文件保留在硬盘原处，从而节省空间。但这意味着如果需要把资源库从一台计算机移动到另一台计算机的话，你得把所有的媒体文件也一起转移过去。这种特别适用于需要在不同项目或团队成员之间共享媒体文件的情况。

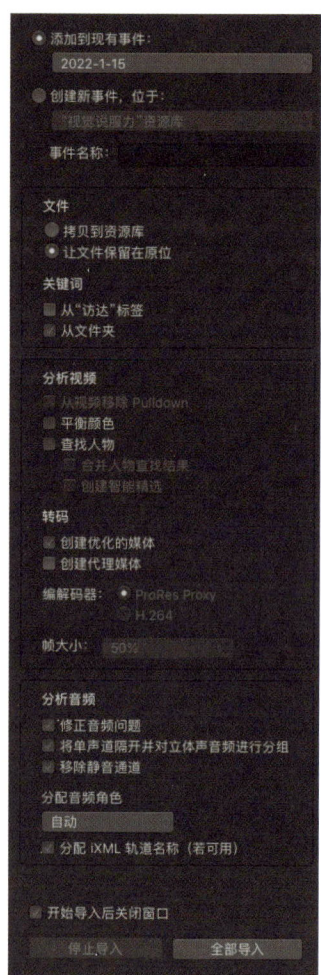

图14.4 打开导入设置时会默认显示上一次的设置情况

转码 媒体文件的格式转换。

第三项设置：转码。

- 无转码。什么都不选，这样剪辑的就是相机拍摄的"原生"媒体文件。如果储存空间有限或不打算花很长时间在剪辑项目上，又或不打算添加很多效果或不做色彩校正的情况下，此处什么都不勾选是最好的选择。

- 创建优化媒体文件。建议在导入剪辑项目时勾选此项。它会复制相机原生媒体文件并转换成 ProRes 422 格式，后者能提供更快的渲染、导出速度，以及更高质量的色彩和效果。但需要更多的存储空间保存转码文件。

- 创建代理媒体文件。如果要剪辑 4K 及以上视频或多镜头视频时,建议勾选此项。我在本书中不会讨论代理剪辑。

目前,除了建议使用"复制到资源库"以外,图14.4显示了我在媒体导入设置方面的建议。你可以在刚开始时这样设置,随着学习的深入再做调整。

> **为何要渲染片段**
>
> "渲染"一词听起来很专业,它指把已有片段"计算"生成新的片段。渲染不会改变源视频。对时间线上的片段添加特效或进行颜色校正就是典型的例子。Final Cut Pro X会在后台进行渲染从而节省时间。

完成导入设置后,选择所要导入的片段,然后单击窗口右下角的"导入选中"按钮。在本练习中我向上移动了一级,即导入整个文件夹。它比选择单个片段的导入速度更快。

配置浏览器

导入媒体文件后,浏览器中就会马上显示媒体文件的缩略图,如图14.5所示。

图14.5 导入后,每个片段的缩略图会显示在浏览器中(左侧)。当前选中的片段也会显示在检视器中(右侧)

第14章 视频后期制作 313

图14.6 单击上方的片段小图标（上方红色箭头所指）调整片段在浏览器中的显示大小

单击图14.6中最上方红色箭头所指的片段小图标后，通过第一根滑动条（第一个红色箭头所指位置）可以调整缩略图的显示大小。第二根滑动条（中间红色箭头所指位置）代表缩略图的显示频率。"全部"表示每个片段显示为一个缩略图。"30"表示每30秒显示一个缩略图。你可以选择每半秒生成一个缩略图！当选中"波形"时（底部红色箭头所指位置），在屏幕上会同时显示图像和音频。

你也可以随时更改这些设置。

最左边是资源库边栏，能显示所有已打开的资源库情况。在图14.7中，我打开了一个名为"说服力"的资源库，其中包括3个事件：智能个人收藏、媒体文件和项目。你也可以同时打开多个资源库。资源库边栏可以显示资源库、事件和关键词等其他元素，但不会显示片段。片段显示在浏览器里。

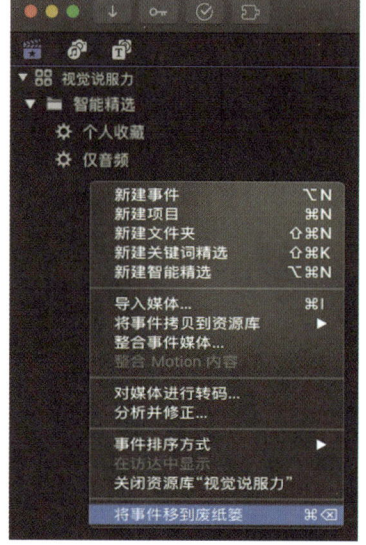

图14.7 在资源库边栏的空白处单击鼠标右键可打开菜单

你可以在任何时间给资源库、事件、项目或媒体文件进行重命名。在需要更改的名称上单击，然后进行编辑。在软件中为资源库、事件、项目进行重命名后，它们在硬盘中的名称也会相应改变，但是媒体文件的名称不会改变。

> **重命名**
>
> 在Finder中对文件进行重命名不是一个好主意，但在浏览器中进行操作就很好。重命名之后能帮助我们更好地理解每一个片段的内容。单击文件名，选中后可更改名称。
>
> 在Final Cut Pro X中更改媒体文件的名称不会改变它们在硬盘上的原文件名。

在库边栏空白处右击会出现更多的选项，如图14.7所示，比如：

- 对资源库或时间进行重命名，单击文件名，然后键入新的名称。你可以使用任何名称，但要避免特殊字符。

- 创建一个新事件，选择"文件" > "新建" > "事件"（快捷键：Option+N 组合键）。

- 删除一个事件，在名称上右击，在弹出的菜单中选择"移动到废纸篓"选项。

个人收藏和关键词

导入片段后，就可以进行整理了。对于简单的项目，我一般创建两个事件：媒体文件和项目。对于复杂的项目，我会多创建几个事件，但通常也不会太多。可以通过将媒体文件保存到不同事件中进行整理。下面两个选项会帮助你更加便捷地整理媒体文件：个人收藏和关键词。

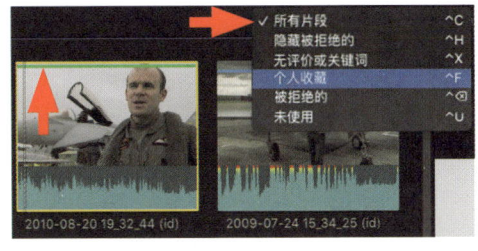

图14.8 片段筛选菜单，默认为"隐藏拒绝"，能控制那些片段显示在浏览器中。未显示的片段没有被删除而是隐藏了起来

"个人收藏"就是你喜欢的某个片段，希望在剪辑时使用它。选中片段的四周会出现金色边框，然后按F键。片段顶部就会出现一根绿线，代表它已被收藏，如图14.8所示。如需仅显示个人收藏，选择"所有片段"命令，然后选择"个人收藏"命令。"个人收藏"功能可以快速标记你喜欢的片段。

其他选项包括：

- 在浏览器中如果想隐藏不要的片段但又不想从资源库中删除，那么选中片段后按 Delete 键。选择筛选菜单中的"隐藏拒绝"命令可以隐藏显示这些片段。

- 要恢复显示拒绝的片段，在筛选菜单中选择"所有片段"。

- 要从浏览器中永久删除片段，按 Cmd + Delete 组合键。

- 输入 U 键可以取消所选片段的个人收藏或拒绝显示标志。

Cmd+Delete组合键到底删除了什么

当你在预览器中选中某个视频，按下Cmd+Delete组合键时，将发生以下两种情况之一：

- 如果导入视频时选择"拷贝到资源库"命令，资源库中的视频会移动到"Finder"中的"废纸篓"。然而，硬盘上的源视频不会发生变动。

- 如果导入视频时选择"保留文件"，导入资源库中的别名文件会被移动到"废纸篓"。但是，存储在硬盘上库之外的源视频不会发生变动。

关键词是我在专业项目中整理片段的另一个方法。关键词具备自动应用的功能。我在导入"飞行表演"文件夹时就用到了关键词。文件夹的名称会作为关键词应用到所有导入其中的片段上面。这就是为什么导入片段前要考虑好文件夹的命名。

也可以通过关键词浮动面板进行手动应用。单击顶部的钥匙图标可以打开面板，如图14.9中的红色箭头所示。在这里可以给每个片段标记相应的关键词，如下方红色剪头所示。关键词之间用逗号隔开。

图14.9 单击顶部的钥匙图标可以打开关键词浮动面板，然后在其中添加关键词，中间用逗号隔开

第14章 视频后期制作 315

解码颜色

浏览器中显示的片段上会显示彩色线条。
- 红色。片段被标记为"拒绝显示"。
- 绿色。片段被标记为"收藏"。
- 蓝色。片段存在"关键词"。
- 紫色。片段已做图像稳定等分析。
- 橙色。在时间线中使用的具体部分。可以通过"视图">"浏览器"开启显示。

个人收藏和关键词还可用于片段的某个范围,我们会在"片段的出点、入点"中进行介绍。想要删除关键字,选中片段后通过浮动关键字面板进行删除。

如果要查找已应用特定关键词的片段,单击左边栏的关键词收藏,如关键词"飞行"。它能让我们快速整理片段,无需将它们拖到单独的事件中去。

第4步:构建故事

现在已经完成了导入和整理片段——花了比计划更长的时间。该来到有趣的部分了:剪辑。它分为两部分:第一部分是检查每个片段,选择其中想要的部分,称为"抠选片段",如图14.10所示。第二部分是建立一个新的项目,使用时间线进行剪辑。

图14.10 要抠选片段,键入I键设置入点,键入O键设置出点。黄色边框表示抠选范围

抠选 为片段设置出点、入点。如果没有出点、入点,默认为片段开始和结束的位置。

> 如果激活速览功能,则优先级高于播放头。我喜欢在浏览器而不是时间线上速览片段,后者会妨碍我的剪辑。按下S键可以打开速览功能。

检查和抠选片段:

- 将光标悬停在某个片段上,然后左右移动进行内容"速览"。
- 单击片段上任意位置,按下空格键启动播放。按 Shift+ 空格键进行倒放。
- 设置片段"入点",代表你所希望片段开始的位置,拖动速览条或播放头到相应地方,然后按下 I 键。
- 设置片段"出点",代表你所希望片段结束的位置,拖动速览条或播放头到相应地方,然后按下 O 键。
- 要更改"入点"或"出点",可以重新输入或者拖动黄色竖线进行调整。

设置"入点"和"出点"的过程叫作"抠选",每个片段都要进行类似的设置,这就是为什么Final Cut Pro X 能够快速、灵活地完成抠选的原因。

检查片段的过程很简单。播放片段,然后对其设置"入点"和"出点"。这个过程不难,难的是决定每个片段中你喜欢的部分,以及如何搭建这些片段。Final Cut Pro X 不能帮助你思考,只能配合完成具体操作。

Final Cut Pro X 中被选中的片段或其他元素周围会出现黄色边框。

> **快速检查的快捷键**
>
> 要删除片段中的入点和出点,可将黄色竖线分别拖至片段的前后边缘,也可以像我一样使用Option+X组合键。
>
> 要选中整个片段,单击速览条或播放头,然后按C键。
>
> 通常某个片段每次只能分别设置一个入点和出点。

创建一个新项目

检查并标记完所有视频片段后,是时候把它们剪辑成……等等!我们还没有创建项目。是时候新建一个项目了。选择"文件">"新项目"(快捷键:Cmd + N组合键)。

创建一个新项目有很多方法,最简单的方法是选择"文件">"新建">"项目",如图14.11所示。确保左下角箭头所指处已显示"使用自动设置"。如果没有显示,单击"使用自动设置"按钮。为项目命名后选择一个事件保存到该项目。我一般会为项目新建一个叫作"项目"的事件。这样方便日后查找。完成后单击"确定"按钮。

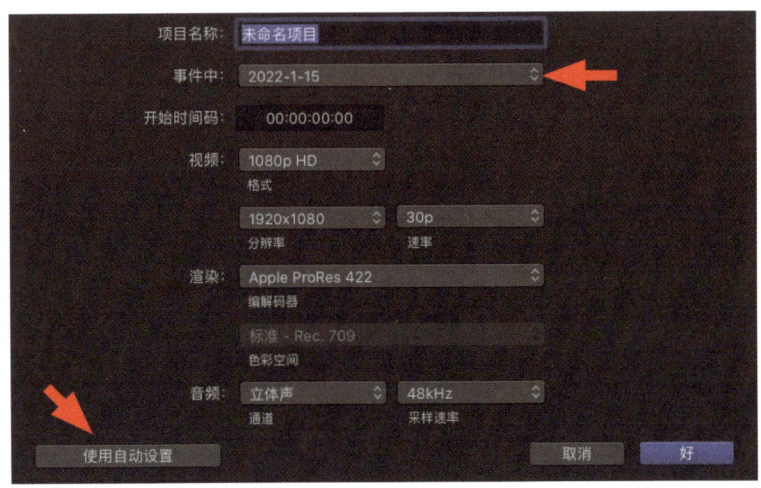

图14.11 选择"文件">"新建">"项目"。键入名称,选择一个事件保存到该项目

打开时间线也可以显示一个新项目。时间线中间上一根颜色更深的线叫作"故事主线"。在剪辑时要把所有的片段都放在上面。这是Final Cut Pro X 不同于其他剪辑软件的地方。我稍后会介绍它的具体功能。

> 你从一个镜头切到下一个镜头是想要向观众展示一些新的内容。

> **配置项目**
>
> 配置项目最简单的方法是拖动一个符合交付要求的片段到空白时间线上。这样会让项目强制按照该片段的标准进行配置,例如编解码器、画面大小、帧率和颜色空间等。如果所有片段都不满足交付要求,那么需要手动配置项目。具体可以查阅Final Cut Pro X 帮助菜单中的"项目设置"。

剪辑

图14.12 时间线左侧顶部的图标从左到右分别为:显示/隐藏时间线索引、关联剪辑(Q)、插入剪辑(W)、添加剪辑(E)、覆盖剪辑(D)、音视频剪辑箭头以及工具板(快捷键可能根据软件不同而有所差异)

剪辑就是将片段按照一定顺序从浏览器拖到时间线讲述故事的过程。你从一个镜头切到下一个镜头是想要向观众展示一些新的内容。如果不是这样的话,那就不要切镜头。

你可以轻松地将任意片段从浏览器拖到时间线上,但拖动还是有点慢。最快捷的方法是单击4个剪辑图标中的一个,如图14.12所示。将片段在时间线上进行剪辑。然后再单击同一个图标两次之后,你可能需要设定一个快捷键。对我来说这样是最快的剪辑方式。

- 添加剪辑(快捷键:E 键)。将一个片段剪辑到故事主线上,并置于时间线上所有片段的结尾。这是最常用的剪辑选项。
- 插入剪辑(快捷键:W 键)。在播放头(或速览条)的位置插入片段,并把播放头右侧的片段向后移动。这种剪辑会改变项目的时长。
- 覆盖剪辑(快捷键:D 键)。在播放头的位置插入片段,原本位置的片段就被删除了。这种剪辑通常不会改变项目的时长。
- 关联剪辑(快捷键:Q 键)。在播放头位置的上一级插入片段。比如有人在镜头前讲话,希望通过一张图像展示说话的内容时,这是最好的选择。这种"图像剪辑"通常被称为"辅助镜头",它是一个古老的电影拍摄术语。

当你把片段剪辑到故事主线时,每个片段就像一个"磁铁"吸附着下一级的片段。苹果称为"磁性时间线"。使用其他剪辑软件很容易不小心在片段中间留下间隙,导致播放时出现短暂黑屏。"磁性时间线"可以避免发生这类问题。

> **专业术语**
>
> 特写头像。一个正在说话的人特写片段,例如,一名谈论飞行的飞行员。"说话人物面部"指片段的视觉元素。
>
> 原声摘要。在带有音频的视频片段中,观众听到的对话如飞行员的讲话,可以称为"原声摘要"。
>
> 辅助镜头。在说话人讲话时显示的媒体内容。它可以是在飞行员讲话时显示的飞机驶过的镜头。
>
> 标题。显示在屏幕上的文本内容。标题提供了观众无法从对话中获得的信息,如飞行员的姓名等。

当剪辑一个片段到上一级时,它会与故事主线上的片段进行关联。这意味着如果在故事主线上剪辑了人物谈话的片段并在上一级添加了辅助镜头,那么在时间线上移动故事主线的片段时,对应的辅助镜头也会跟着一起移动。

磁性时间线和关联片段是Final Cut Pro X特有的概念。它们可以解决各种问题,比如片段之间的黑屏、音视频剪辑不同步、辅助镜头与说话人面部不同步等。这些概念在Final Cut Pro X首次发布时甚至存在争议,因为它与当时传统的剪辑软件差别很大。这是我给新用户推荐Final Cut Pro X的原因之一。它能自动解决其他软件可能需要手动解决的问题。

> **三分法**
>
> 就像给拍摄画面进行构图一样,你所选择的镜头顺序和转场都存在意义,这与拍摄内容本身并无关系。电影制片人称其为电影的"语法"。
>
> 电影剪辑师诺曼·霍林把镜头顺序的这种语法称为"三分法"。他说:"我们看到的当前镜头源于其相邻两个镜头的信息。我们不会割裂地去看任何一个片段,而是连续观看一系列片段,因此它们的先后顺序都是有意义的。"

按照你希望的先后顺序把片段剪辑到时间线上,如图14.13所示。我的建议是,把故事分成多个部分进行剪辑,不要试图一次做完所有的事情。

- 第1部分。关注他们说了什么而不是看上去怎样来进行剪辑。我称其为"创建广播剪辑"。是的,音频、视频片段要一起剪辑,但先聚焦于故事内容,而不只是具体的图像。完成故事剪辑后,再整理画面。

- 第 2 部分。添加辅助镜头，说明剪辑要点和展示讲话的内容。这部分我们要聚焦于画面，因为故事已经说得很完整了。
- 第 3 部分。添加标题和转场。
- 第 4 部分。添加所有剩下的效果。

图14.13 4个片段被剪辑到了时间线上的故事主线中。为了便于查看，我对它们做了全选（快捷键：Cmd+A组合键）

这样分步操作的好处是在一个时间段聚焦一件事。否则，一下子有太多的事情要做容易造成分心，最后什么也做不好。

完成故事主线后，下一步就是添加辅助镜头。辅助镜头中的图像对人物的讲话内容进行说明。这些镜头被放在故事主线的上一级，并与故事主线上对应的片段相关联，如图14.14所示。

图14.14 辅助镜头被插在故事主线的上一级

以飞行员的例子来看，我们希望在他谈论关于飞行的时候有飞机驶过。观众能够轻而易举地做到边听边看。这是一种常见的剪辑技术。

在浏览器中选中所需的片段，然后单击关联片段的图标（快捷键：Q键），把它放在人物面部画面的上一层。按这个方法分别添加辅助镜头，完成对故事的说明。与之前一样，按你想要的先后顺序排列这些片段。

叠加和可见

Final Cut Pro X 中的片段默认是以全屏显示的。这意味着只能看到最上面的片段，下面的片段则会被遮挡，不可见。这就是为什么要把辅助镜头的片段放在特写头像的上方。辅助镜头会替换人物讲话时的画面，但不会影响音频。所有声音在任何时候都能听见。辅助镜头的叠加顺序对音频片段没有影响。

Final Cut Pro X 能够快捷地将片段从浏览器拖到时间线上。这还不是剪辑的难点。难点在于厘清片段顺序并利用它们讲好故事。这通常会涉及大量的试错，要求我们用新的视角去看待项目。Final Cut Pro X 能让剪辑过程变得轻松简单，但正如之前所讲的，更重要的是你的剪辑创意。

调整音频电平

调整音频电平是剪辑的一部分内容，目的是让观众听到我们期望他们听到的声音。这一步不是完整的音频合成，而是大致"勾勒"出音频电平，使我们听到视频中的声音。完成剪辑之后才能做完整的音频合成。

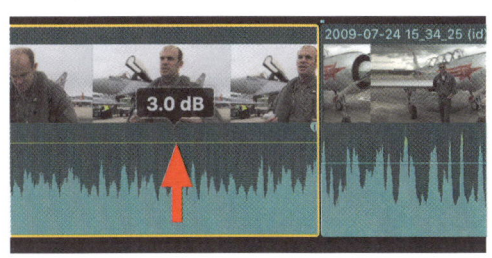

图14.15 调整音频电平是剪辑过程的一部分内容。上下拖动代表该片段音频电平的黄色细线来增大或减小音量

设置音频电平时，可以拖动每个片段缩略图下方的黄色水平线，如图14.15所示，向上为增加该片段的音量，向下则相反。在这一步对音频电平的调整不用太精确。

音频仪表默认是隐藏的，如图14.16所示。要显示的话，选择"窗口"＞"显示在工作区"＞"音频仪表"（快捷键：Shift + Cmd + 8组合键）。

> **何时以及在哪里进行混音**
>
> 如果需要剪辑一个大部分只是对话的简单项目，并且要在短时间内完成交付的话，我会在Final Cut Pro X 中完成所有的音频合成。因为片段数量不多，Final Cut Pro X 有相关工具可以调整音频电平。
>
> 但是如果需要剪辑一个复杂的项目，包括各种对话、声效及音乐的话，我用Final Cut Pro X 把它们放到时间线上进行剪辑，这样就能完美匹配视频的时间。然后再将项目转移到Audition或者ProTools中进行最终的音频合成。就像Final Cut Pro X 可以优化视频剪辑，这些音频合成软件能将视频中的音频部分优化到最佳水平。

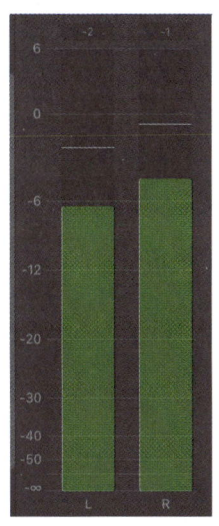

图14.16 音频仪表是唯一能够精确反应电平的仪器。确保音频电平始终在-3分贝到-6分贝之间波动，绝对不能超过0分贝（否则声音就会失真）

正如我们在第12章中介绍的，音频电平最关键的设置时间在项目导出前。尽管如此，养成习惯始终把电平调整在-3分贝到-6分贝之间。记住，同时播放的片段数量越多，声音就越大。最终混合后音频电平绝对不能超过0分贝。

在时间线上删除某个片段不会在浏览器、资源库或硬盘上同时删除这个媒体文件。

> **调整时间线的显示**
>
> 如要调整片段在时间线上的显示方式，单击右上角的片段小图标。在弹出的界面中可以设置波形的显示大小，通过左右拖动滑块来调整时间线本身或片段画面的大小。

第5步：在时间线上整理故事

你在剪辑时可以通过拖动片段的位置来调整先后顺序。就像是移动儿童积木，你要不断调整片段顺序让故事具有逻辑性。

在时间线上通过拖动片段就可以进行移动了。还可以将片段添加到现有层级或创建的新层级上。最上面的那个片段会显示在检视器中。在本章的后面，你将学习如何创建一个"画中画"，这样可以在屏幕上同时看到多个画面。要想隐藏片段只显示它下一级的内容，按V键切换视频即可。

如果无法拖动某个片段，那么确保选中箭头工具（快捷键：A键）。该工具可以选中和移动元素。苹果把它称为"选中"工具，在Final Cut Pro X 会被经常用到。

要从时间线上删除一个片段，选中并按Delete键。如果该片段在故事主线上，那么所有该片段下的内容都会被一起删除。任何关联的片段也会被删除。

> 如果故事主线上的片段被一段深灰色替代（检视器中显示为黑色），那就是按错了键。按下Return键上方的Delete键可以同时删除片段本身和其与前后片段之前的间隔。但是按下全尺寸键盘上的Delete键只是删除了片段并在原来位置留下黑色的间隔。如果是笔记本电脑，那么按下Fn+Delete组合键可以模拟小删除键。

图14.17 时间线上的所有片段都可以由浏览器中的其他片段替换

你还可以用浏览器中其他片段替代时间线上的片段，如图14.17所示。

- 在浏览器中为新片段设置一个入点。
- 将浏览器中的片段拖到时间线上来替换原片段。
- 在弹出的菜单中，如果想使用新片段的时长，那么选择"替换"；如果想使用原时间线上的时长，那么选择"从开始替换"。

时间线上的片段会被浏览器中的片段替换，并从后者设置入点开始播放。

也可使用复制/粘贴工具。如果粘贴一个片段时，它会被默认粘贴在故事主线的播放头位置。如果要粘贴到更上一层，那么选择"剪辑" > "作为关联片段粘贴"。

你可能已经注意到，在移动片段时，它们会前后相连并不会相互覆盖。至少故事主线上的片段是这种情况。如果要移动某个片段并覆盖另一个片段，那么从工具面板中选择"定位"工具（快捷键：P键），如图14.18所示。定位工具可以关闭时间线中"磁吸"片段的功能。

如果要将一个片段分成几块儿，那么可以选择"刀片"工具（快捷键：B键）进行操作。但是我更喜欢使用Cmd+B组合键，它可以在播放头的位置对所选片段进行分割。在目前的剪辑阶段，切断、分割，以及移动片段是最主要的操作。

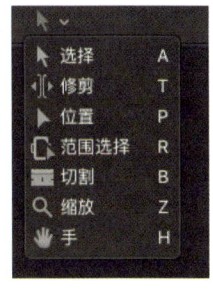

图14.18 Final Cut Pro X 工具板

覆盖 指新片段移动到上一级的位置时并删除部分现有片段。

第6步：修剪故事

整理指对整个片段进行拖动，修剪是对两个片段相连的地方进行调整，使得片段间的过渡尽可能平滑流畅。我曾在一个编辑点上花了足足45分钟进行修剪，最后的效果才让自己满意。从滑雪运动员一个跳跃动作的广角镜头切换到特写镜头，这两个镜头之间的连接部分要修剪好简直让我抓狂。

我们可以分别对前一个片段的最后部分及后一个片段的开始部分进行修剪，或者对上述两个位置同时进行修剪。修剪后的片段时长可增可减，这取决于如何拖动编辑点。

修剪 调整两个片段相连的部分，称为"剪辑点"。

余量

余量对于所有的修剪至关重要。余量指在片段的入点前、出点后未被使用的部分，可以用来调整片段的长度或添加如溶解效果的转场。在选中片段后，如果结尾处显示为黄色，那就说明这里存在余量，如图14.19所示。如果结尾处显示为红色，则代表后边已经没有余量了。在没有余量的情况下，你可以将整个片段剪短但不能加长，因为在片段末尾已经添加了所有相关媒体。

观察是否存在余量的另一个方法就是，使用精度编辑器。双击时间线上的任一编辑点可以打开它。

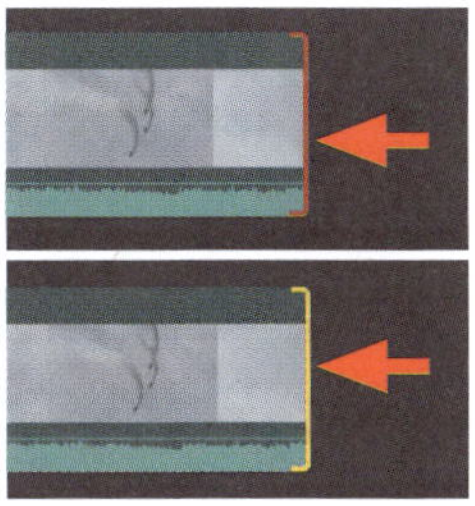

图14.19 当片段的结尾是红色的，意味着没有余量；黄色则表示片段还有余量

第14章 视频后期制作　323

修剪的原因

奥斯卡得主电影剪辑师沃尔特·默奇说过："修剪的好坏主要从六个方面进行判断"，他称之为"六原则"。如下：

1. 情感。剪掉这部分对观众的情感有什么影响？
2. 故事。剪辑能否将故事有序地向前推进？
3. 节奏。剪辑节点从节奏上看是否合理？
4. 目光跟踪。剪辑会如何影响观众的注意力？
5. 二维屏幕位置。是否遵循了轴线原则？
6. 三维空间。剪辑是否符合物理和空间关系？

默奇认为情感是"六原则"中最重要的部分。

上游 指左边、上游或者时间线上靠前的片段位置。

下游 指右边、下游或者时间线上靠后的片段位置。

精度编辑器是用来设置余量的工具，如图14.20所示。上面是传出片段，暗色部分就是余量媒体，位于该片段出点之后的地方。下面是接入片段，同样暗色部分是余量媒体，位于该片段入点之前的地方。你可以分别修剪这两个片段，直到用完所有余量，意味着不再有媒体文件。分别拖动片段的边缘部分可以对该片段进行修剪，拖动两个视频片段中间的灰色细线，则可以同时对入点和出点位置进行修剪。按回车键可退出精度编辑器。

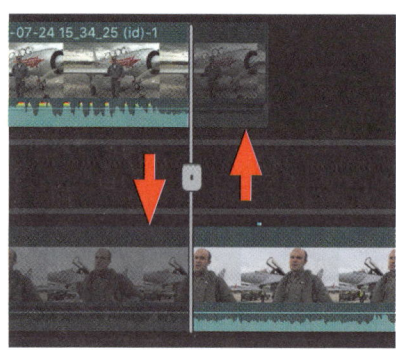

图14.20 双击任一剪辑点可以打开精度编辑器，按回车键可退出精度编辑器

修剪

要修剪一个片段，可以使用选择箭头（快捷键：A键）工具左右拖动片段的边缘。如果对故事主线上的片段进行移动，那么播放头下游的所有片段都会跟随这个片段一起移动。

如果拖动边缘的片段不在故事主线，那么相邻的片段不会自动相连。相反，要么在两个片段之间留下一段空白，要么在移动时把其他片段往后推。

有时需要同时修剪音频和视频，但更多时候需要单独修剪音频和视频。Final Cut Pro X 能简化这些操作。

双击音频波形图可以把音频从视频中分离出来，如图 14.21 所示。虽然两者显示是分开的，但仍然保持着同步状态。再次双击音频的波形图，可以重新回到视频片段的显示状态。

图14.21 视频和音频可以一起或单独进行修剪。双击音频波形图可以只调整音频

要同时修剪入点和出点的话，可选择修剪工具（快捷键：T键），然后拖动编辑点到一个新的位置上。

Final Cut Pro X 提供了各种修剪方法，其中拖动片段的前后边缘是最简单的方法。如果你和大多数编辑一样，那么就会花更多的时间在修剪上。修剪的重要性不言而喻。

其他剪辑小技巧

- 要想删除一个片段，可选中该片段后再按Delete键即可。
- 要想对某个剪辑点按每一帧进行修剪，选中剪辑点，然后按","或"."键。
- 要想在更大比例的显示下调整片段选中剪辑点，然后按Shift+,组合键或Shift+.组合键。

第7步：添加转场

剪辑流程中的前6步主要专注于讲述故事，因此我称之为"构建故事"。先创造故事，再添加效果，这点很重要，因为没有故事就无法吸引观众的兴趣。

后6个步骤我称之为"润色故事"，其中包括添加转场、文本和特效等，使视频看起来更加美观。

先从转场开始。转场分为3种类型，除了表示镜头切换以外，每种都有潜在的含义。

- 切除。视角的瞬间变化。
- 溶解。时间或地点的变化。
- 擦除。打断进行中的故事，进入其他画面。

给两个正在对话的人物添加转场，可以使用"切除"效果，因为它们发生在相同的时间和地点。两个人早上聊天，到了晚上出去约会，这时可以使用"溶解"效果。程序的动画开头和启动之间可以使用"擦除"效果。"擦除"效果意味着主要内容正在发生变化，所以需要观众集中注意力。

图14.22 要添加溶解的转场效果，选中剪辑点按下Cmd+T组合键。要改变溶解速度，可以拖动黄色边框进行调节

所有的转场默认使用的是"切除"类型。要添加"溶解"类型，选择编辑点后按Cmd+T组合键，如图14.22所示。如果要改变溶解速度，可拖动溶解边框进行设置。边框越宽溶解速度越慢。如果要在两个片段中间添加溶解类型的转场，那么各片段前后要留有足够的余量，否则Final Cut Pro X 会提示错误信息。

擦除是视觉上最有意思的转场类型，但不宜过多使用。Final Cut Pro X 提供了200多种转场效果。单击时间线右上角的"转场浏览器"图标可以打开选项，如图14.23所示。转场会按类型分组显示。搜索时先勾选"全部"类别（左上角箭头指示位置）。

如果要应用某个转场，那么可把它拖到时间线上相应片段的旁边。如果要改变转场时间的长度，那么和设置"溶解"速度一样，拖动两侧边缘进行调整。如果要删除转场，那么选中并按Delete键。

图14.23 单击时间线右上角转场浏览器的图标（右侧箭头指示位置）可以打开转场浏览器。在搜索栏（底部箭头指示位置）中键入名称后进行搜索

要删除时间线上片段之间的转场，选中转场图标按Delete键。

第8步：添加文本和效果

完成了故事构建并且添加转场后，就该添加文本和效果了。添加以及优化效果会占用很多时间。总有一些内容需要进行微调。这就是为什么要先完成其他事情的原因，否则容易出现虎头蛇尾的情况。

检查器控制

我们马上要学习的检查器是所有效果的核心。在检查器可以调整片段、转场和效果。单击Final Cut Pro X 顶部右上角的按钮（如红色箭头所示）可以打开或关闭检查器（快捷键：Cmd+4组合键）。其余两个按钮分别是"隐藏/显示浏览器"和"时间线"。

双击检查器顶部的标题可将窗口最大化显示。

检查器左上角的按钮会根据浏览器和时间线上选中的内容变化而发生变化。其中包括：

- 文字动画（最左侧）
- 文本格式
- 发生器格式和动画（未显示）
- 转场（未显示）
- 视频
- 颜色
- 音频（未显示）
- 元数据（最右侧字母"i"）

添加文本

关于添加文本，在2D、3D，以及360°文本格式下有数百种模板可选。单击界面左上角的"字幕浏览器"图标（图14.24中左侧红色箭头指示位置）。字幕按照类别进行分组，可以直接通过滚动列表或按名称搜索字幕样式（右侧箭头指示位置）。

找到所需的字幕样式后，选中并单击"关联片段"剪辑按钮（快捷键：Q键）或直接把它拖到时间线上。尽管直接拖动更加灵活，但使用Q键速度更快，因为快捷键会默认将片段插在播放头（或速览条）的位置。

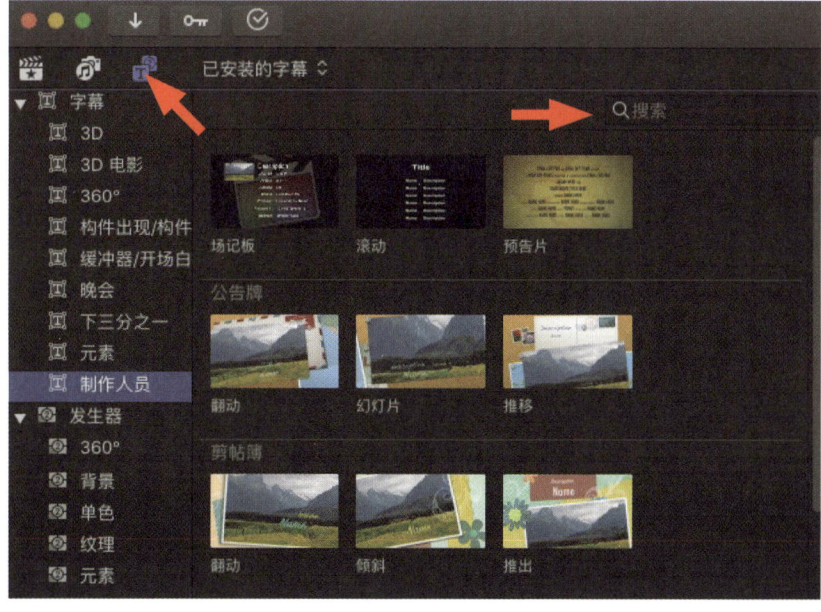

图14.24 标题浏览器。字幕按照类别进行分组（左侧）显示，可在搜索栏（右上方）输入名称进行搜索

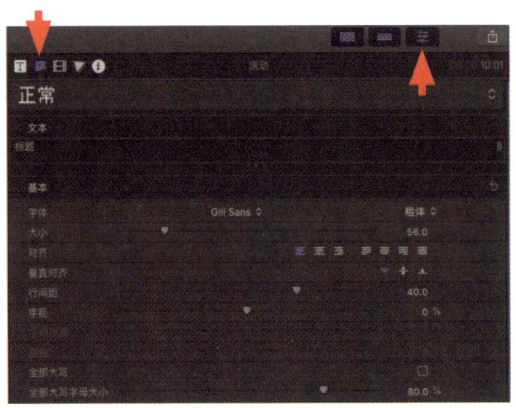

图14.25 文本检查器可以设置文字格式，以及提供修改文字内容的窗口

如果要改变文本在屏幕上的显示位置，在时间线上选择该文本片段，然后拖到检视器中。根据选中的文本片段不同，界面中可能还会出现其他可用控件。

检查器可以提供各种选项以便更改标题（或转场、效果、片段等）格式。选中时间线上的文本片段，打开检查器（右上角的蓝色图标），然后单击左边第二个图标显示文本格式控件，如图14.25所示。因为Photoshop中也有类似的文本控件，设置起来应该比较得心应手。

> 在检视器中双击文本可以更改屏幕上显示的文本内容。在检视器或检查器中可以进行修改。在检视器中修改更快捷，但检查器提供了更多的设置选项。

文本检查器还提供了一个窗口用于编辑文字内容。因为有些文字效果会让字体变得小到难以在检视器中进行编辑。在这个窗口就可以输入或修改文本。

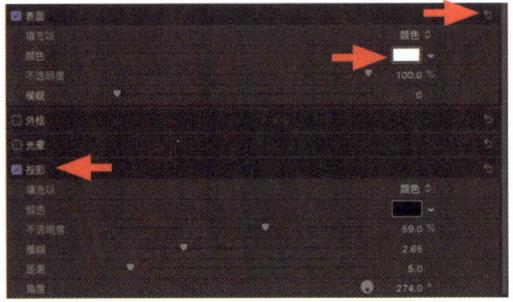

图14.26 文本检查器底部的文本格式设置选项

文本检查器底部是文本格式控制。图14.26显示了一些文本格式设置选项：单击"返回箭头"（顶部红色箭头指示位置）可以恢复到默认值。单击"颜色"下拉框（中间红色箭头指示位置）可以更改文本颜色。勾选复选框可以开启效果（下方红色箭头指示位置）。

几乎所有的转场、标题、发生器及效果都是动画形式的。要确定某个动画是否可用，在时间线中选择标题片段，然后单击检查器左边的动画按钮，如图14.27所示。图标和功能会根据浏览器或时间线上选中的内容变化而发生变化。文本效果也会发生变化，但淡入、淡出效果的选项比较常见。

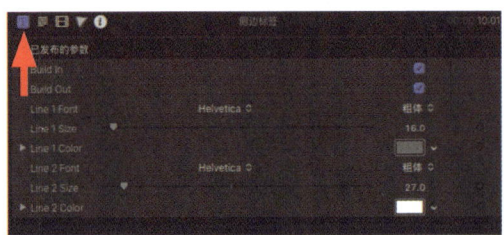

图14.27 文本动画检查器可以控制每个文本片段的动画设置，大部分的文本支持动画

淡入和淡出选项决定了是否播放下一个文本片段的动画开头（淡入）或结尾（淡出）。默认两个功能都是选中状态，要禁用的话取消勾选即可。播放一下片段来观察这些设置的效果。到这里，你应该知道这些控件的位置、打开方式，以及如何重置为默认设置（单击每个效果右侧的返回箭头）。

> 添加和优化效果会占据我们所有的时间。因此只好在完成故事内容之后再去添加效果。

添加效果

完成文本设置后该添加效果了。Final Cut Pro X 中有许多地方可以进行效果设置：

- 视频检查器。控制视频片段，包括图像稳定。
- 效果浏览器——视频。包括模糊、外观和各种艺术效果，具体涵盖了 300 种以上的效果。
- 效果浏览器——音频。包含可以应用于单个片段的音频效果。
- 片段速度变化。位于"修改"＞"重新定时"菜单，这些设置可以创建慢动作、静止帧和快动作。
- 发生器。位于字幕 / 发生器菜单，这些都是全屏的动画背景，适用于信息图表。

我已经写了上千篇有关效果设置的教程，可以在我的网站上查阅（LarryJordan.com）。本章我想重点说明以下几个地方的关键效果：

- 视频检查器。
- 效果浏览器。
- 音频增强器。
- 音频限幅器。

视频检查器

视频检查器可以改变视频片段的大小、位置和旋转角度，如图14.28所示。它还提供了实用的图像稳定和自动尺寸功能。

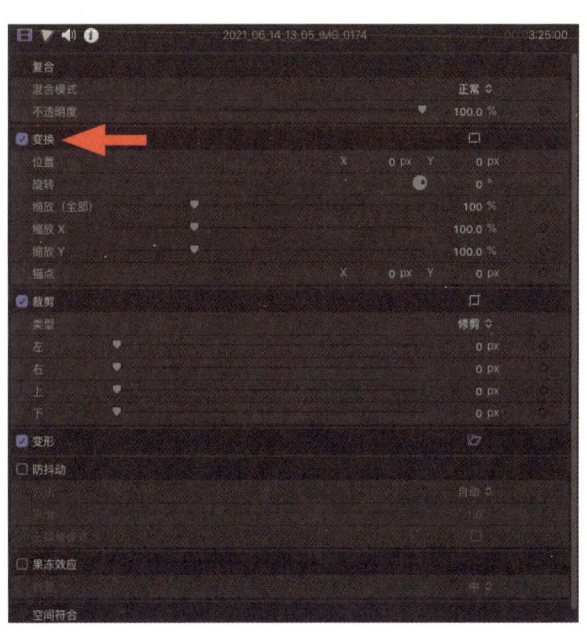

图14.28 在视频检查中可以调整片段的位置、尺寸、旋转、透明度及混合模式等

第14章 视频后期制作 329

如果要更改帧尺寸，在时间线中选择片段，选择"转换"＞"尺寸设置"。对位图进行缩放时，放大到100%以上会使图像变得模糊。

如果要改变图像的旋转角度，选择"变换"＞"旋转"后移动角度或输入以"度"为单位的具体值。要改变图像的位置，可以选择"变换"＞"位置"进行调整。但在"画中画"部分，我将展示一种更加简单的方法，使用检视器中的相关控件来完成。

> 如何某些效果设置无法显示，将鼠标滑动到效果名称的位置，比如"稳定器"（图14.29）即可在参数名称的右侧显示"显示"按钮，按下"隐藏"按钮则又可以隐藏效果的设置细节。只有将鼠标移动到效果名称上时才能显示"显示/隐藏"按钮。

拍摄时如果没有使用三脚架，那么视频需要进行画面稳定。在视频检查器的底部可以开启该功能，如图14.29所示，它能够使手持拍摄的视频变得"可以观看"，但同时去除了分散注意力的画面抖动。这里有多个设置选项可用，但首选是自动。

默认情况下，"空间自适应"会将所有图像调整为适合项目帧尺寸的大小，如图14.30所示。但是为了能在剪辑过程中改变图像的大小，我们会选择拍摄更大尺寸的视频，比如使用iPhone拍摄4K视频。在这种情况下，选择时间线中需要调整大小的视频片段，将"空间自适应"从"自适应"（默认值）调整为"无"。这样就会显示视频100%的大小了，而与项目的帧尺寸设置无关。此时可以在视频检查器顶部中选择"变换"＞"尺寸"进行大小调整。

"画中画"是在检查器中创建的一个特效功能。图14.31展示了"画中画"的效果。首先，将两个或更多的视频片段在时间线中进行叠放，然后调整最上方视频的大小。你可以通过选择"变换"＞"位置"进行设置。但是一个更快的方法是选择最上方的片段，然后单击检视器左下角的小箭头进行变化，如图14.31所示。这样选中的片段周围就会出现蓝色小点。

图14.29 手持拍摄的视频需稳定画面，因此可以开启视频检查器中的稳定功能。一开始也可以尝试设为自动

图14.30 空间自适应可以自动设置匹配帧尺寸的画面大小。大多数情况下的默认设置就是最好的选择

图14.31 画中画的意思是通过"转换设置"将两个或以上的图像同时显示在画面中

你可以在检视器中：

- 拖动图像周围某个蓝点以调整图像大小。
- 拖动图像来改变位置。
- 拖动图像中心蓝点以旋转图像。
- 完成调整后单击检视器右上角的"完成"按钮。

对屏幕上同时出现的图像数量没有限制，仅有的要求是要它们以叠放的方式置于时间线中。

通过屏幕上的检视器快捷地创建想要的效果，并且可以直接在屏幕上调整图像。检查器的设置更加精确，而检视器的设置更加直接、快捷。具体选择哪个进行设置取决于你，一直以来我两个都用。

效果浏览器

效果浏览器包含了300种以上的音、视频效果，如图14.32所示。打开效果浏览器后在左侧会显示效果类别。单击某个类别可以在右侧窗口查看相关的效果。

例如，模糊类别下的高斯模糊就是一个不错的效果。我经常用它模糊背景，以便在前景中凸显文本内容。添加该效果的方式如下：

- 把效果直接拖到位于时间线的某个视频片段上。
- 选择想要应用效果的所有视频片段，然后双击效果浏览器中的效果。

对视频片段添加的效果数量没有限制。

> 如果效果设置无法显示，那么将鼠标指针移动到效果名称的位置单击"显示"按钮。完成设置后可以再单击"隐藏"按钮让其消失。

图14.32 效果浏览器（快捷键：Cmd+5组合键）包含了几百种音视频效果。单击浏览器右上角的小图标（如右上角箭头所示）可以打开浏览器，在底部的搜索框可以查找具体效果

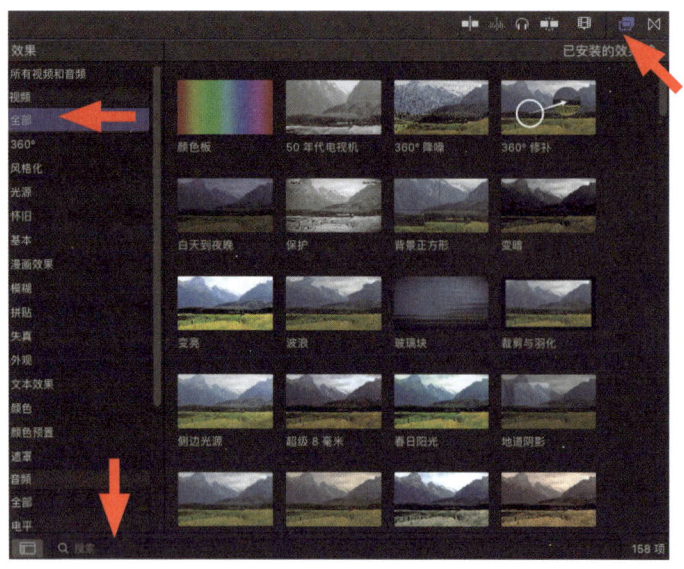

如果要调整效果设置，可选择包含效果的视频片段，打开检查器（快捷键：Cmd+4组合键），单击视频检查器图标，找到对应效果后进行设置，如图14.33所示。"正确"的效果设置就是在你看来好的效果。

检查器为每个效果提供了各种设置：

- 要重置一个效果，单击效果名称右边的小箭头，选择"还原参数"，如图 14.34 所示。

- 要隐藏效果设置，单击"隐藏"按钮。

- 要禁用一个效果而不移除或重置设置，取消选中蓝色复选框。

- 要删除一个效果，在检查器中选择效果名称，按下 Delete 键。

图14.33 如果要调整效果设置，在时间线中选中视频片段，打开检查器（如右侧箭头所示），单击视频图标（如左侧箭头所示），找到堆叠效果后进行设置

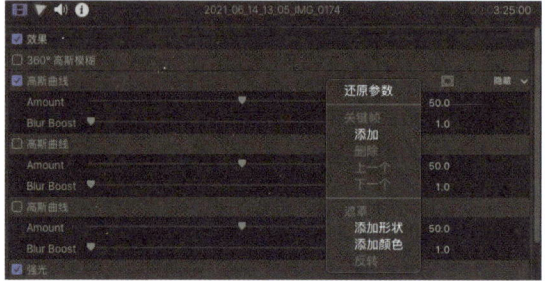

图14.34 如果要重置效果，回到默认值，单击效果名称右边的小箭头，选择"还原参数"

效果的堆叠顺序是有区别的

检查器中的效果应用顺序为从上到下。改变"堆叠顺序"会改变效果（如本例所示）。对于左边的图像，我们首先添加蓝色边框，再去除色彩，如此就创建了一个完全的黑白图像。

对于右边的图像，我们首先去除色彩，然后添加蓝色边框。

两个效果的设置和应用的原始图像都相同。不同的是在检查器中的堆叠效果的顺序。

如果没有得到预期的效果，那么可以通过上下移动效果名称来改变堆叠顺序，观察前后的图像是否会有区别。

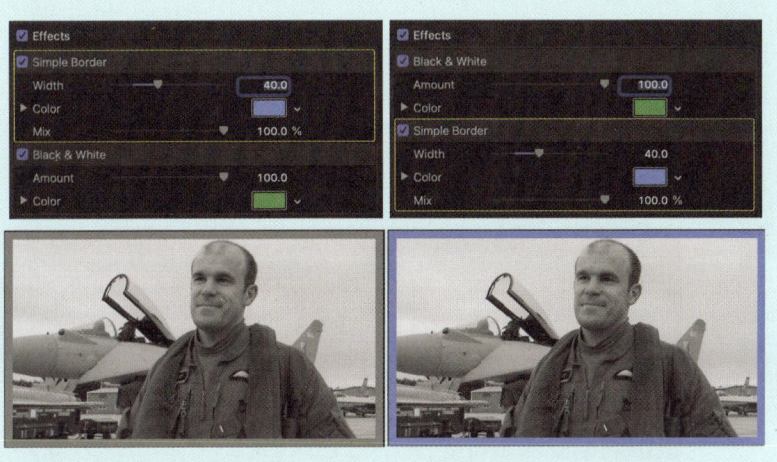

音频增强器

虽然苹果的Final Cut Pro X 在音频混合方面不如Adobe Audition，但仍然提供了许多实用的音频工具，尤其在你赶时间的时候帮助很大。其中的一些工具可以在"音频增强器"下找到，比如调整音频电平、消除嘟嘟声、调整均衡及降噪等。

如果要应用这些设置，选择包含音频的视频片段，选择"修改" > "自动增强音频"（快捷键：Option+Cmd+A组合键）。如图14.35所示，可以在音频检查器中检测音频是否正常。如果检测没有问题，音频增强器会显示绿色复选框。如果检测出问题，音频增强器可以帮助调整均衡、音量及去除噪声（实际上是降噪，无法完全去除）和去除嘟嘟声（可以完全去除）。要启用或禁用相关设置，勾选或取消勾选蓝色复选框即可。

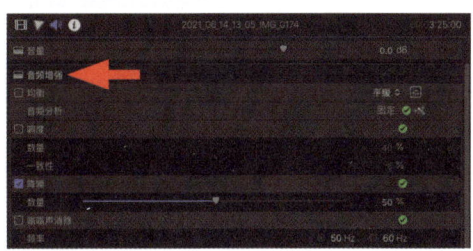

图14.35 音频检查器（如上方箭头所示）中的音频增强器设置。上图显示该视频片段的音频检测没有问题，下图显示了用来修正有问题音频的各种设置

音频限制器

在第12章中我们介绍了通过多波段压缩器来提升和平滑音频电平的方法。Final Cut Pro X 提供了类似但使用起来更加便捷的功能：音频限制器。它能在高音量通道不失真的情况下提高对话中的低音量。这个功能适用于人物对话而不适用于音效或音乐。

> 忽略音频电平类别中的限幅过滤器，因为缺乏核心的设置选项，所以该版本的过滤器作用不大。

如果要应用某些效果，那么可以打开效果浏览器（快捷键：Cmd+5组合键），如图14.36所示。向下滚动找到音频类别，其中包含了音频电平。在右侧窗口的效果中（有时也叫作"过滤器"）找到名为逻辑的子类别，从中找到音频限制器（花了很长时间才找到！）。最后，和所有添加效果的方法一样，在效果浏览器中选中并拖动到需要应用的片段上。

如果要调整音频限制器，可在时间线中选择包含该效果的片段，打开音频检查器，然后单击音频限制器右侧的小图标，如图14.37所示。

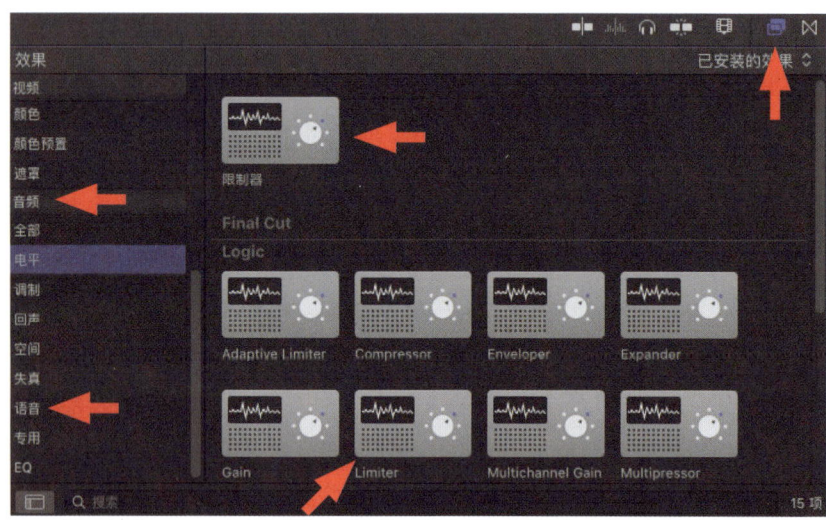

图14.36 音频效果可以在"效果浏览器" > "音频"中进行查看

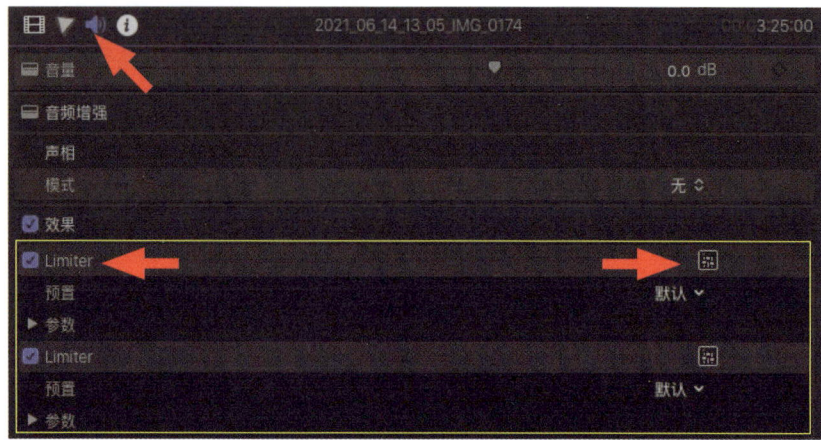

图14.37 打开音频检查器（左上角箭头指示位置），确保勾选了限制器选项（左侧箭头指示位置），然后单击控制图标（右侧箭头指示位置）

类似于Adobe Audition中的多波段压缩器，Final Cut Pro X 的限制器也可以实时提高音频中低频通道的电平，直到音量达到音频的输出电平。这是音频电平的"上限"，所以称为"限制器"效果。

图14.38是限制器界面。以下4个设置一般使用固定值：

- 释放时间为 500 毫秒。
- 输出电平为 −4 分贝。
- 进位值为 2.0 毫秒。
- 打开真峰值检测。

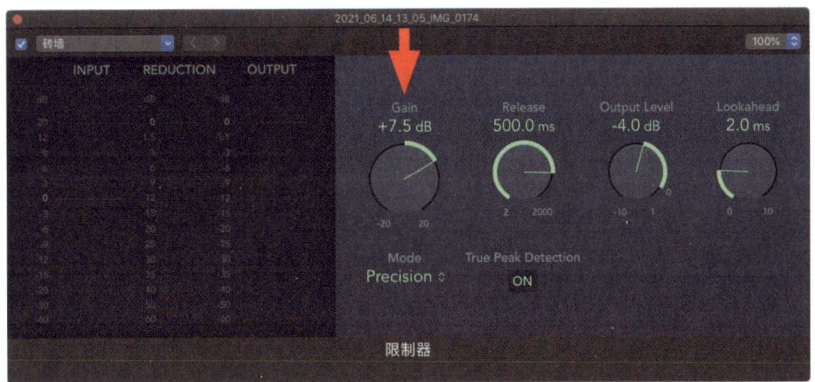

图14.38 令人印象深刻的限制器界面。其实4个设置是固定不变的，只要调整音频增益

唯一需要调整的设置是音频增益。通过设置将音频电平始终控制在−4分贝以下。如果要调整音频增益，则可以先播放片段，然后观察衰减值的变化。不断调高增益值，直到高频通道的衰减值处于−1.5分贝和−3分贝之间（超出一点没关系，但超出多的话会让声音听起来有些奇怪）。在播放过程中，衰减值可能不会发生变化；只要它在播放片段的某一刻出现波动就行。我们要做的是增加高、低音频的电平，同时不让高音部分产生失真。

完成上述设置后，限制器会自动跟踪音频电平的变化，不像Adobe Audition的多波段压缩器那样需要花费大量人力和时间去调整。

第9步：创建最终的音频合成

在第12章中我们已经介绍了很多关于音频的内容，在这里就不重复了。我们设置音频时的目标是创建一个观众可以听到的声音环境，主要包括：

- 设计声音环境，也叫"声音设计"。
- 剪辑现有音频，让人物的对话声听起来更加通透。
- 添加声音效果和音乐。
- 混合所有音频元素，确保音频电平在 –3 分贝到 –6 分贝之间，并且始终不超过 0 分贝。

重申我在最开始提到的，简单的项目可以在 Final Cut Pro X 中进行音频合成，复杂的项目可以导出到一些专业的音频合成软件中进行操作，包括 Avid ProTools、Adobe Audition、Apple Logic Pro X、Cockos Reaper 和 PreSonus Studio One 等。

第10步：完成画面调色和色彩校正

有两种方式处理色彩：修复色彩问题的功能叫作"色彩校正"；进行外观调色的功能叫作"色彩分级"。下面先介绍色彩校正。

简单的色彩校正

你从没想过色彩会出现问题。但如果出现了问题，那么这里有一个快速修复的方法。

图14.39展示了一个典型的色彩问题：画面偏绿。要解决这个问题，可以选中该视频片段，选择"修改" > "平衡色彩"（快捷键：Cmd+B组合键）。

> Final Cut Pro X 内置了大量支持手工调节的色彩校正工具。Peachpit 出版社有不少专门介绍如何使用这些工具的书籍。

在视频检查器中将色彩平衡方式改为白平衡，然后单击画面中白色或浅灰色的部分，如图14.40所示。在本例中我单击的是靠近飞机尾部下方的位置。通过这种方法就能对视频完成色彩校正了。

这个工具的使用效果非常惊人。图14.41展示了效果应用前后的对比情况。你可以花大量时间用 Final Cut Pro X 创造出令人着迷的色彩，但有时要做的是解决某个具体的问题。色彩平衡工具可以帮你完成。

图14.39 典型的色彩问题：画面偏绿

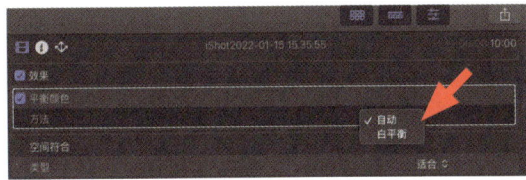

图14.40 在视频检查器中将色彩平衡的方式从自动更改为白平衡

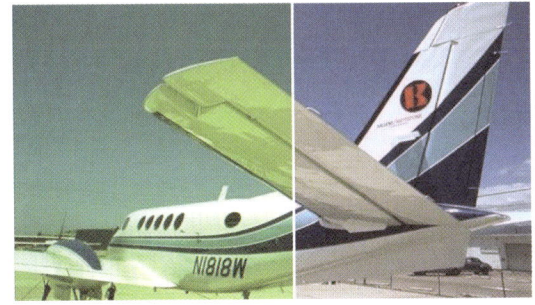

图14.41 右半部分是色彩修正后的画面，效果立竿见影

色彩分级：画面调色

除了修复色彩的问题以外，还有40多种预设的色彩（选择"效果浏览器"＞"色彩预设"）能为视频带来戏剧性的处理效果，如图14.42所示。应用方式和应用其他效果一样：选择一个喜欢的色彩效果，把它从效果浏览器中拖动到时间线中的视频片段上即可。

图14.42 有超过40种预设的色彩效果可供选择来向观众呈现。这是其中的12种

这些预设的色彩效果有些可以调整设置，有些则不行。选择你喜欢的那个即可。如果不喜欢，那么可以在视频检查器中调整相关设置。如果调整后还是不满意，那么可以在视频检查器中删除该效果，尝试应用其他的色彩效果。这个过程很有意思，你会发现由于画面色彩的变化，你的情绪也会跟着发生一定变化。

第14章 视频后期制作　337

> **分清主次**
>
> 在计划效果时，记住观众最后看到的不是效果而是你呈现的故事。所以要分清主次目标。效果可以用来加强你讲述的故事，但本身不能替代故事。

Final Cut Pro X 还内置了许多色彩方面的其他工具，能对色彩进行复杂的设置。外观调色是帮助你探索各种可能性的一个起点。

第11步：项目导出

完成了所有的检查、剪辑、修剪、转场、标题和效果设置后，就该输出项目了。苹果将这个过程称为"分享"（我称为"导出"）。选择时间线中的项目，然后选择"文件">"分享">"主文件"。

屏幕上显示的第一个画面为"信息画面"，在这里可以更改与视频相关的各种标签，如图14.43所示。你也可以把鼠标悬停在图像上快速浏览项目情况，确保导出的版本正确无误。

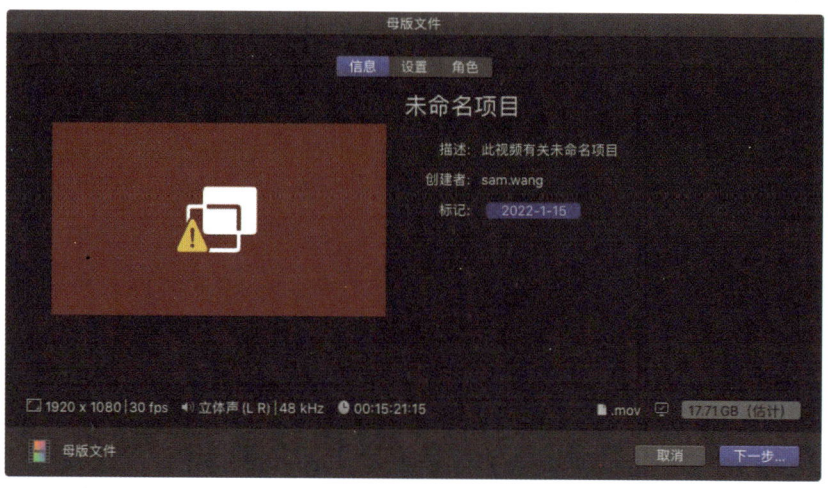

图14.43 信息画面显示了可更改的标签。你也可以快速浏览图像以确保需要输出的项目正确无误

> **导出格式**
>
> 导出哪种文件格式有两种思路：
> - 导出一个压缩版本，随时准备发布使用。
> - 导出一个高质量主文件，发布时再压缩。
>
> 我一直都倾向于后者。为什么？因为当你需要另一份副本时，你总会需要有着不同压缩设置的版本，它的压缩设置与上一份文件的差别非常细微。
>
> 另外，导出一个高品质的主文件可以用于存档，以备未来之需。

如图14.44所示的导出设置界面决定着输出的内容。我建议始终导出一个符合项目要求的视频主文件。换句话说，在视频编解码菜单中选择以"源文件"开头的编解码器。推荐使用ProRes 422解码器。

注意右下角会显示软件对即将导出文件的预估大小。媒体文件真的很大，所以要确保拥有足够的存储空间。

图14.44 设置界面决定了导出文件的技术参数

现在我该怎么做？

拥有了主文件后该如何处理呢？最简单的方法是使用Compressor生成各种格式的版本用在YouTube、FaceBook、Vimeo、Instagram、本地网站、广播、有线电视、数字卫星，以及各种移动设备上播放。

换句话说可能需要为这个项目制作多个版本。Compressor软件就是不错的选择。它内置的预设参数能够简化操作过程，并且可以和Final Cut Pro X完美结合。最重要的是它不贵。你也可以使用HandBrake或Adobe媒体编码器。

如果需要Compressor的使用帮助，可以登录我的网站查阅相关教程（LarryJordan.com）。

第12步：项目存档

最后一步是项目存档，做好最终版的主文件和项目文件的备份。保存时长取决于你的需要，但不要马上删掉。

我的经验是，在你做好存档的时候没人会问你要这些东西，但一旦你删除了文件就会有人向你要。

本章要点

脚本创造想法，制作记录故事，但是讲述故事要通过剪辑完成。剪辑的12步工作流程非常有用，它能使我们集中注意力。视频剪辑涉及艺术、技术、后勤，以及大量的客户管理工作。以下是本章的核心内容：

- 剪辑前要认真做计划并整理媒体文件，这不是浪费时间。
- 留足存储空间。项目文件在制作过程中会越来越大。
- 按最终的交付要求进行拍摄和剪辑。
- 如果人们听不见声音，就不会去看内容。
- 项目和媒体文件的备份必不可少，否则你会"吃苦头"。
- 快捷键不会让你变成更优秀的剪辑师，但会帮助你提高效率加快剪辑速度。
- 先构建故事再考虑效果。草率杂乱的剪辑和眼花缭乱的效果只会表明你的才华平平。
- 完成故事剪辑后再添加效果或进行色彩校正。观众是来观看故事而不是效果的。
- 先导出一个高质量的主文件用于存档，然后根据需要再进行压缩。
- 没有一个视频项目是完美无瑕的。不要追求完美，但要努力完成任务。

要想让事情看起来毫不费力，就需要下足功夫。要想有效的说服别人，就不能让别人看起来是被强迫的。剪辑人员收到最好也是最令人沮丧的恭维话是——"我真的很欣赏你的项目！它甚至都不需要剪辑！"

说服力练习

思考如何根据以下情况分别剪辑一段对话：画面拍摄的是广角镜头或特色镜头；演员互相交谈；交谈陷入长时间的停顿；对象都在移动；对象都没移动。这些不同的节奏变化会带给你什么感受呢？

他山之石

一场改变生活的对话

拉里·乔丹

那是2003年,我再次失业。好莱坞记者报上的一则招聘广告写着——"招聘电影剪辑助理,要能熟练使用Final Cut Pro X"。而我熟悉这个软件,还刚被苹果公司认证为Final Cut Pro X培训师。于是我回复了这则招聘广告。

一位法国口音的女士接了电话,然后安排了见面时间。到了约定时间,我走到一间单层的好莱坞小屋前敲了敲门。一位50多岁的女士开了门,邀我进屋。

我在走进客厅时环顾四周,欣赏着墙上的照片、屋里舒适的家具和书架上的摆设。

这位头发灰白带着法国口音的女士叫弗朗西斯,看上去直率又和蔼。聊天时,我发现书架上放着好几个奖杯,其中包括英国电影学院奖和奥斯卡奖!

我惊呆了,指着它们问道:"哇!奥斯卡奖。您荣获的是哪个奖项呢?"她笑着说:"最佳剪辑。"看到这儿,你也许认为我作为一位著名视频专家,一定遇到过不少奥斯卡最佳剪辑得主。但她是我遇到的第一个!

更重要的是,这让我意识到我来错地方了。于是转过头对她说:"弗朗西斯女士,我不是您的合适人选。我知道如何使用Final Cut Pro X,也了解视频,但我这辈子从没和故事片打过交道。您雇我是不会得到帮助的。不过,如果能和您聊15分钟我会非常感激。时间一到,我保证立即离开,不会再来打扰你。"她很有风度地同意了。

现在,如果我能记住哪怕那次对话中的任何一个单词,对我的这个故事都会起到巨大的帮助。毕竟能与奥斯卡奖得主对话的机会可不多。但我没有记住,除了改变我一生的对话。当我问她:"弗朗西斯,你是怎么知道你的影片算是制作好了呢?"

她低头看了看膝盖,然后仰起头微笑着说:"制作好?我的影片吗?我的影片从来都没有制作好。它们都是从我手中溜走的,我还能把它们做得更好。"

从这个回答中,我意识到给任何创意项目再多时间都是不够的。对艺术作品的创作是无止境的;随着时间到期,创作者会被迫停止而选择完成。

这位女士的全名叫弗朗西斯·波诺娃。虽然我们从未一起共事,但她的回答改变了我的一生。她一直坚持剪辑到60多岁,于2018年离开人世。

决定沟通效果的不是你说得有多好,而是别人理解得有多透彻。

——安迪·格鲁夫
英特尔 CEO

第15章 运动图形

本章目标

我们大多数人都着迷于运动图形，但不知道如何去创建运动图形。运动图形无处不在，吸引着观众的注意力、传达着作者的信息。

本章主要介绍使用苹果公司开发的Motion软件来创建运动图形。

- 介绍苹果公司的 Motion 软件及其使用方法。
- 探索软件界面。
- 格式和动画文本。
- 创建一个带有动态对象的简单项目。
- 创建合成图像。
- 演示如何创建一个基本的运动图形视频。

> 对Motion软件的学习并不容易。因此我建议首先通读本章来理解概念，然后在操作软件时进行复习。

苹果的Motion和Adobe的After Effects一样可创建运动图形视频。可为什么讨论苹果的Motion呢？因为它更容易学。After Effects是为视觉效果专业人士设计的，但Motion适用于所有创意艺术家——他们有时需要创建运动图形，但又不能投入全部时间去学习使用软件。

我们的目的是说服别人，策略是吸引观众注意力并向他们传递信息。如果想打动那些容易分心的观众，则使用运动图形是最好的方法。还记得第2章提到的"六项优先法则""具有说服力的影像"吗？最吸引人的就是"运动"。这就是运动图形如此受欢迎的原因——它们全部是动态化的！

> 当我们需要进行渲染时，计算机会花费一些时间去重新计算添加了新效果的视频。渲染时间取决于效果的复杂程度，以及计算机CPU和GPU的速度。

Motion软件最吸引人的地方就是，它允许完全依靠个人的创意去制作一段高质量视频，不像视频制作需要一个团队才能完成。尽管如此，制作运动图形还是有难度的。所以，花点时间去阅读和练习吧。

Motion创建的视频可以发布到互联网上、导入视频编辑软件或者显示在商场或校园的屏幕上。换句话说，Motion创建的视频可以用于任何地方。

> 渲染：将现成的媒体文件通过计算得出新的媒体文件。

使用Motion的另一个优点是它支持连续、实时回放，无须等待长时间的渲染。为了做到这一点，它会积极调用计算机的图形处理单元（GPU）。这意味着在创建项目时可以实时查看内容。Motion鼓励使用者去"试一试，看看会发生什么"。如果结果是你喜欢的，那就保留。如果效果不好，那就撤回，没人知道发生了什么。

为何学习Motion软件

曾有学员问我为什么要学习Motion而不是After Effects。这两个都是优秀的软件，但后者的知名度更高。我认为Motion在以下方面具有优势：

- 支持一次性低成本购买（After Effects需按月付费）。
- 为社交媒体做出优化。
- 更高效的学习曲线。
- 严控的GPU集成支持实时播放效果而无须等待长时间的渲染。
- 集成了超过1900多个图形元素的资源库。
- 拥有非常强大、灵活和快捷的文本动画，包括3D文本。
- 大量的绘画和路径工具。
- 非常灵活的粒子发射器。
- 可用于3D空间的摄像头、灯光、粒子、运动及场景。
- 大量的复制器，尽管我没在本书中涉及。
- 与Final Cut Pro X紧密集成。
- 能轻松、快速地创建引人注目的内容。

在开始学习之前，我还想说Motion不同于你用过的其他软件，它的学习过程可能会让你感到沮丧，就像我刚开始学习时的感受一样。但是别慌！在我教学的所有软件中，Motion是最受欢迎的一个。

> Motion总能创建出高质量的视频。

创建一些简单的内容

要理解Motion，最简单的方法是把Motion当作新版Photoshop，只是所有元素都可以运动。和Photoshop类似，Motion也包括元素、图层、选择和过滤器。同时Motion支持叠加元素以创建复合图像。这样，在你开始学习前对Motion就有了一个基本认识。

启动Motion后会弹出项目浏览器，如图15.1所示。Motion扮演着双重角色：既是一个独立的运动图形程序，又是Final Cut Pro X视觉效果模板的制作前端。本书中不会涉及后者的内容，但要知道Motion可以为Final Cut Pro X 创建自定义的视觉效果。

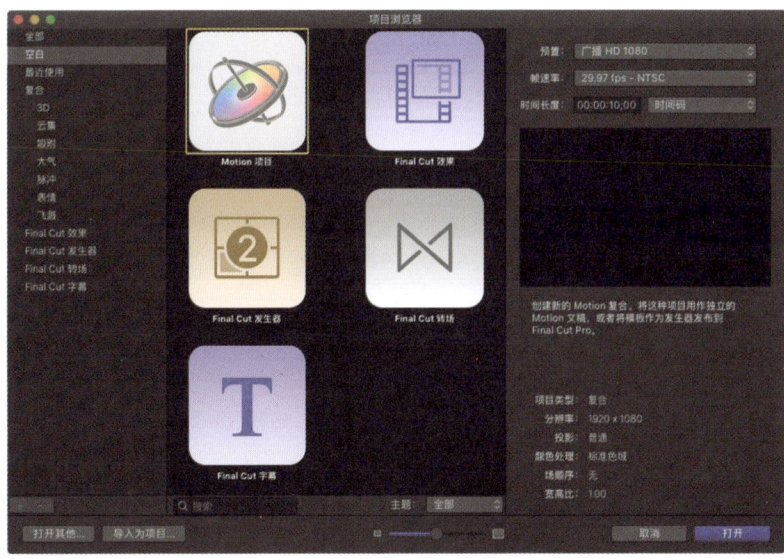

图15.1 当你启动Motion后会弹出项目浏览器

创建一个新项目

让我们开始吧。选择Motion项目，在界面右上方进行相应设置，然后单击"打开"按钮。本书中的示例都是遵循这样的步骤打开的。

图15.2 项目设置。创建项目前，设置时间长度（如左侧箭头所示）、帧尺寸（如中间菜单所示）、帧率（如右侧菜单所示）

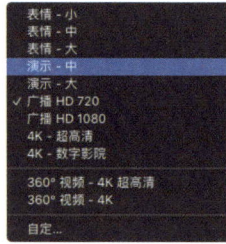
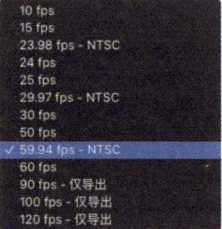

Motion总能创造出最高品质的视频。位于项目浏览器右上角的项目设置，如图15.2所示，决定了项目的帧尺寸、帧率和时间长度。尤其在学习该软件的使用时，我建议设置如下：

- 帧尺寸为广播HD1080。
- 帧速率为30fps。
- 时间长度为10秒，时间码表示为00:00:10:00。

这将创建一个帧尺寸为1920像素×1080像素的视频，可兼容YouTube和Facebook，但不兼容要求方形像素的Instagram。

完成设置后，单击"打开"按钮。

此时就会弹出Motion的界面：黑乎乎的没有内容，搞得神秘兮兮，如图15.3所示。Motion也许是自切片面包以来最伟大的东西，但它看起来确实不讨巧。别担心，我们马上让它好看起来。

图15.3 这就是Motion的界面——黑乎乎的没有内容，搞得神秘兮兮。哎，给人的第一印象不太好

帧率并不重要

当你创建网络媒体时，帧率并不重要。如果是为广播、有线电视或数字电影创建运动图形，那么帧率很重要。我选择每秒30帧（fps）的原因是画面看起来不错、拥有比更高帧率更小的文件，能把模糊度降到最低，以及能够简化时间码方面的工作。你可以选择任何所需的帧率，但要记住，越高帧率的文件体积就越大。如果要把动图视频集成到正常的视频项目中，那么两者的帧率要匹配一致。

> **为什么所有东西都是黑色的?**
>
> 苹果喜欢在视频软件中使用深色背景,因为这样能让界面融入背景,使得在视频中创建的色彩更加突出。但这也造成界面太暗而看不清的问题。作为老师,黑色界面让我抓狂,因为它很难展示给学员看。但作为视频工作者,我喜欢这个配色,因为这样能让我更专注于创建的内容。

Motion的界面分为4个区域,如图15.4所示。

1. 资源库/检查器。这里保存了视觉元素的资源库以及调整设置。

2. 图层面板。和Photoshop的图层面板一样,可用于添加、修改、重新整理和删除元素。

3. 检视器。这是查看视频的地方。

4. 时间线。这是调整元素时间设置的地方;但有一种更简单的工具——迷你时间线,我会在后面介绍。

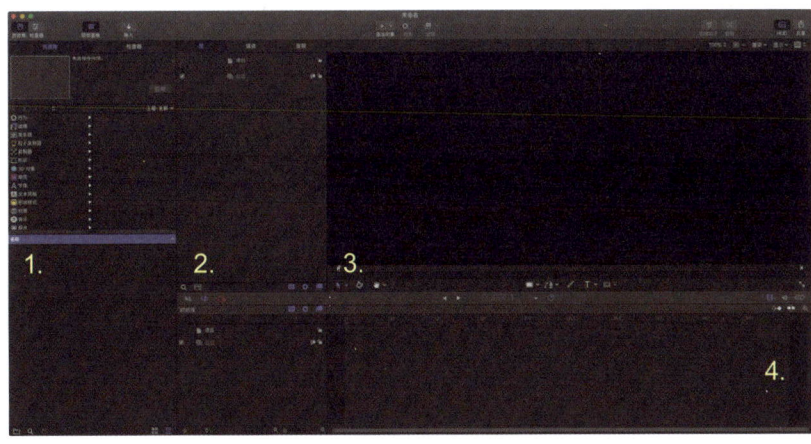

图15.4 Motion界面的4个区域:1.资源库/检查器;2.图层面板;3.检视器;4.时间线

本章暂时不涉及时间线,所以先把它隐藏起来——打开界面顶部的"窗口"菜单,取消勾选"视频时间线"。界面下方长条黑块就消失了。利用剩下的3个窗口就可以完成所需的创作。隐藏时间线还能腾出更多的工作空间。

添加文本

让我们先从在Photoshop里学会的部分开始探索Motion：添加文本。但不同于Photoshop的地方是，我们要让这些文本运动起来。

图15.5 文本工具位于检视器窗口底部中间的地方

与Photoshop的操作一样，我们用文本工具来添加文本，如图15.5所示。文本工具（快捷键：T键）位于检视器窗口底部中间位置，可用来创建2D和3D文本。我会在后面介绍3D文本。单击检视器窗口的任一地方，然后输入文字。

输入文字时发生了两件事：图层面板中添加了一个新图层，输入的文字显示在了检视器中，如图15.6所示。完成文字输入后，按Esc键退出文本输入模式。这时文本周围会显示有蓝点的边框。

图15.6 Motion是一个对用户友好的软件

图层是Motion的关键内容。一个图层包含一项元素。每一图层都可以有独立的时间长度、时间安排、效果和过滤器。我们可以处理保存在图层上的元素、图层本身或群组。例如，我们可以改变元素的颜色，将图层进行动画或隐藏群组中包含的所有图层。

我们在迷你时间线上查看各元素的时间安排，也可以使用之前隐藏的时间线来查看。虽然时间线具有高级功能，但它会让Motion学习者变得更加让人晕头转向，起不到任何帮助。

播放头和迷你时间线

在播放项目时，"播放头"会在检视器底部的迷你时间线上移动，如图15.7中顶部红色箭头所示。在层面板中选择某个群组、层、元素、行为或过滤器时，其对应的时间长度会以进度条的形式显示。迷你时间线的左、右两侧分别代表项目的开始时间和结束时间。与Final Cut Pro X 一样，按空格键开始播放，再按一下空格键停止播放。

图15.7 迷你时间线上会显示某个视频片段的蓝色进度条。方箭头指示的是播放头，数字代表播放头的位置情况。下方箭头指示的是以帧率或时间码显示播放头的位置

播放头显示了我们在检视器中查看当前帧的位置。在迷你时间线上拖动播放头可以快速浏览项目。默认情况下，Motion在回放过程中会循环播放。按下Home键可以将播放头返回到项目的开始位置，按下End键盘播放头则跳到项目结尾的位置。

> 迷你时间线是我们调整元素的时间安排的地方。

播放头的具体位置在检视器中以数字表示。视频用户和动画师分别倾向使用时间码和帧，图15.7显示了如何进行偏好设置。

分别单击时间线上蓝色、紫色或绿色进度条的任意位置可以跳转到相应部分。我将在后面解释不同颜色进度条的含义。

工具菜单

按下Esc键不仅可以退出文本或绘图模式，还能选中箭头工具（苹果公司叫它变换工具；我叫它箭头工具）。它在类似地球图标的左边。这个通用工具可以选中和移动元素。如果发现光标没有按你的想法移动，那么可能是箭头工具没有激活。

选中刚才输入文字的文本图层。然后单击检视器中的文本框，将它拖动到你想要放的位置上。直接通过拖动边框上的某个蓝点调整文本大小，但我还是建议你在检查器中操作。为什么？因为通过拖动来缩放文本时，你不知道字体大小，进而导致在创建其他文本时花很长时间去匹配。因此，最好的方法是在检查器中调整文本大小，我在后面会具体介绍。

> 拖动蓝点的同时按住Shift键可以保持文本尺寸的纵横比。

在图层面板中选择文本图层，然后单击Motion界面左上角的"检查器"图标。这些文字被称为"文本按钮"。检查器是对首先选中内容进行更改的地方。

第15章 运动图形　349

图15.8 检查器中的文本按钮：预览窗口下分别为属性、行为、滤镜和文本。最右侧的文本按钮会根据图层面板选中的内容发生变化

相比通过拖动蓝色边框来调整文本大小，更好、更精准的方法是使用检查器或抬头显示（我会马上讲到抬头显示）对文本进行调整。检查器的预览图下面有4个文本按钮，如图15.8所示：

- 属性。用来改变所选图层的大小、位置及角度。
- 行为。用来改变所选图层的预建动画。
- 滤镜。用来修改过滤器，改变所选层的色调。
- 文本。这里会根据图层面板中选中的内容发生变化。

单击"文本"按钮会弹出3个子菜单：

- 格式。用来改变字体、间距和对齐方式。
- 外观。用来改变色彩和阴影。
- 布局。用来改变文本的显示方式，这个菜单我几乎从没用过。

在Motion中选择"文本">"格式菜单"，显示出的工具与Photoshop中的格式工具非常相似。

如果熟悉Photoshop，那么你对图15.9中显示的大部分选项不会感到陌生，如字体、大小、对齐和行间距等。修改某项设置，然后观察选中文本的变化。

动画文本

现在，让我们进入"神奇"的环节——让文本动起来。制作动态效果最简单的方法就是使用"行为"功能。Motion中的运动可以让我们快速创建运动图形。再次选中文本图层。请记住——"先选中，再操作。"

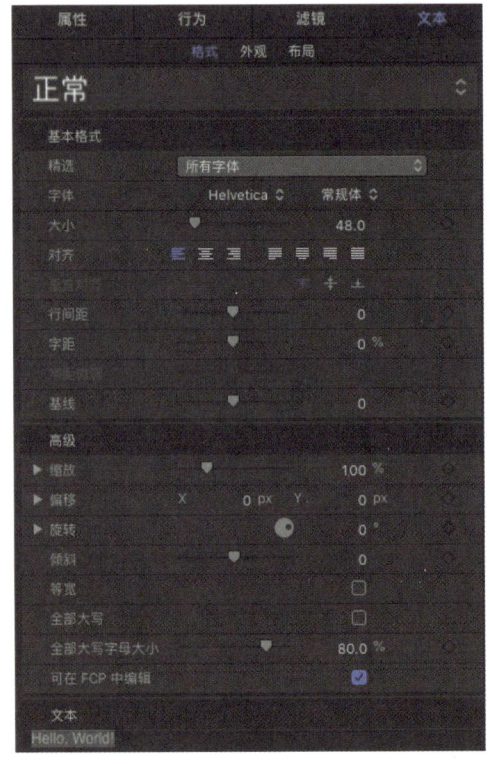

图15.9 选择"文本">"格式菜单"，类似于Photoshop中的文本设置

改变位置偏好

如果添加元素到层面板，那么它们会置于迷你时间线中播放头的位置，而不是项目开始的位置。这时需要改变偏好设置。选择"Motion"＞"偏好设置"＞"项目"中的"项目开头"，如图15.10所示。我发现在创建后移动片段的做法要比一直记着把播放头放到正确的位置上，然后再添加元素的做法更加方便。

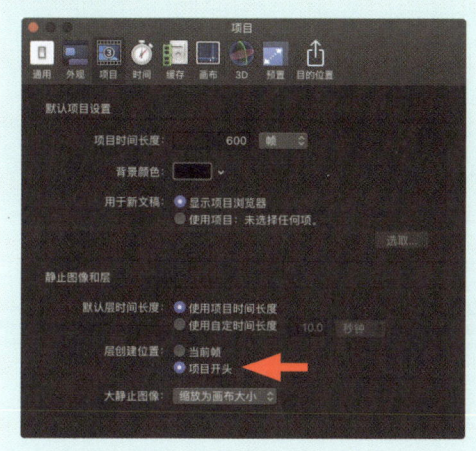

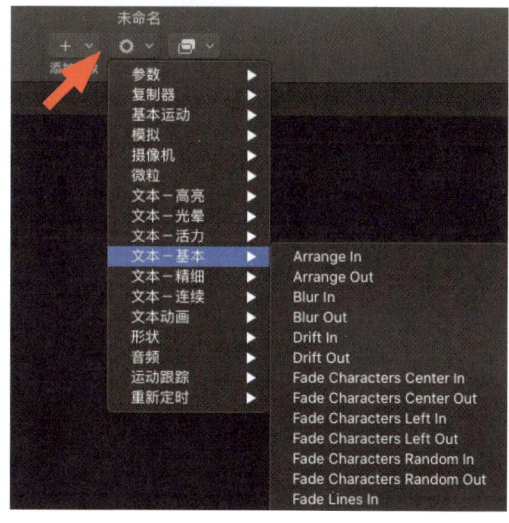

图15.10 Motion界面中间靠上的位置有3个按钮：添加对象（Object）、行为（Behaviors）和滤镜（Filters）。单击"行为"按钮可以显示各种类别的行为（如左侧弹出菜单所示），以及上百种动画（如右侧弹出菜单所示）

Motion中内置了将近200种行为。图15.10中显示了其中一部分。单击顶部中间的齿轮图标可以打开。各种行为按类分组，以及7个专门用于文本动画。

行为： 一个内置的简短动画效果，能应用于群组或某个元素，不需要关键帧或编程就可以让它们运动起来。

鼠标滑到某个行为类别时，右侧会出现具体的动画选项。如果动画名称中包含了"入"，则代表文本进入的动画。如果包含"出"，则代表文本移出的动画。这些具体效果很难用语言描述。选择一个后播放项目，然后查看效果。

无须渲染

Motion会大量消耗GPU资源，使项目无须经过渲染就能直接进行实时播放。这意味着你可以随时更改，然后马上查看结果来决定是否喜欢。许多创意师会在更改后循环播放而无须等待渲染的时间。

第15章 运动图形 351

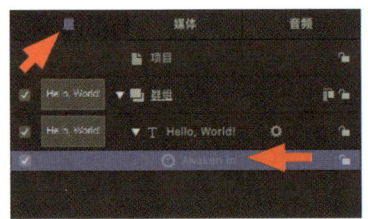

图15.11 每次添加一个行为时，它都会嵌套在所应用的层中

每次添加一个行为时，它都会嵌套在所应用的层中，如图15.11所示。如果要禁用某个行为，取消选中即可。要删除某个行为，选中并按Delete键。还可以对同一层应用多个行为。

这些内置动画有些很俗气、有些不错，但大多数都会让人笑出声来。去播放试试吧。我等你们笑出声。

小结

在我们继续学习之前，整理一下学过的内容：

- 学会如何创建和配置一个新项目。
- 学会如何使用检查器添加和修改文本。
- 学会如何查找并应用某个行为使元素运动起来。
- 学会如何开始和停止项目的回放。

这些都是重要的技能，我们会在后面重复用到。

创建一个简单的动画合成

让我们使用Motion来创建一个简单的动画合成，然后发布到Facebook或商场屏幕上。现在还没有添加音频，但我们先让画面中的元素动起来，如图15.12所示。

片段颜色的含义

在迷你时间线上，蓝色条形图代表该片段是一个有图像的视频元素；紫色条形图代表它是一个效果；绿色条形图代表这是一个音频片段。

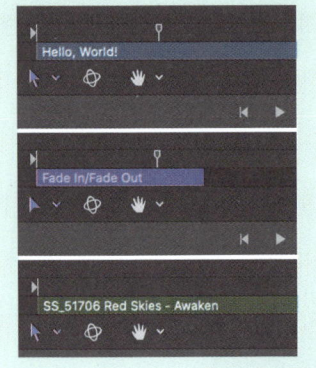

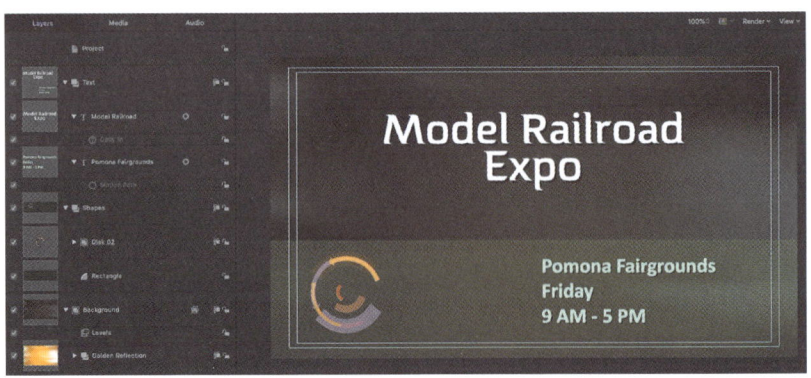

图15.12 这是我们即将要做的合成图，每项元素都是动态的，层面板中显示了各个组件及对应效果

仔细策划

打开Motion开始一个新项目前，想清楚要创造什么非常重要。这又是"计划"的事情，具体包括：

- 你希望通过视频传递什么信息？
- 各项元素的时间安排是什么？

故事板可以回答这些问题。我们在第7章中讨论过，故事板能展示最终项目的草图及希望使用的文本，还能帮助确定场景或视频中各个元素的时间安排。就像讲故事一样，你不能在最开始就把一切内容都说出来，而是随着时间的推移来揭示内容。故事板可以起到这样的作用。

大多数运动图形动画都很短，一般只有10秒到20秒的时间。这意味着每一秒它都有价值。一个策划运动图形的好方法是将其分成3个场景（有些文本也可以分成4个场景），然后为每个场景设置特定的时间。

- 场景1：引出问题。
- 场景2：发展问题。
- 场景3：提供解决方案，号召采取行动。

对于一个15秒的视频，意味着每个场景仅仅持续5秒时间。还记得我在第3章中强调的视频创作更像是写诗歌而不是写散文吗？根本原因就是时间问题。如果每个场景只有5秒钟，这意味着观众每次只能阅读和理解大约5到10个词。换成大段文字的话，他们根本无法理解这些信息。

这对于非视频工作者来说很难理解。我的学员一直想把整段文字放进屏幕或在"场景1：引出问题"浪费很多时间。太多文字意味着观众根本来不及去看。在第一个场景花太多的时间意味着后面无法充分展示最重要的部分：号召他人采取行动。

> 运动图形动画的每一秒钟都有价值。仔细策划元素内容和时间安排。

让观众有时间看文本

必须给足观众时间去看你的文本。你可以在编辑的过程中不停地阅读这些文本，但是观众只有一次阅读机会。一般来说，文本在屏幕上的停留时间要使观众能够阅读两遍。如果无法做到这点，要么增加停留时间，要么删除一些话。

> 最先展示夺人眼球的图像，然后以号召采取行动的话作为结尾。

经验法则是把最夺人眼球的图像放在最前面。在本例中，那就是标题文字——字体巨大、颜色鲜艳，并用运动来吸引观众。然后用号召行动的话作为结尾，告诉观众做什么、怎么做。

动图和视频是一对

在动图中添加视频是完美的选择，我们会在下一个练习中讲解。虽然音频也很重要，但很多运动图形和视频是无声的。因此要确保图像展示了整个故事内容。

> 群组用于组织项目，并用一个效果同时控制多个元素。

使用群组来组织一个项目

首先，在Motion中创建一个新项目。与Photoshop一样，Motion的合成也涉及许多层。因此使用群组（苹果公司给文件夹起的新名字）来组织项目。

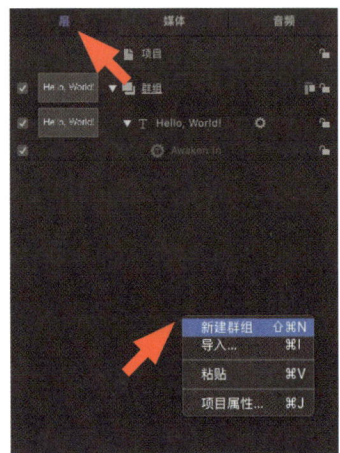

图15.13 如果要新建一个群组（文件名的另一种叫法），可以在层面板的灰色区域上右击，在弹出的菜单中选择"新群组"

如果要创建一个群组，在层面板底部深灰色区域内右击，在弹出的菜单中选择"新群组"，如图15.13所示。在本例中，我们将创建3个新群组：文本、图形和背景。要重命名某个群组，选中该群组然后按Return键。

与Photoshop一样，群组和元素的堆叠方式都是从前景到背景的，前景一般会显示在层面板的最上方。

- 要改变堆叠顺序，应向上或向下拖动群组、元素或效果。
- 要将一个群组嵌入另一个群组，将前者拖动到后者的上方。
- 要将一个元素移动到不同的群组中，拖动它到新群组。
- 要删除一个群组时，选中后显示高亮，然后按下 Delete 键。

在Motion中想要移动群组并不是很方便。例如，没有可以上下移动群组的快捷键。相反需要手工拖动。

移动群组时，如图15.14所示的蓝线会提示正在移动该群组。如果蓝线与某群组的左侧对齐时（左对齐），表示正在移动的群组将在被插入相邻两个群组中间。如果这条线是缩进的（居中对齐），代表该群组将被移动到上一个群组之中。如果群组本身被高亮突出，表示要移动的群组将被移动到该群组。

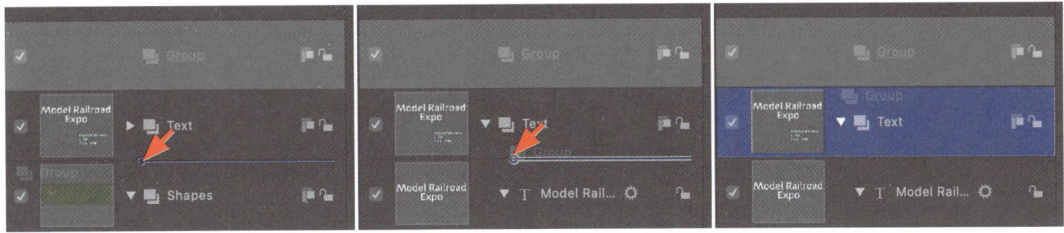

图15.14 移动群组的时候,需要格外仔细观察蓝色细线的位置

设计运动图形的另一个实用技巧,就是从项目的底层开始设计,然后逐步向上层进行完善。因此首先要创建的就是背景。

创建背景

单击Motion界面左上角"资源库"的文本按钮,然后选择"内容">"背景"。在名称一栏中通过鼠标滚动找到"Golden Reflection",然后选中它,如图15.15所示。

> 如果你看到的是列表而不是缩略图,单击资源库右下角"4个小方块"的图标进行切换。

这会把内容加载到顶部的预览小窗。选择背景群组(位于层面板底部)。单击预览小窗右侧的应用按钮,这样背景就被添加到群组并在检视器中显示了。

> 为了确保看到项目的全部图像,在检视器中单击图像,然后按下Shift+Z组合键把图像调整到适应检视器显示的大小。

问题是苹果自带的许多背景颜色过于明亮。所以得用"色阶"工具来进行调节。你也可以选择"属性">"不透明度"进行设置,但这会让背景变成半透明色,可能不是你想要的效果。

过滤器用来调整元素本身或包含元素群组的色调。选择背景群组(意味着滤镜将应用到该群组包含的所有元素)然后选择"滤镜">"颜色">"色阶",如图15.16所示。

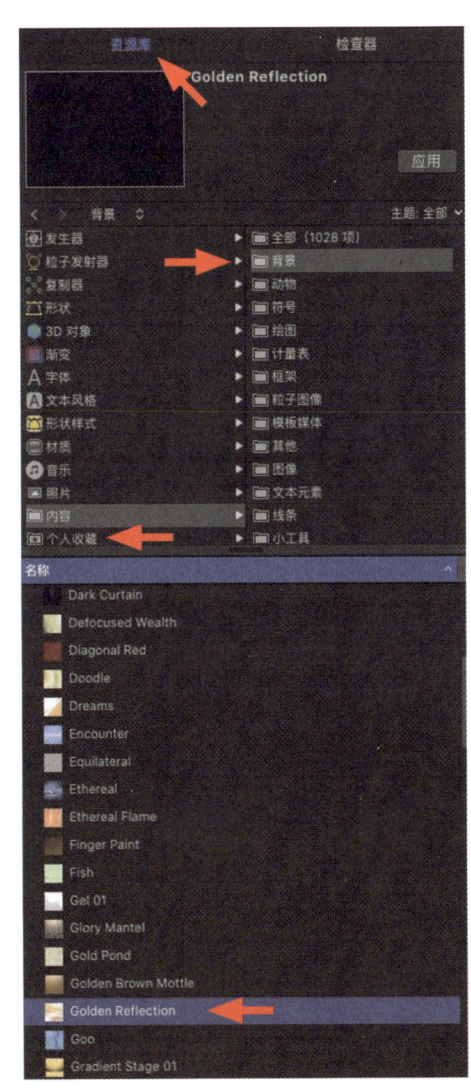

图15.15 资源库中包含着大量动画元素,通过"内容">"背景"可以打开背景

应用于某个元素或群组的行为或滤镜数量是没有限制的。

Motion中的色阶设置与Photoshop相同。

在层面板中选择色阶滤镜，然后选择"检查器"＞"滤镜"＞"色阶"进行设置。我的设置如图15.17所示。

此外，行为和滤镜都可以应用到元素或群组。某种效果应用到群组，意味着群组内所有的元素都会使用该效果。如果需要把许多元素移动到一起或保持色调一致，这样的操作可以节省很多时间。

以上就是背景层的设置。转动层面板上背景旁的小三角图标可以隐藏内容。

图15.16 单击滤镜可以打开调整元素色调的选项（我由于安装了一些插件，与你的列表看起来可能会有些区别）

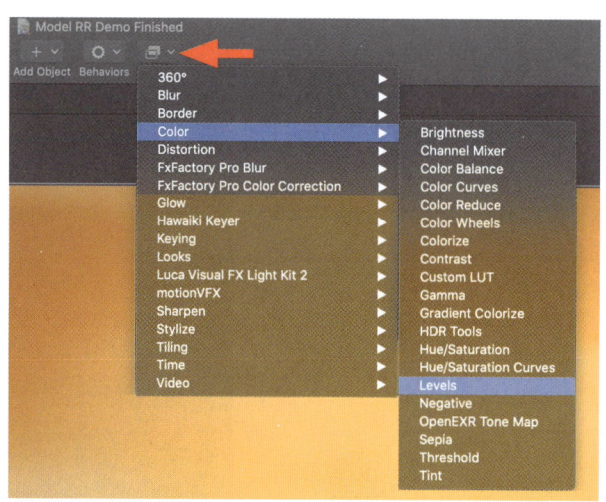

图15.17 将色阶滤镜的设置应用于整个群组而不是某个元素

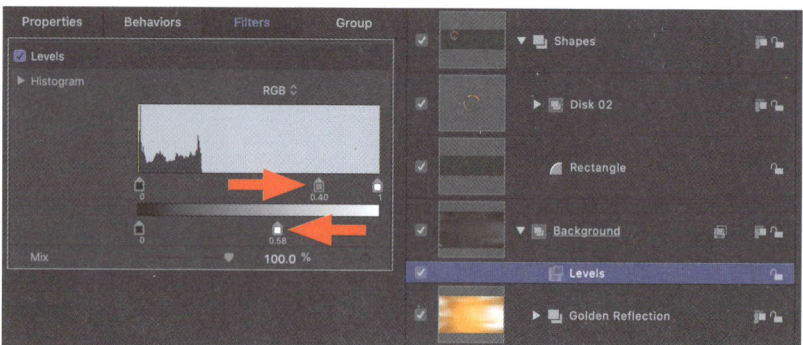

启用安全编辑区域

围绕在图像四周的蓝色矩形框被称为"安全区域"。外侧矩形框称为"动作安全区域",是图像边缘向里缩小5%的区域范围。内侧矩形框称为"标题安全区域",是图像边缘向里缩小10%的区域范围。这些指标已经被视频行业使用了几十年,主要用来确保像电话号码等文本及公司标识等图形显示完整,避免播放时被切掉。如今使用以上方法的原因是很多视频显示技术会自动裁剪图像导致图像显示不完整。

创建网页视频时,确保所有的文本、网址、图形及其他元素都处在"动作安全"区域也就是外侧矩形框内。为广播、有线电视或数字影院创建图像时,确保将所有元素都处在"标题安全"区域内。保护图像不受影响,这点很重要。

创建中景

下拉层面板中的形状群组。是的,目前还是空的。

Motion中有3种几何绘制工具:矩形、圆形和线条,如图15.18所示。它们都有类似的操作方式:选择矩形工具,在画面下方三分之一处绘制一个矩形。最简单的方法是在画面外先绘制一个矩形,然后将绘制好的矩形拖动到你想要的位置。

图15.18 绘制工具位于检视器底部中间的位置

完成绘制后,按下Esc键退出绘画模式,和按下Esc键退出文本模式一样。

单击箭头工具,然后在层面板中选择矩形。矩形会在层面板中高亮显示并显示在检视器中。选择"检视器">"形状",将填充颜色换成深色。我选了一种名为豌豆绿的颜色。然后选择"检视器">"属性",把混合模式设置为屏幕。具体设置如图15.19所示。

> 按下Shift键可以绘制出正方形或正圆形。按下Option键可以从正中间绘制图形。

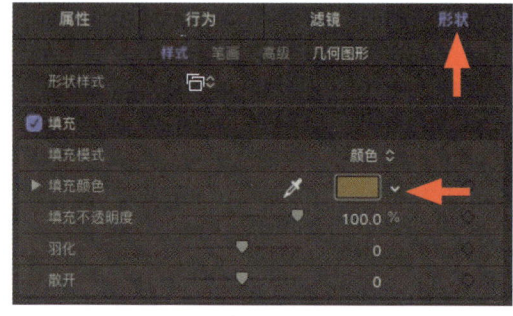 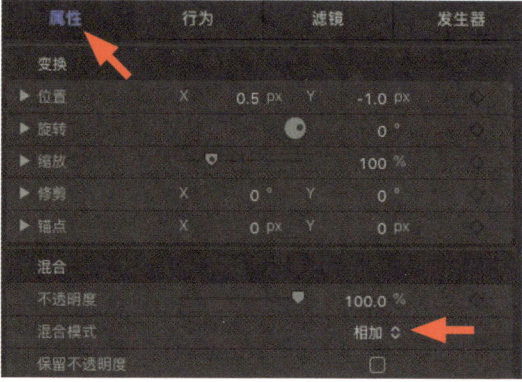

图15.19 检视器中两个关于矩形框的设置情况,"形状"文本按钮会根据层面板所选的内容不同而发生改变

播放你的项目,注意观察背景中的动画是如何反应在矩形中的。混合模式意味着它们共享纹理,使得这些元素看起来更有机地结合在一起。

让我们添加一个小工具。有许多动态的旋转小工具,主要作用就是增加图像的运动和视觉效果。

1. 选择形状群组。

2. 选择"资源库">"内容">"小工具"。

3. 将任何你喜欢的小工具拖到项目的左下角。我选择了磁盘02。

4. 磁盘02被添加到层面板中,显示为矩形框的上一层。

5. 按下Shift+Option组合键并拖动蓝点,把图像完全缩放到矩形框里面。(Shift键用来限制纵横比,Option键从中心开始缩放尺寸。)

6. 应用一个屏幕混合模式并查看效果。混合模式经常用于运动图形,即使我在本例中没有特别提到。

7. 播放你的项目。

我们可以添加其他的小工具、图画或仪表——它们的使用方式都是一样的。事实上,花几分钟时间尝试一些不同的选择吧。绝大多数尤其是图画都包含动画效果,经过不同的混合看起来效果会很棒,如图15.20所示。

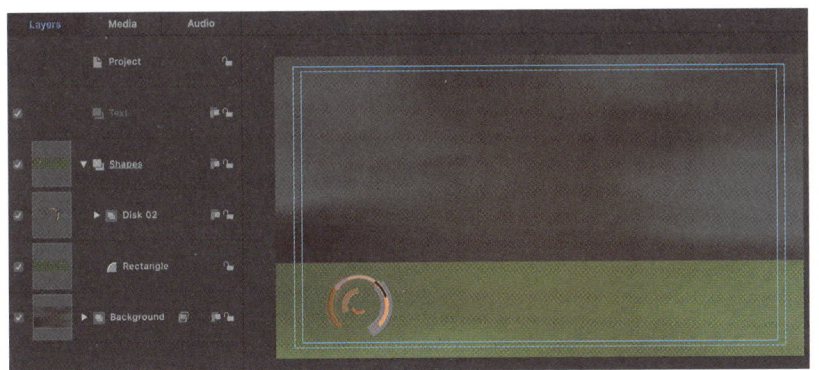

图15.20 制作有说服力的影像不仅仅是专业设计师的专长,这也是我们必备的沟通技能

添加文本

让我们通过添加文本来结束本练习。选择文本群组,然后选择文本工具(快捷键:T键),单击上半部分输入文字"模型铁路博览"。另外,我有一些很酷的火车模型短片也会添加进去。所有的文本设置使用默认设置即可,除了以下4个:

- 设置字体为"Shabash Pro"(或你喜欢的其他休闲字体)。
- 设置字体大小为"138"。
- 设置对齐到中心。
- 设置行间距为"−41"。

为文本添加阴影

在Photoshop中给文本添加阴影很重要,视频中更是必不可少。因为字体分辨率低、停留时间短,背景比较复杂。添加文本阴影的具体步骤如下:

- 选择文本。
- 选择"检视器">"文本">"外观",打开"外观"设置界面。
- 勾选"启用投影"。
- 调整"透明度"为95%。
- 设置"虚化"为3~5之间。
- 设置"距离"为5~15之间。

我们可以为Motion中的所有群组或元素添加阴影,而不仅仅是文本。选择"检视器">"属性"可以添加或修改元素或群组的阴影设置。

要养成经常保存Motion项目（快捷键：Cmd+S组合键）的习惯

再次选中文字群组，添加"行动号召"，让观众看向那些精美的火车模型。按喜好对文本进行格式及颜色设置，在这里我使用的是Calibri字体，如图15.21所示。

图15.21 所有的元素和格式已完成，该设置文本动画了

添加动画

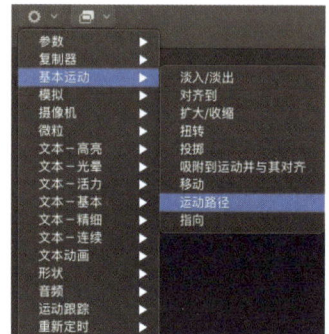

图15.22 这些基本运动行为常被用于让非文本元素运动起来

动画是项目的最后一个步骤，也是最有趣的一步。

添加行为

在层面板中选择"模型铁路博览"文本。单击顶部的"行为"按钮，选择喜欢的文本动画。我用的是"活力文本"＞"拉近镜头"。

对于"波莫纳游乐场"几个字，我们做一些不同的设置。选中该文字层，选择"行为"＞"基本运动"＞"运动路径"，如图15.22所示。

运动路径行可为选定对象提供运动起点、终点及行径路线，如图15.23所示。

图15.23 运动路径可以设置文本"波莫纳游乐场"运动的起点、终点，以及行径路线

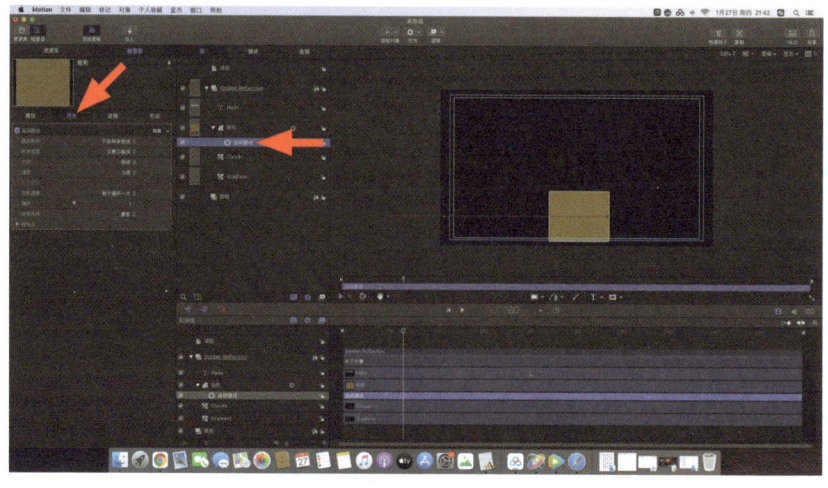

这条路径需要一些调整。按下Home键让播放头回到项目开始的位置。选择运动路径效果，然后选择"检视器"＞"行为"，将方向从前进调整为后退。这意味着文本将从画面外滑入。

拖动画面周围的红点，使文本（以白框表示）运动的开始位置刚好在画面的边缘以外。

现在，播放这个项目的时候，文字就会滑入画面里。这样操作太慢了。我马上就会提到针对这个问题的解决办法。

调整时间安排

Motion中另一个重要的概念是片段和效果是独立的对象，各自可以有特定的开始时间、结束时间和时间长度。Motion默认会将所有的效果和元素放在时间线开始的位置。但对于本例中的"行动号召"，我们希望它晚一点再出现。这就要说到迷你时间线了。

将播放头移动到进入文本时的位置上。本例中我想在时间码显示为3:00的时候进入文本。

选择运动路径图层并按下I键。片段会被剪辑为从播放头的位置开始播放。该开始播放的地方称为"入点"，如图15.24所示。因为我们只想让动画持续一秒，因此把播放头拖到对应时间码显示为4:00的位置后按下O键，这意味着文本的运动效果于第3秒开始并在第4秒结束。

Cmd+【+】：在检视器中放大图像
Cmd+【-】：在检视器中缩小图像
Cmd+【Z】：在检视器中将图像自适应大小
Option+【Z】：在检视器中显示100%尺寸的图像

这些设置只是影响图像在检视器中的显示尺寸，并不改变图像的实际尺寸。

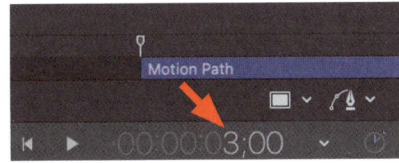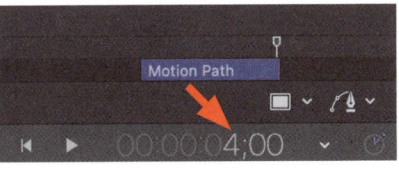

图15.24 按下I键可以设置视频或效果的入点（开始的位置），按O键可以设置出点（结束的位置）。这些标记取决于播放头的具体位置

把播放头调到3:00的位置。选择文字层后按下I键。这将修剪文本，使其与运动路径效果处在同一时间开始。因为文本和效果是不同的对象，如果有需要可以将两者设置的开始时间设为不同。

> **改变时间长度**
>
> 你可以改变任何效果甚至文本动画的时间长度。你所要做的就拖动效果片段的两侧将它拉长或缩短。Motion会弹出黄色对话框以示修改后的结束时间（Out）和时间长度（Dur）。

> 我们创造一些夺人眼球的内容，然后几秒后创造新的内容，连贯起来就能在视频播放的过程中始终抓住观众的注意力。

现在，在播放这个项目时，标题首先以动画形式出现。因为它又大又亮并且还在运动，所以夺人眼球。接着在我们开始看向其他地方的时候，"波莫纳游乐场"这几个字进入画面再次引起注意，并且告诉我们该从哪里观看火车模型的短片。

本例中我们很好地运用了"六项优先法则"。先创造一些夺人眼球的内容，然后在几秒后，再次创造同样夺人眼球的内容。连贯起来就能不断吸引观众的注意，让他们在整段视频的播放过程中始终保持注意力集中。

但是，如果能够添加一些音频去激发情感，再添加视频让这个运动图形看起来更加令人兴奋，那样不是更好吗？是的，你猜对了！这是我接下去要讲的内容。

小结

总结一下我们到目前为止学过的内容，主要包括：

- 创建和堆叠群组。
- 绘制和修改形状。
- 添加和修改小工具。
- 添加混合模式。
- 添加和修改文本，并在屏幕上保持足够长的时间让观众阅读。
- 添加基本的运动行为。
- 修剪片段和效果，调整时间长度。

添加媒体

音频和视频对运动图形、视频而言至关重要。让我们继续这个项目，再给它添加一些媒体内容。

添加音频

音频是所有视频中的情感驱动。和资源以外的元素一样，使用前需要导入音频片段。让我们继续当前的项目，在现有的基础上添加音频。

选择"文件" > "导入"（项目用的是打开，媒体文件用的是导入），选择要添加的音频文件。迷你时间线中就会出现一段绿色的音频。

> 我们打开的是项目，导入的则是媒体文件。

导入音频片段时，从迷你时间线上可以看到一根绿色条框，但在层面板中看不到。这是因为层面板只显示影响视频的片段和效果。

> **Motion的音频设置选项有限**
>
> Motion的音频工具非常有限。处理音频的最佳方法是在导入Motion前创建一个成品音轨。尝试在Motion中完成音频混合会让你觉得非常受挫。

音频面板控制片段的音量和移动。要选择一个音频片段，在音频面板中靠近名称的地方单击。选中的音频会变成蓝色，如图15.25所示。

- 要重命名一个音频片段，直接单击它的名字。
- 要改变音量高低，拖动音量滑块。
- 要删除音频片段，选中按下"删除"键。
- 要更改音频开始的时间，在迷你时间线上拖动绿色条框到新的位置。
- 要提前结束音频，在迷你时间线上将音频结束的时间向左拖动。

图15.25 要查看或调整音频片段，单击层面板上的音频文字按钮。要选中某段音频，在片段名称旁而不是名称上面单击

如要在音频的开始或结尾处添加淡入、淡出效果，在音频面板上选中该段音频，然后选择"行为" > "音频" > "音频淡入/淡出"。但即使这样操作了，也无法在迷你时间线上看到音频效果，这把我都快逼疯了！

> **延迟10帧启动音频播放**
>
> 在线视频播放时，经常会出现视频片段的开头部分被删去的情况。于是我养成了习惯，把音频设置成延迟10帧开始播放，即视频的前10帧是没有声音的。要移动音频，在"音频"面板选中该音频，然后在迷你时间线上拖动绿色条框，直到显示晚于项目10帧的地方开始，如右图所示。如果音频与视频是同步的，那么把视频修剪成提前10帧，这样好确保与音频保持同步。

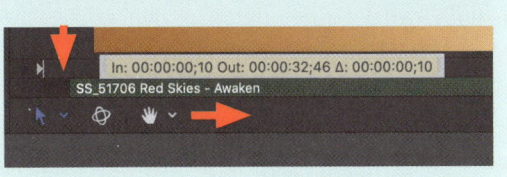

第15章 运动图形

图15.26 单击Motion界面右上角的HUD（抬头显示）图标，会跳出一个交互式的浮动控制面板（快捷键：F7键）

抬头显示中的内容会根据层面板上的对象发生变化。选择不同的元素——尤其是文本来观察抬头显示的变化。

如果要禁用音频淡入、淡出，则拖动控制淡入或淡出的竖线，使得持续时间为0帧。

如要给视频添加淡入、淡出效果，选择"行为"＞"基本运动"＞"淡入/淡出"。视频抬头显示与创建音频淡入、淡出的操作相同。

相反，选择音频片段并单击Motion界面右上角的HUD抬头显示图标，如图15.26所示。或选择"窗口"＞"显示HUD"，则会弹出一个交互式浮动控制面板，用于控制元素或效果。

使用HUD时，拖动左侧的竖线调整片段开始时渐入的持续时间；拖动右侧的竖线调整片段结尾淡出的持续时间。如果没有看到淡入、淡出控制，则单击HUD标题旁边的双箭头，如图15.27中向上红色箭头所示。这个菜单决定了HUD的显示内容。

HUD是一个很有用的工具，它提供了常见易用的调节方式。检视器能提供更多的选项，但是HUD使用起来更快捷。

再次强调，在Motion中处理音频的最佳方法是导入一段完成了持续时间、音平，以及内容设置的音频——换句话说，导入的音频是一个成品。

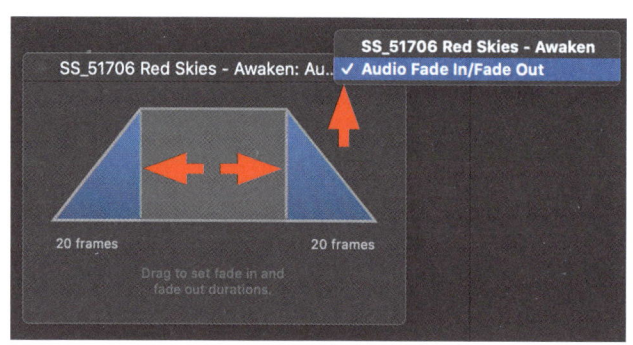

图15.27 两根竖线控制淡入、淡出的持续时间（左侧为淡入，右侧为淡出）。数字代表帧的持续时间

添加视频

在Motion中处理视频比音频更加有趣，因为我们可以查看正在制作的效果。为了更有条理性，我们新建一个名为"视频"的新群组，并把它放在层面板的顶部。选择该视频群组，选择"文件"＞"导入"，然后选择想要添加的视频文件。

视频导入时默认显示为100%的不透明度和100%的尺寸，但我们很少在Motion中这样使用。在层中面板中选中该视频片段，选择"检视器" > "属性"，调整视频尺寸的大小。

记住，居中的图像会让人觉得乏味。所以，调整尺寸后把视频的位置移到画面一侧。我还使用文本工具把标题扩展为3行显示，给视频位置腾出空间，如图15.28所示。为了继续吸引观众的注意，可以延迟视频播放的开始时间——在字幕动画结束后，再淡入显示视频内容。

> Motion中对项目添加元素的数量没有限制，元素多的可能需要进行渲染，以便平顺全速地播放。

图15.28 导入视频后，调整图像尺寸，然后移到画面的一侧（火车视频来自ModelRailroad Builders）

如果要找到标题动画结束的位置，那么在层面板选中文本行为，然后把播放头放在迷你时间线中"镜头拉近效果"的结束位置上。在不移动播放头的情况下，在层中面板中选中视频片段，然后按下I键。这样就设置了视频片段的开始位置。接下来，在图层面板中选择淡入行为，再次按下I键。这样就把渐入效果的开始时间与视频播放的开始时间进行了匹配，如图15.29所示。

播放项目，然后观察相关元素的时间安排。

图15.29 在层面板中选中标题动画，把播放头放在标题动画（"镜头拉近"）的最后，选择视频片段，然后按下I键插入视频播放的开始位置

对于图15.30，我决定再润色一下视频——导入了第二个视频片段并将其缩小了尺寸。然后给两段视频分别添加阴影（选择"检视器" > "属性" > "阴影"）。

你可能制作的不是铁路模型的宣传片，但是不论创作内容是什么，制作流程都是相似的。

第15章 运动图形 365

图15.30 这是添加了第二段视频并且增加阴影后的最终视频效果

最后一步：保存和输出项目

创建完项目后，你就需要对其进行保存，然后创建视频。创建项目和保存/创建视频是两回事。

如果要保存项目，则意味着在保存之后可以重新打开并修改文件，选择"文件">"保存为（或选择"文件">"保存"，适用于已经保存过的项目）。记住，Motion不会自动保存项目。

如果要导出完成的视频，则选择"文件">"分享">"导出影片"。导出的视频是基于Motion中所有元素创造出的新的媒体文件。Motion的主文件通常很大，一般为好几百MB。由于我们需要压缩文件以便传输，因此先导出一个最高品质的视频，这样就获得了一个高质量的主文件，再根据需要创建额外的压缩版本。

如图15.31所示的共享设置，我们可以做到：

- 输出音频、视频。
- 视频编解码器。我推荐主文件使用"Apple ProRes 4444"，然后压缩文件使用 H.264 以便传输。
- 色彩空间，保留默认值。
- 颜色通道，保留默认值。
- 设置整个项目的时间长度。

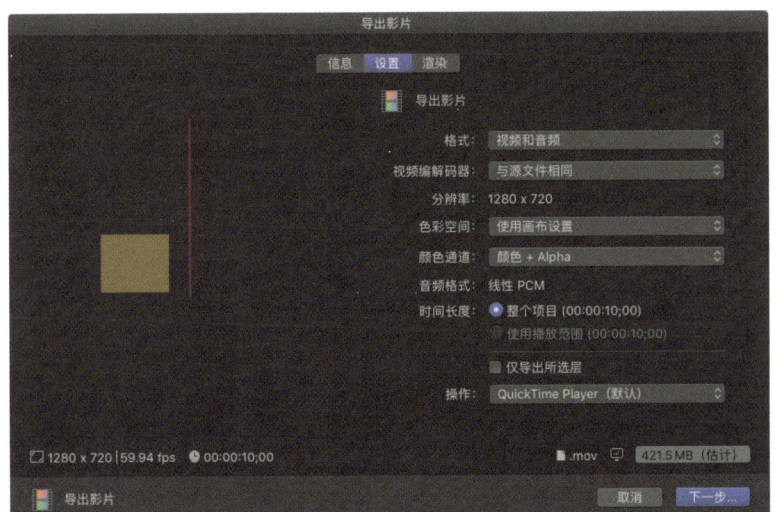

图15.31 共享导出设置选项,用来创建成品视频

为何使用ProRes 4444

ProRes 4444是一个12位编解码器,支持所有主流非线性编辑软件,能够精确地匹配计算机输出的色彩。对于运动图形来说,ProRes 4444支持视频透明度设置,即"alpha通道"。当视频片段导入非线性编辑软件时,与透明度相关的信息将被保留。

共享设置完成后(这可能需要几分钟),双击存储在硬盘上的视频,然后开始欣赏你的作品吧!

3D文本

到目前为止,我们所有的文本都是2D平面的,但是Motion内置了非常强大的3D文本引擎。图15.32就是希望制作的成品效果,让我们开始制作吧。

图15.32 这是我们要创建的3D文本动画的成品效果

> 粒子系统及其他动画效果的边框会随着时间而发生变化。在调整粒子系统的尺寸时多播放几次，然后才能更好地确定尺寸大小。

新建一个广播HD 1080格式的项目以及两个新群组，上层群组标注为"文本"，下层群组标注为"背景"。

选中背景群组，选择"资源库"＞"粒子发生器"＞"科幻"＞"太空星云"并把它拖到背景群组。元素被拖到检视器后，就可以任意定位效果了。这里我们把它定位在左下角，如图15.33所示。选中背景群组，选择"检视器"＞"属性"。将不透明度降低到35%左右，同时加大尺寸用来填充更多的空间。

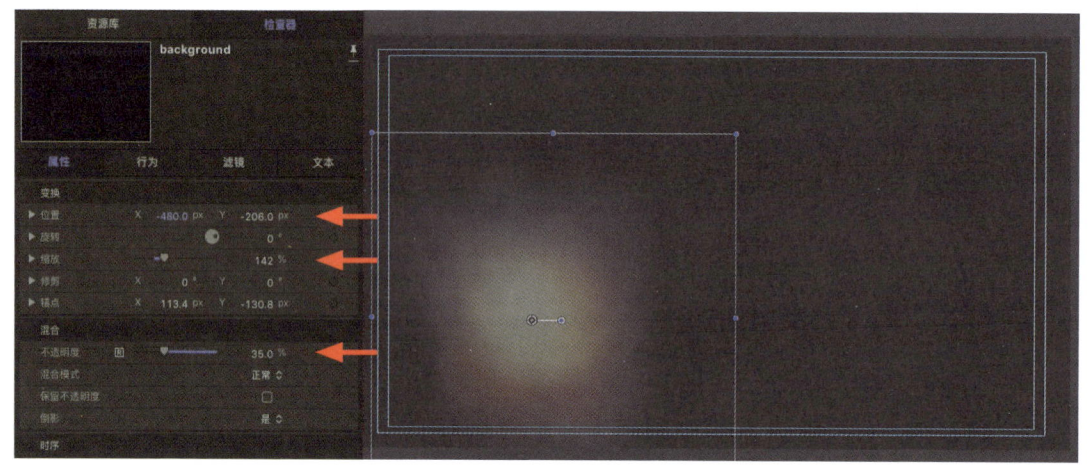

图15.33 把动画背景放在画面非正中间的位置，然后降低它的不透明度。

调整不透明度以淡化星云的色彩。这是一个独立的视频，下层没有其他内容，所以不用担心透明度的问题。在空白地方插入其他图像或动画元素，至此你已经知道如何操作了。下面让我们集中精力创建3D文本吧。

选择最上一层的文本群组；然后单击并按住文本工具，选择3D文本。单击检视器的任一地方并输入文字"马上预订！"。屏幕上显示的文本内容要简短有力。

> 在我看来，3D文本使用加粗或黑色字体时显示效果最好。

在层面板中选择"马上预订！"文本图层，然后把文本拖到检视器的右侧，选择"检查器"＞"文本"＞"格式"，如图15.34所示。完成以下设置。

- 字体：Impact。
- 尺寸：400点（不要使用滑块，直接输入数字）。
- 对齐：中心。
- 行间距：-100。

图15.34 对3D文本进行文字格式设置（已打开安全区域）

对文本设置3D效果。选择文本图层，选择"检查器">"属性"，然后单击旋转参数旁边的三角按钮打开设置选项。我把"旋转"称为一个参数。然后将Y改为-45°，并在检视器中拖动文本位置以达到你喜欢的效果。接下来，选择"检查器">"文本">"外观"，完成以下设置。

- 色深：60。
- 前缘：凹面。
- 材质：单面。

随意调整上述设置，并查看文本外观的变化，如图15.35所示。改变设置，然后观察变化要比我写几页定义更加容易。但现在，真正的奇迹发生了！

我在编辑运动图形时喜欢打开安全区域，因为这样能让我看清画面边缘的位置。但是如果你觉得这些边框干扰到了你，那么可以在检视器右上角的查看菜单中关闭显示，或者使用快捷键'（单引号）。

图15.35 外观设置决定了3D文本的形状和光影。下一步是通过材质设置添加表面纹理

将材质弹出菜单从单个改为多个,以应用于本例中文本的5个表面。这是真3D文本,所以在转动时可以看到它6个面不同的样子(上下、左右和前后)。

如果可以选择的话,那么我会选择带有纹理的文本,但前提是不会降低文字的辨识度。因为一成不变的白色会显得有点无聊。如图15.36所示,Motion中的材质选项提供了各种用于文本的效果。我特别喜欢在粉笔灰或裂纹的字体上添加混凝土或石头纹理。

图15.37显示了我在本例中使用的具体纹理设置:

- 正面:选择"其他">"运动"。
- 前缘:选择"金属">"镀铬"。
- 侧面:选择"石膏">"刮石膏"。
- 后缘:选择"金属">"铜"。
- 背面:选择"混凝土">"陈旧混凝土"。

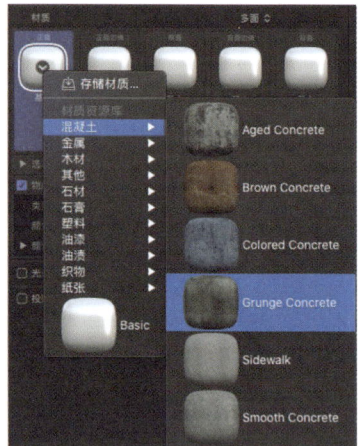

图15.36 单击其中一个材质按钮,从11个类别中选择某个表面纹理。尝试不同的效果,根据自己喜好做决定

到这里,你就可以任意添加本章开头介绍的文本行为了。实实在在的3D动画文本!因为文本的4面都有纹理,所以在360°旋转时可以看到不同的样子。

图15.37 这是我在图15.32中对文本材质的具体设置

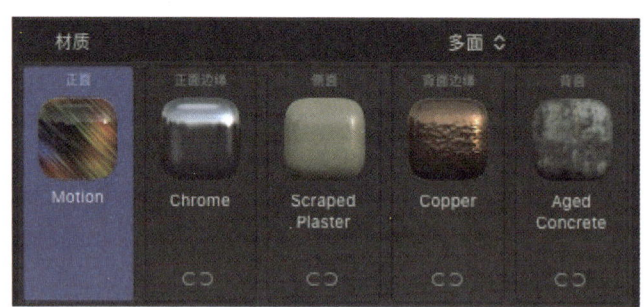

创建3D文本动画与2D文本相同。所有适用2D文本的动画行为和关键帧也适用3D文本。但有一个适用于所有元素的行为类别——基本运动,即让文本动起来。这些动作可用于3D文本的淡入、淡出、投掷、运动路径,以及旋转等。

> 这里所谓的3D文本是真3D,选择"检查器">"属性">"旋转"进行设置更改后,在文字旋转时可以观察到光影的变化。然后,注意文本前、后两面在效果上的差别。我们可以在文本周围添加自定义照明和放大效果,但这不是本书涉及的内容。

> **3D坐标**
>
> 在探索3D世界时需要理解3D坐标轴X、Y、Z（也记作RGB）。
>
> X轴：沿着水平方向移动/旋转对象。（颜色编码：R红色）
>
> Y轴：沿着垂直方向移动/旋转对象。这通常是最佳展示视角。（颜色编码：G绿色）
>
> Z轴：沿着垂直于显示器方向移动/旋转对象。这是传统意义上的转轴。（颜色编码：B蓝色）
>
>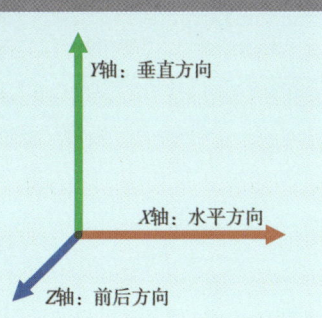
>
> 除了3D文本和粒子以外，Motion并不能创建其他3D对象。所有元素在3D空间里都会显示为2D对象。这类似于在房间里移动某张照片。照片在空间中发生了移动，但在你看向照片背面时，它不会显示照片中人物的背面。这种形式的3D通常被称为2.5D。

本章要点

Motion的功能如此强大又与众不同，这很容易让人感到不知所措。Motion主要用于创建简短生动的运动图形而不是编辑视频或音频。以下是本章的主要内容：

- Motion 创建的图像品质一直都是最高的。
- 在创建网页项目时，帧率并不重要。
- 和 Photoshop 一样，图层面板用来控制元素的位置。
- 群组用来组织各种元素，并支持适用同一个效果来控制多个元素。
- 在检查器中可以对所选元素进行调整和设置。
- 行为是预建的小型动画模块。
- 过滤器可以改变元素色调。
- 在检查器中可以设置文本样式，并添加行为让文本动起来。
- 迷你时间线可以调整视频片段和效果的时间安排。
- 项目中使用的元素数量没有限制。
- Motion 支持音频，但这些音频应是成品。
- Motion 支持一个项目中包含多个视频片段。
- 使用的文本要简短有力。想想俳句而不是段落！

你可以下载在线章节进一步阅读关于Motion的专业知识，让你的视频变得更有生气和夺人眼球。

说服力练习

回顾第1章里创建的方法。如果你有Motion，那么就可以用Motion创建一个基于最初想法的15秒的运动图形。如果你没有Motion，那么运用故事板画出你的想法。

当你创建这个视频（或故事板）时，思考以下问题：

- 你的想法是如何发展的？
- 你是如何简化你的想法的？
- 你需要放弃什么？
- 你决定强调什么？

在只有15秒的时间里，你不能做很多事情。这就意味着你需要专注于某一个信息传递给你的听众。你选了哪个信息，理由又是什么？

他山之石

对于"学习一门技术"的几点思考

拉里 乔丹 Larry Jordan

我还记得自己第一次学习Motion的经历。当时我参加了一个培训课程，情况很不理想。第一天，老师一上来就开始介绍"3D空间"的内容。对于我这样的新手来说，那简直就是"对牛弹琴"。我当时头脑混乱，导致后面一直没跟上学习进度。

从那以后，我把自己的经验教训运用到了教学中。从本质上讲，学习一门技术就是克服恐惧，克服因为担心自己太笨学不会的恐惧。我们都很聪明，关键是要克服恐惧。

这就是为什么我愿意在基础知识方面花大量的时间进行介绍。你一旦理解了其中的道理，就能更容易地按自己的节奏深入学习。

本书涵盖了大量内容，包括如何使用复杂的软件，等等。要允许自己犯错，用我的话说就是要允许自己去创造"垃圾"。可以通过创建一些简单的东西来熟悉软件，而不是上来就想着通过这些软件去完成某项具体任务。我经常告诫自己的学员，你们最初创建的东西看起来都不怎么样。这样可以减轻他们的压力，让他们允许通过创造"垃圾"去享受学习带来的乐趣。

不要给练习设定具体的截止时间，也不要派人盯着你。找准定位去探索软件的操作方法，以轻松的心态不断尝试，而不是老想着去创造什么了不起的东西。这样的话，机会自己就能找上门来。这就好比是学习一门语言，你会突然发现自己仿佛打开了一个新世界，能够与那里的人们进行交流了。

学习软件的首要目标是认识它的用途，其次是了解它的操作方式，最终目标是使用软件帮助你去说服别人。

目标是去说服别人——软件只是帮助我们达到目标的工具。

我售卖真诚,免费揭示真相。

——拉里·鲁曼
配音演员、诗人

结束语

本书从整体入手聚焦于传递信息的各种工具和技巧，内容翔实、丰富。基于最后几章，你可能会简单地认为说服力与那些用来创建信息的工具有关。

这种想法过于简单了，而且也是不对的。

决定说服力强大、有效的不是我们使用的软件，而是通过它们所创建的内容。这些信息内容应该真实可靠、带有情感，能聚焦于特定的观众并在呈现时吸引他们的眼球。

对于贯穿每一章的"说服力"，我有以下7点想法：

- 说服力是我们鼓动观众去做选择的力量。
- 策划必不可少。设计的故事情节内容要翔实并且聚焦于特定观众，这样才能促使他们采取行动。
- 所有的信息传递应该是一对一的，即便我们同时对着多人讲话。
- 观众非常容易分散注意力，因此首要目标就是吸引他们的注意。
- "六项优先法则"至关重要，能帮助我们抓住并且引导观众的注意力。
- 文本内容要短小精炼。
- 视频中的故事及传递的情感与使用的文字同样重要。

即便我们使尽全力，最终决定是否听取并采纳你的意见还是在于观众自己。我们无法控制他们做出决定。我们所能做的就是去影响他们做出决定。这也是为什么说服别人是一门艺术的原因所在。

> 决定说服力强大、有效的不是我们使用的软件，而是通过它们所创建的内容。

参考文献

第1章

Adams, Z. (2017). The Role of Thought Confidence in Persuasion.

Ascher, S., & Pincus, E. (2019). *The Filmmaker's Handbook* (Fifth Edition).

Booher, D. (2015). *What More Can I Say*. Prentice Hall Press.

Carnegie, D. (1961). *How to Win Friends and Influence People*. Simon & Schuster.

Charles, J. (2016). 27 Inspiring Quotes about Persuasion and Influence.

Eikenberry, K. (2014). Five Thoughts on Persuasion.

Gotter, A. (2019). 50 Call To Action Examples (and How to Write the Perfect One).

Nazar, J. (2013). The 21 Principles of Persuasion.

Norman, D. A. (2004). *Emotional Design*. Basic Books.

Overstreet, H. A. (1925). *Influencing Human Behavior*. W.W. Norton.

第2章

Bang, M. (2016). *Picture This: How Pictures Work*. Chronicle Books.

Flowers, M. (2018). Does Sex Still Sell in the Age of Digital Marketing?

Harrison, K. (2017). What is Visual Literacy? Visual Literacy Today. Retrieved Dec 28,2019.

Lull, R. B., Bushman, Brad J. (2015). Do Sex and Violence Sell? A Meta-Analytic Review of the Effects of Sexual and Violent Media and Ad Content on Memory, Attitudes, and Buying Intentions. *Psychological Bulletin*, 141(5).

Kay, Magda. Sex and marketing: how to use sex in your advertising, Psychology Today.

Marczyk, Jesse Ph.D., Understanding Sex in Advertising: Getting people to look or buy?, Psychology Today, Jun 26, 2017.

第3章

Booher, D. (2015). *What More Can I Say*. Prentice Hall Press.

Bridges, L., & Rickenbacker, W. F. (1992). *The Art of Persuasion*. National Review.

Clark, R. P. (2013). *How to Write Short: Word Craft for Fast Times*. Little, Brown and Company.

Dean, J., PhD. (2010). The Battle Between Thoughts and Emotions in Persuasion.

Embree, M. (2010). *The Author's Toolkit*. Skyhorse Publishing Inc.

Hausman, C., & Agency, D. L. (2017). *Present Like a Pro: The Modern Guide to Getting Your Point Across in Meetings, Speeches, and the Media*. Praeger Publishers Inc.

Khan-Panni, P. (2012). *The Financial Times Essential Guide to Making Business Presentations*. Financial Times/Prentice Hall.

Kilpatrick, J. J. (1984). The Writer's Art. Andrews, McMeel.

Lewis, E. S. E. (1903). Catch-Line and Argument. Quoted in "What is the mysterious 'Rule of Three'?

Newton, Isaac. (1704). *Opticks: Or, A Treatise of the Reflections, Refractions, Inflexions and Colours of Light. Also Two Treatises of the Species and Magnitude of Curvilinear Figures*, (Fig .12), Smith and Walford

Orwell, G. (1946). Politics and the English Language. *Horizon, 13* (Issue 76).

Rapp, Christof. (2010). *Aristotle's Rhetoric, The Stanford Encyclopedia of Philosophy*.

Sjodin, T. L. (2011). *Small Message, Big Impact*. Greenleaf Book Group.

Various (1977). *Reader's Digest Write Better, Speak Better*. Reader's Digest Association.

Weaver, K., Garcia, S. M., & Schwartz, N. (2012). *The Presenter's Paradox*. Journal of Consumer Research.

第4章

Bringhurst, R. (2013). The *Elements of Typographic Style*. Hartley & Marks Publishers.

Garfield, S. (2011). *Just My Type: A Book About Fonts*. Gotham.

Loxley, S. (2004). *Type*. I. B. Tauris.

Selander, Kelsey. (1989) Bitstream Typeface Library marketing booklet.

第5章

Budelmann, K., Kim, Y., & Wozniak, C. (2010). *Brand Identity Essentials*. Rockport Publishers.

Hurkman, A. V. (2011). *Color Correction Handbook*. Peachpit Press.

Lindstrom, M. (2008). *Buyology*. Broadway Business.

Norman, D. A. (2004). *Emotional Design*. Basic Books.

Pastoureau, M. (2001). *Blue: The History of a Color*. Princeton.

以下图书进一步解释了简·德赛克斯的想法：

Husserl, E. (1970). *The Crisis of European Sciences and Transcendental Phenomenology*. Northwestern University Press.

Merleau-Ponty, M. (2013). *Phenomenology of Perception*. Routledge.

Merleau-Ponty, M. (1964). *The Primacy of Perception: And Other Essays on Phenomenological Psychology, the Philosophy of Art, History and Politics*. Northwestern University Press.

Merleau-Ponty, M. (1992) *Studies in Phenomenology and Existential Philosophy*. Northwestern University Press. Particularly Cézanne's essay on "Doubt."

Hall, E. T. (1990). *The Hidden Dimension*. Anchor.

第6章

Collins, J. (1998). *Self-development for Success: Perfect Presentations*. American Management Association.

Hausman, C., & Agency, D. L. (2017). *Present Like a Pro: The Modern Guide to Getting Your Point Across in Meetings, Speeches, and the Media*. Praeger Publishers Inc.

Khan-Panni, P. (2012). *The Financial Times Essential Guide to Making Business Presentations*. Financial Times/Prentice Hall.

Tufte, E. (1983). *The Visual Display of Quantitative Information*. Graphics Press.

第7章

Norman, D. A. (2004). *Emotional Design*. Basic Books.

第12章

Martin, R. B. (1986). *Stan Freberg: His Credits and Contributions to Advertising*. Texas Tech University.

Rose, J. (1999). *Producing Great Sound for Digital Video*. CMP Media, Inc.

第14章

Hollyn, N. (2008). *The Lean Forward Moment*. New Riders Pub.

Murch, W. (2001). *In the Blink of an Eye*. Silman-James Press.

反侵权盗版声明

　　电子工业出版社依法对本作品享有专有出版权。任何未经权利人书面许可，复制、销售或通过信息网络传播本作品的行为；歪曲、篡改、剽窃本作品的行为，均违反《中华人民共和国著作权法》，其行为人应承担相应的民事责任和行政责任，构成犯罪的，将被依法追究刑事责任。

　　为了维护市场秩序，保护权利人的合法权益，我社将依法查处和打击侵权盗版的单位和个人。欢迎社会各界人士积极举报侵权盗版行为，本社将奖励举报有功人员，并保证举报人的信息不被泄露。

举报电话：（010）88254396；（010）88258888
传　　真：（010）88254397
E-mail：　dbqq@phei.com.cn
通信地址：北京市万寿路 173 信箱
　　　　　电子工业出版社总编办公室
邮　　编：100036